走进人工智能

机器学习原理解析与应用

宁可为 高远 赵源 杨涛 编著

U0286758

清華大学出版社
北 京

内 容 简 介

当前，人工智能正在改变世界，人工智能已经上升至国家战略高度，面对人工智能在教育界掀起的层层浪花，本书针对人工智能知识谱系庞杂的问题，聚集人工智能教育在阶段性教育中出现的断层现象，基于信息技术学科教育教学研究实践，以机器学习K近邻、决策树、随机森林、支持向量机、神经网络等18个经典的算法原理解析和具体应用为切入点，以Python编程IDE为操作工具，通过理论阐释、案例分析、编程实践，带领读者拨开迷雾，明晰路径，体验机器学习算法的奇妙，领略人工智能科学的精妙，获取人工智能“学什么、怎么学、怎么用”的方法。

本书内容包括概述、分类、回归、聚类、关联分析、数据预处理和人工神经网络等内容。算法原理解析中所涉及的教学等晦涩内容都以知识窗的形式一一讲解，表述通俗易懂；算法具体应用中的案例典型生动，编程代码具体详细，力求让人工智能思想落地，直观地展现于读者面前。

本书主要面向基础教育阶段信息技术学科教师、高中学生以及计算机相关专业的大中专学生和对人工智能领域感兴趣的大众读者，也可作为人工智能课程的学习材料。

本书封面贴有清华大学出版社防伪标签，无标签者不得销售。

版权所有，侵权必究。举报：010-62782989，beiqinquan@tup.tsinghua.edu.cn。

图书在版编目（CIP）数据

走进人工智能：机器学习原理解析与应用 / 宁可为等编著 .—北京：清华大学出版社，2022.6（2023.9 重印）
ISBN 978-7-302-60696-3

Ⅰ. ①走… Ⅱ. ①宁… Ⅲ. ①机器学习 Ⅳ. ①TP181

中国版本图书馆 CIP 数据核字（2022）第 069327 号

责任编辑： 赵铁华
封面设计： 何凤霞
责任校对： 赵琳爽
责任印制： 丛怀宇

出版发行： 清华大学出版社
网　　址： http://www.tup.com.cn, http://www.wqbook.com
地　　址： 北京清华大学学研大厦 A 座　　**邮　　编：** 100084
社 总 机： 010-83470000　　**邮　　购：** 010-62786544
投稿与读者服务： 010-62776969, c-service@tup.tsinghua.edu.cn
质量反馈： 010-62772015, zhiliang@tup.tsinghua.edu.cn
课件下载： http://www.tup.com.cn, 010-83470586
印 装 者： 三河市龙大印装有限公司
经　　销： 全国新华书店
开　　本： 185mm×260mm　　**印　　张：** 17　　**字　　数：** 359千字
版　　次： 2022年 8月第 1版　　**印　　次：** 2023年9月第2次印刷
定　　价： 89.00元

产品编号：096394-01

前言

2019 年的一天，一位信息技术教师和我在办公室聊到人工智能的话题，他提出一个疑问:“我很想在学校给孩子们讲一些诸如机器学习、神经网络之类的人工智能算法知识，但是我找遍整个书店都没有找到合适的书籍，那些书不是一味地讲算法原理，就是直接列出代码，感觉很难入门。您有没有好的书推荐?”我踌躇了一会儿，说:“说实话，我最近也在找这方面的书，但总觉得与自己所期望的书有一些落差。我之前购买和阅读的人工智能算法方面的书籍中，大多使用非常深奥的数学公式，或者是书中语言表达枯燥，晦涩难懂……”之后，我也曾给这位老师推荐过一些人工智能方面的书目，他的反馈仍然是不太懂，很难深入学习。

这一点儿也不让人意外。人工智能技术是当今人类文明高度发展的产物，其背后深奥的算法原理、多如牛毛的数学公式，着实让人望而生畏，踌躇不前。我从事基础教育研究工作多年，也确实熟悉身处教学一线的信息技术教师的情况，他们大多缺乏扎实的数学功底以及深入的算法知识，要想快速切入人工智能学习与教学工作，难度是可想而知的。

如何才能让长期工作在教学一线的信息技术教师快速搭上这辆人工智能班车，或者让对人工智算法有兴趣的读者拥有一本完美的入门手册呢？带着这个疑惑，我邀请了几位志同道合的老友，试图通过大家的努力破解这个难题，这也是我们写这本书的初衷。

本书通过“原理解析”+“问题实例”+“程序源码”来介绍每一个算法。算法中涉及的数学公式和符号，我们都以知识窗的形式一一讲解，节省了读者临时去查阅相关数学书籍的时间。书中内容，力求人人能读得懂，也有兴趣去读懂，非常适合高中生、大中专计算机专业学生、基础教育阶段信息技术学科教师，或者是对人工智能算法感兴趣的读者阅读。

话又说回来，人人能读得懂，并不意味着书中内容简单，而无学习的必要。本书中，我们从算法实现的原理入手，娓娓道来，尽量用浅显幽默的语言来揭示机器学习算法背后的数学逻辑，并对每个算法进行了深入的剖析，力图使每位读者都能对每一个算法有较为深入的理解，而不只是简单地通过调用第三方类库去解决问题，成为一个“调包侠”。当你知道了每一个算法实现的真相之后，再用它们去解决问题就会更加从容不迫了。

当然，本书也不只是关注算法原理的解析。我们知道，计算机作为一门实践性较强的学科，更强调的是动手能力，若没有真正实现程序运行，很难真正理解算法的精髓。因此，在本书中，我们设计了大量的问题实例，并采用当前非常流行、很容易上手的 Python 语言来编写每个实例代码，以期让每位读者能够尽快领略机器学习的精妙之处，体会算法之美。

众所周知，写书是一项极其琐碎、繁重的工作，尽管我们倾尽全力力争使本书接近完美，但由于自身水平有限，书中难免会有疏漏和瑕疵，还望读者们不吝赐教，提出宝贵的意见和建议。

宁可为

2022 年 2 月

凌晨于乌鲁木齐

目录

第一部分 概　　述

第二部分 分 类

第三部分 回 归

第四部分 聚 类

第五部分 关联分析

第六部分　数据预处理

第七部分 人工神经网络

配套学习资源下载

第一部分 概述

人类在每个时代都有属于自己的幻想世界。其中，让机器模拟人类的行为提供服务，或者联合拥有人类智慧的机器解决问题，无疑是令人瞩目、古已有之的想象。曾经，在其驱动下，自动装置雏形、机械机器人等被创造出来，想象转化为未来可期的梦想之花，一切不再停留于凭空的臆想。现在，基于技术革新和多学科的发展进步，与之相关的探索形成了专门的研究领域——人工智能，并且在几经波折后，取得了丰硕的成果。如今，随着互联网、大数据、云计算和物联网等技术的飞速发展，人工智能的理念、方法和应用正日益融入人们的日常生活，曾经的幻想也即将成为现实。身处时代洪流的我们走进人工智能，让一个个梦想变为现实，不仅是兴趣使然，更是科技强国、科技兴国、努力实现中国梦的责任和使命。为了实现美好的梦想，创造比幻想世界更加炫酷的智能生活，让我们一起开启人工智能的学习之旅吧！

第 1 章　人工智能基础

2016 年，谷歌计算机围棋程序阿尔法狗（AlphaGo）战胜了当时的围棋世界冠军李世石。2017 年，谷歌以全新的系统和算法推出的程序阿尔法元（AlphaZero）在训练仅三个月后又战胜了当年世界排位第一的棋手柯洁和所有围棋程序，比赛的结果在全球范围内引起了广泛的关注，人工智能收获了前所未有的关注和发展。从目前的人工智能应用来说，清晨智能家居系统用舒缓的音乐将我们唤醒，调节室内温度和湿度，控制各类电器和门窗；智能手机 App 融入图像识别、语音识别等技术，服务我们的衣食住行；人脸识别技术提高各类场所的安防系数；专家系统、无人驾驶在相关领域大显身手等，无不表明人工智能已经遍布在我们的周围，并不断加速革新我们的生活方式。即便如此，人们对于人工智能仍然存在很多认知误区，如“人工智能就是机器人”“人工智能就是编程”……因此，在学习经典的人工智能算法、体验相关设计应用之前，我们需要先来了解一下什么是人工智能。

本章要点

1. 人工智能
2. 机器学习

1.1　人工智能

1.1.1　人工智能的由来

追溯历史，很久以前，在东西方神话、文学史中就存在人类对人工智能概念的探索，多以虚构机器人形象和制造自动移动装置的形式出现。早在荷马时代，希腊神话就描述了宙斯所创造黄金、白银、青铜、黑铁四个时代的人类。我国的古代编年史上不仅有机器人愚弄皇帝的故事，还描述了公元 2 世纪由女性发明家黄月英制作的人工仆人。更为著名的还有《古今注》中记载的东汉时期著名天文学家张衡发明的记里木人。如图 1.1 所示，记里木人是木质的简易机械人，两个一组坐于记里鼓车之上，在记里鼓车行驶的过程中，每

图 1.1　记里木人

行驶一里，木人便敲一下鼓，行驶十里敲一下钟。虽然没有太大的实用性，但国内一些学者认为，记里木人是世界上最早的机器人。技术奇迹和机械人物也出现在印度的史诗中。印度最有趣的故事之一，就讲述了机器人曾经如何守护佛陀的遗物。尽管这些记载在现代人听来大多属于异想天开，但这无疑是人工智能的萌芽和具体概念诞生的历史文化基础。

严谨地说，借助计算机科学、数学、哲学、经济学、神经科学、心理学、控制论和语言学等学科的发展，人工智能诞生于 20 世纪。1950 年，艾伦 · 图灵（Alan Turing）在他的论文《计算机器与智能》（*Computing Machinery and Intelligence*）中提出了测试机器智能的标准——图灵测试（Turing test），从而掀起了一大批数学家和计算机工程师对机器模拟智能的研究热潮。在此背景下，1956 年，约翰 · 麦卡锡（John McCarthy）、马文 · 闵斯基（Marvin Lee Minsky）、克劳德 · 香农（Claude Shannon）和纳撒尼尔 · 罗切斯特（Nathan Rochester）在美国的达特茅斯学院组织了一次关于通过机器模拟人类智能的讨论会。研讨会首次提出了“人工智能”（Artificial Intelligence，AI）一词，正式将相关研究领域命名为人工智能，并宣告人工智能作为一门学科的诞生。

1.1.2　人工智能学科

人工智能从宏观上说，是研究、开发用于模拟、延伸和扩展人类智能的理论、方法、技术及应用系统的一门科学。作为计算机科学的一个分支，人工智能涵盖了机器学习、专家系统、模式识别、自然语言理解、机器人学、智能搜索、人工生命、神经网络等多个研究领域，如图 1.2 所示。

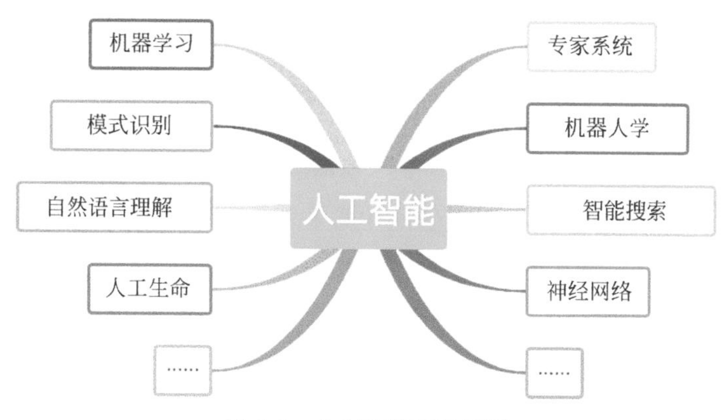

图 1.2　人工智能研究领域

具体来讲，人工智能的定义包括“人工”和“智能”两部分。专家学者对“人工”

一词的争议较少，多将其理解为由人类制造而非自然产生的合成物。对“智能”的解释则众说纷纭，争议较少的观点是斯腾伯格（R.Sternberg）从人类意识视阈提出的阐释——“智能”指个人具备从经验中学习、理性思考、记忆重要信息，以及应对日常生活需求的认知能力。

人工智能的组成，比较著名的观点由纽约市立大学教授史蒂芬·卢奇（Stephen Lucci）和丹尼·科佩克（Danny Kopec）提出。他们认为人工智能包含五大要素，分别是人类（people）、想法（idea）、方法（method）、机器（machine）和结果（outcome）。首先，人工智能的创造者是我们人类，它的产生源于我们人类的想法。其次，针对想法需要形成方法对策，并用算法和程序表示出来。最后，机器或程序的成果得以呈现，我们称之为“结果”。

毋庸置疑，科学、奇妙、高深的想法和方法能够实现高效能的人工智能结果。按照人工智能解决问题的方法是否类似人类，结果是否具有一定的自主意识，人工智能被划分为弱人工智能、强人工智能和超人工智能。弱人工智能的设计不强调模拟人类的方式，工具属性明显，没有自我意识，一般只能完成固定的任务。强人工智能的设计基于模拟人类的方式，可以应对程序预设外的情况，呈现独立的思维和行动能力。超人工智能的设计基于完善的配置系统和开放的智能算法，思维力、行动力超越人类水平，拥有自我意识，能够自我发展。目前，人工智能研究尚处于蹒跚学步的婴儿期，虽然在弱人工智能方面的成果已层出不穷，但在强人工智能、超人工智能领域仍属于探索阶段。

知识窗

AI 开发需要高额的投入成本，包括人工智能算法的人才积累，大规模的数据采集和标注，以及长时间的模型训练和调试。高昂的前期投入和难以预期的最终效果使很多智能化需要和探索望而却步，人工智能服务平台在此形势下应运而生，为广大用户提供了全新的 AI 解决方案，无须算法基础也能定制高精度深度学习模型，只需少量数据，同样可以获得出色的性能。

百度 AI 开放平台

全面开放的百度 AI 开放平台包括 273 项场景能力、解决方案与软硬一体组件，并提供定制化训练平台 EasyDL、深度学习开发实训平台 AI Studio 等定制化平台，零算法门槛实现业务定制等服务。

其中，百度 AI 开放平台提供的 EasyDL 基于飞桨开源深度学习平台，面向广大的 AI 应用开发者提供了零门槛 AI 开发平台，实现零算法基础定制高精度 AI 模型，提供图像、文本、音频、视频、表格数据多个技术方向的模型定制，如图 1.3 所示。

图 1.3 EasyDL 开发平台界面

腾讯 AI 开放平台

腾讯 AI 开放平台如图 1.4 所示，该平台汇聚顶尖技术、专业人才和行业资源，依托腾讯 AI Lab、腾讯云、优图实验室及合作伙伴强大的 AI 技术能力，升级锻造创业项目。腾讯 AI 开放平台技术引擎如图 1.5 所示。

腾讯AI开放平台 技术引擎 解决方案 AI加速器 资讯动态 AI在腾讯 加入我们 文档中心 返回新版本 控制台

人脸与人体识别：人脸检测与分析、多人脸检测、跨年龄人脸识别、五官定位、人脸对比、人脸搜索、手势识别

图片特效：人脸融合（即将开放）、滤镜、人脸美妆、人脸变妆、大头贴、颜龄检测

图片识别：看图说话、多标签识别、模糊图片识别、美食图片识别

智能闲聊：智能闲聊

机器翻译：文本翻译、语音翻译、图片翻译

基础文本分析：分词/词性、专有名词、同义词

语义解析：意图成分

语音识别：语音识别、长语音识别

语音合成：语音合成

图 1.5 腾讯 AI 开放平台技术引擎

1.2 机器学习

时至今日，人工智能走过了近 70 年的历程。尽管几经波折、困难重重，但科研人员仍在不断突破阻碍。近年来，在全球新一代信息技术创新浪潮的助推下，我们终于迎来了弱人工智能的繁荣和强人工智能的曙光。在很大程度上，这要归功于机器学习的发展和影响。

1.2.1 机器学习简介

机器学习（machine learning）是人工智能研究的分支和一种实现方法，基本理念是利用数据让机器自行明确数据所蕴含的规律或者预测规则，从而获得较好的人工智能结果。和人类的行为对比，机器学习有一些专属的词汇，如表 1.1 所示。

表 1.1 人类学习与机器学习行为动词对照表

人类学习	机器学习
学习	训练
发展思维	建立模型
考核	测试
解决问题	应用 / 输出结果

那么机器到底是如何学习的呢？模拟人类学习的过程，机器学习可以划分为四个阶段，如图 1.6 所示。通常，我们将收集的相关数据资源加工整理为训练数据集后，作为机器的学习资源输入机器。随后，基于机器学习算法的机器犹如获取了有效学习方法的人类，能够通过数据找到规则，建立有效的数字模型，此时的相关问题转换成数据输入机器后，数字模型就会根据已知的数据求解出未知的问题答案，作为学习结果按照预定的形式输出。

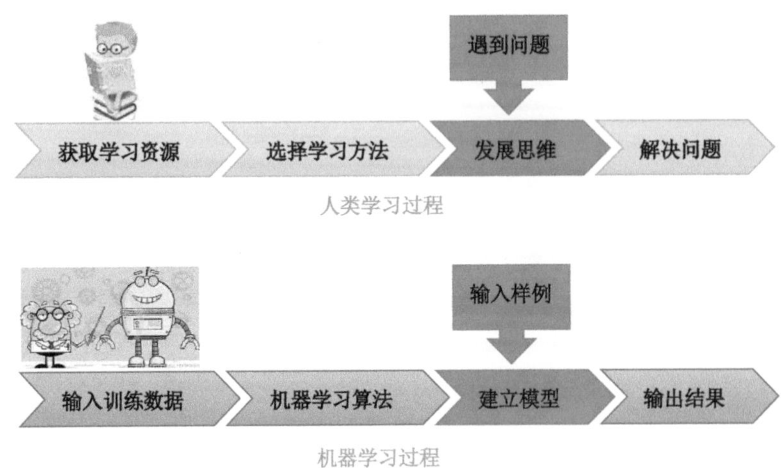

图 1.6 人类学习与机器学习过程图

机器学习的实质，简而言之，就是人们不再总结规则告诉机器，而是让机器自己从数据中总结规则，形成预测、分类等智能处理数据的能力。以识别图片中的动物为例，图 1.7 中包含几种动物的图片，要让机器识别它们，首先要使用大量的图片数据对机器进行训练，这部分数据也称为训练数据，这些图片数据标记好了对应动物的名称，这样可以让机器将图片和对应的种类建立联系。对机器进行训练后，机器提取了不同动物的特征，建立了识别动物的数学模型，然后就可以让它识别新的图片，完成分类。

图 1.7　动物图片

1.2.2　机器学习的类别

以机器学习区别小动物为例，在这个建立数学模型的过程中，图片作为训练数据，包含输入信息和输出信息。其中图片的数字形式数据是输入信息，图片中动物的名称是输出信息。根据训练数据是否包含输出信息，机器学习可以分为监督学习、无监督学习和半监督学习，如图 1.8 所示。

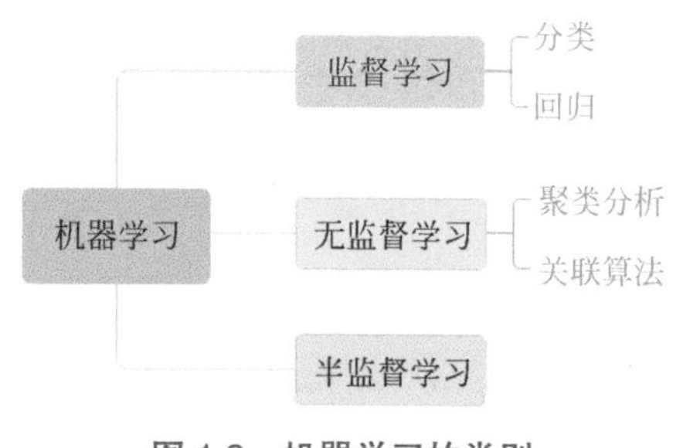

图 1.8　机器学习的类别

1. 监督学习

监督学习在使用训练数据建立模型时，训练数据包含特征和标签，即有目标的学习。例如，因为在动物识别中，训练数据会包含图片特征数据以及图片对应的动物名称（标签），所以它就属于监督学习。再如，我们做有标准答案的题目时，在学习的过程中，我们可以通过完成题目、对照答案来分析问题的解决方法。这样，在方法形成后，再次面对没有答案的同类问题时，我们往往也可以正确地解决。

常用的监督学习算法如表 1.2 所示。日常生活中这些算法的应用随处可见，例如，我们用来识别植物的小程序也是通过监督学习的方法设计出来的。

表 1.2 常见的监督学习算法

分类算法	回归算法
KNN	线性回归
决策树	多项式回归
随机森林	局部回归
贝叶斯	逻辑回归
支持向量机	神经网络

2. 无监督学习

无监督学习是指在使用训练数据进行学习时，训练数据只包含特征而不包括标签，即无目标的学习。例如，做未提供标准答案的题目时，虽然我们不知道谁的回答是正确的，但是可以根据每个人的得分等特征推断该题的标准答案，从而形成方法，正确地解决同类问题。

无监督学习的主要算法类别包括聚类分析和关联算法等。聚类分析类算法即将相似的对象分到同一组。比较具有代表性的算法如 K 均值聚类、DBSCAN 聚类。而关联算法则通过查找存在于项目集合或对象集合之间的频繁模式、关联、相关性或因果结构呈现新的聚合，如 Apriori 算法。在讯息推荐系统中，正是应用了关联算法，才使得具有相同类别的讯息聚合成一个组，用户浏览了某个讯息后，同组讯息也会推荐给用户。

3. 半监督学习

半监督学习介于监督学习和无监督学习之间，它要求对小部分的样本提供预测量的真实值，通常先使用无监督学习手段对数据进行处理，之后再用监督学习手段进行模型训练和预测。这种方法既可以在小部分输出信息的监督下取得比无监督学习更好的效果，同时又可以通过降低输出信息的工作量，降低学习成本。

除了上述三种基本方式，机器学习在实际应用中还包含强化学习。虽然机器学习包含的分支范围极广、内容庞杂，我们无法一一枚举，但后面的章节我们将对监督学习和无监督学习的主要算法理论、实验程序、实际应用进行讲解，力求以点概面诠释人工智能的基本原理与实现。

1. 机器会学习吗？

2. “Google 新闻按照内容结构的不同分成财经、娱乐、体育等不同的标签”属于监督学习还是无监督学习？

1.2.3 机器学习的应用

机器学习应用广泛，现今社会随处可见机器学习的身影：人脸识别、Siri、Alexa、Google Now 等虚拟助手、过滤垃圾邮件和恶意软件、自然语言处理、生物特征识别、搜索引擎、医学诊断、检测信用卡欺诈、证券市场分析、交通预测、DNA 序列测序、语音和手写识别、战略游戏、自动化和机器人运用等，具体应用方向可概括为以下三个方面。

1. 数据分析与挖掘

“数据挖掘”和“数据分析”通常会捆绑出现，甚至往往被认为是可以相互替代的术语。数据挖掘指“识别出巨量数据中有效的、新颖的、潜在有用的最终可理解的模式的非平凡过程”。因此，数据分析和数据挖掘可以帮助人们收集、分析数据，使之成为信息，并做出决策。数据分析与挖掘技术是机器学习算法和数据存取技术的结合，利用机器学习提供的统计分析、知识发现等手段分析海量数据，同时利用数据存取机制实现数据的高效读写。机器学习在数据分析与挖掘领域拥有无可取代的地位。

2. 模式识别

模式识别主要包括计算机视觉、医学图像分析、光学字符识别、自然语言处理、语音识别、手写识别、生物特征识别、文件分类、搜索引擎等，而这些领域也正是机器学习主要研究的方向。

3. 生物信息学

随着基因组和其他测序项目的不断发展，生物信息学研究的重点正逐步从积累数据转移到如何解释这些数据。在未来，生物学的新发现将极大地依赖于我们在多个维度和不同尺度下对多样化的数据进行组合和关联的分析能力，而不再仅仅依赖于对传统领域的继续关注。序列数据将与结构和功能数据、基因表达数据、生化反应通路数据、表现型和临床数据等一系列数据相互集成。如此大量的数据，在生物信息的存储、获取、处理、浏览及可视化等方面，都为机器学习大显身手提供了更加广阔的舞台。

本章小结

本章我们了解了人工智能的由来，明确了人工智能学科的研究内容和研究领域，知道了弱人工智能、强人工智能和超人工智能三个人工智能发展阶段；认识了机器学习是人工智能的分支和一种实现方法；学习了什么是监督学习、无监督学习和半监督学习……可以说，我们揭开了人工智能神秘的面纱。那么，此刻你是否已对算法的解析和实现迫不及待了呢？别急，在学习具体的机器学习算法之前，先来做好后期学习之旅的准备工作——一起完成机器学习编程实战的计算机环境搭建。

第 2 章　Python 环境搭建

如今的便利生活对于千百年前的人类而言无疑是天方夜谭，不切实际到真实存在的变幻根源之一是科技的繁荣，计算机技术便是其中之一。计算机语言作为计算机技术发展的硬核支撑，一直在更新换代，不断优化。计算机程序设计也日趋大众化，使人工智能走下了神坛。在众多的计算机程序语言中，业界近来有句流行语说："人生苦短，我用Python"，生动地形容了 Python 已成为目前人们学习编程的"新宠"。

Python 语言由荷兰人吉多·范罗苏姆于 1989 年开发，是一种跨平台、面向对象的计算机程序设计语言。Python 语言诞生至今，由于具有易于学习、易于阅读、易于维护、扩展性强等诸多特点，已成为人工智能、机器学习的首选语言之一。本书对于人工智能机器学习算法的介绍也全部基于 Python 语言。

对于初学者而言，Python 的安装和集成开发环境（IDE）的使用略显烦琐。磨刀不误砍柴工，为了保障读者朋友们能够顺利完成本书所涉及机器学习算法的学习和探索，本章我们将介绍如何在个人计算机上搭建 Python 开发环境。

本章要点

1. 软件的下载与安装
2. 必需库功能简介

2.1　软件的下载与安装

2.1.1　平台一：海龟编辑器

海龟编辑器是一款由深圳点猫科技有限公司推出的青少年专用 Python 编辑学习工具。它将 Python 内嵌于自己平台上，具有安装简便、界面友好、功能强大等特点。其独创的搭积木学 Python 编程的学习方式，不仅可以极大地提高用户学习编程的兴趣，而且降低了大家学习编程的难度。此外，软件还支持云编辑、代码编程方式和硬件开源功能，能够满足用户更多层面的需要。

1. 海龟编辑器的安装

第一步，打开网站创作社区。利用搜索引擎搜索“点猫校园编程”，进入点猫校园编程界面，如图 2.1 所示。

图 2.1　点猫校园编程界面

如果不是该平台的注册用户，我们需要单击导航栏中的“注册”按钮，填写相关信息，完成注册。注册完毕后，登录账号，单击“进入点猫编程平台”按钮，即可进入平台。

第二步，选择创作工具。单击导航项目中的“创作工具”，单击“海龟编辑器(Python)”，进入在线编程界面，如图 2.2 所示。

图 2.2　海龟编辑器在线编辑界面

需要说明的是，本书所列举的部分课例程序代码调用了一些第三方的 Python 类库，在线编辑器无法实现程序的正常运行。为了安装这些必需的 Python 库，我们必须在本地计算机中安装海龟编辑器客户端。

下载安装海龟编辑器的方法很简单，在点猫编程平台首页，单击“离线创作工具”按钮，就可以找到“海龟编辑器”，如图 2.3 所示。

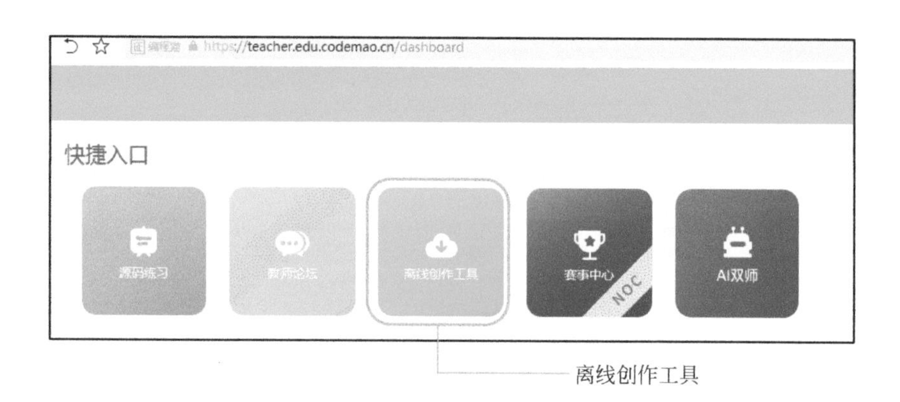

图 2.3 创作工具选择

单击“海龟编辑器”图标即可进入下载界面，完成下载。下载完毕后，右击安装包并选择“以管理员身份运行”或直接双击打开安装包开始安装，稍候片刻，海龟编辑器便成功安装在本地计算机了，如图 2.4 所示。

图 2.4 海龟编辑器下载及安装

2. 海龟编辑器中 Python 类库的安装

Python 功能之所以强大，一个很重要的原因在于它背后有 PyPI 库的支撑。打开海龟编辑器，单击菜单栏中的“库管理”。在弹出的对话框中，我们可以看到海龟编辑器为我们收集了 PyPI 库中大量的 Python 语言的扩展程序。选择我们需要的库，单击“安装”按钮，即可扩展海龟编辑器功能。海龟编辑器中 Python 类库的安装界面如图 2.5 所示。

返回海龟编辑器工作界面，切换到代码模式，我们就可以编写 Python 程序了。

 2.1.2 平台二：PyCharm

PyCharm 是由捷克软件开发公司 JetBrains 打造的一款 Python 集成开发编辑器。PyCharm 带有一整套可以帮助用户在使用 Python 语言开发时提高效率的工具，比如，代码调试、语法高亮、Project 管理、代码跳转、智能提示、自动完成、单元测试、版本控制等。但是，PyCharm 没有将 Python 解释器内嵌，需要先自行安装 Python 解释器后再进行安装、扩展。所以如果想要体验更加专业的 Python 语言编写环境，就来跟随我们完成 PyCharm 的环境配置吧。

图 2.5　海龟编辑器中 Python 类库的安装界面

1. Python 解释器的安装

第一步，下载软件。在浏览器地址栏中输入 Python 的官网地址，进入 Python 网站。在导航栏 Downloads 下选择“Windows”命令，进入适用于 Windows 系统的软件下载页面，根据自己计算机操作系统配置选择 32 位或 64 位 Python 版本，单击下载软件，如图 2.6 所示。

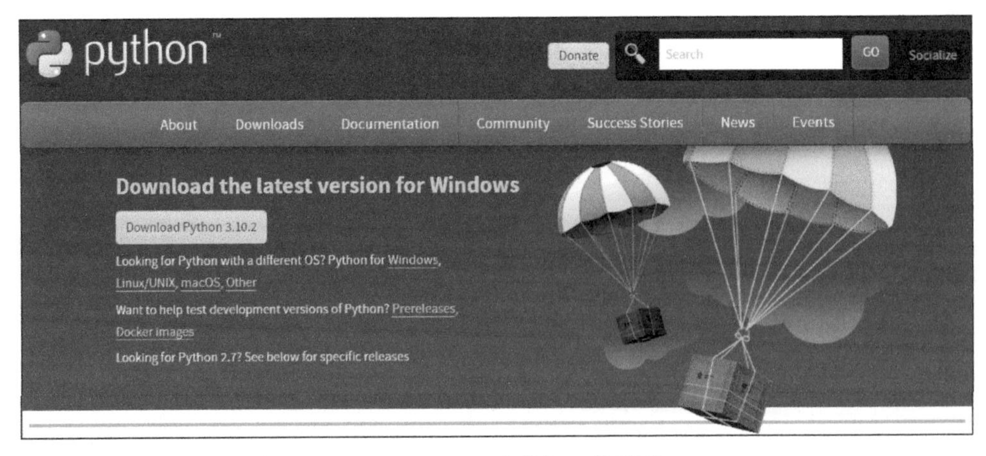

图 2.6　Python 安装包下载界面

第二步，安装软件。如果执行默认安装，后期不仅会无法顺利安装其他的 Python 包，还会出现其他问题。因此，大家需要按照以下步骤进行设置和安装，这里我们以 Python 3.6 为例。

（1）右击安装包并选择“以管理员身份运行”或直接双击打开安装包，打开安装设置对话框。

（2）在 Add Python 3.8 to PATH（添加 Python 的 path 环境变量）前打钩，选择 Customize installation，进入自定义安装，如图 2.7 所示。

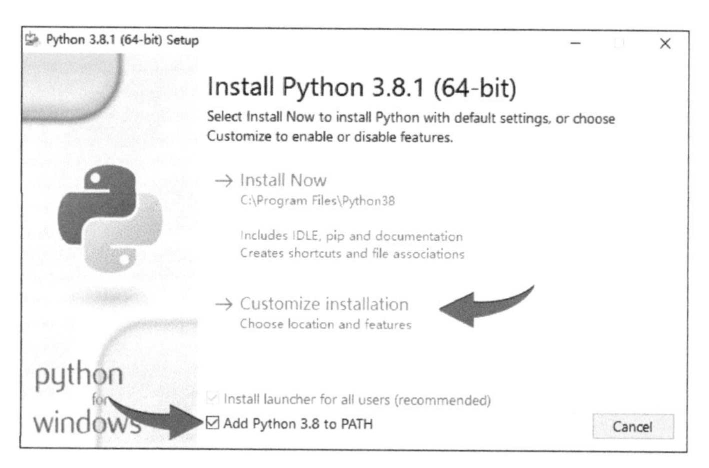

图 2.7　Python 软件安装第一步界面

（3）在 Optional Features（可选项）页面，勾选所有可选项，如图 2.8 所示。然后单击“Next”按钮，进入下一个安装设置界面。

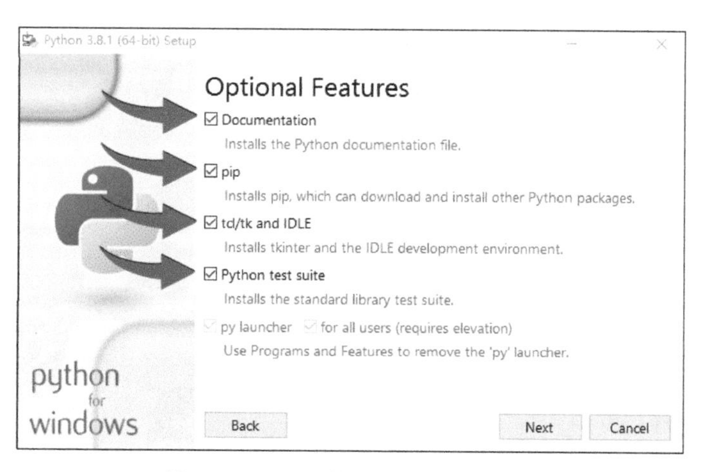

图 2.8　Python 软件安装第二步界面

（4）在 Advanced Options（高级选项）页面，首先，只选择默认的三个选项，其他选项都不要勾选。其次，在 Customize install location（自定义安装路径）栏中将默认路径改为 D 盘根目录，这样程序就可以安装在所选盘符下自动生成的文件夹中。除了 D 盘，也可以自行选择其他安装目录，但是建议安装在系统 C 盘以外的磁盘中，如图 2.9 所示。最后，单击“Install”按钮，完成安装设置，启动软件安装。

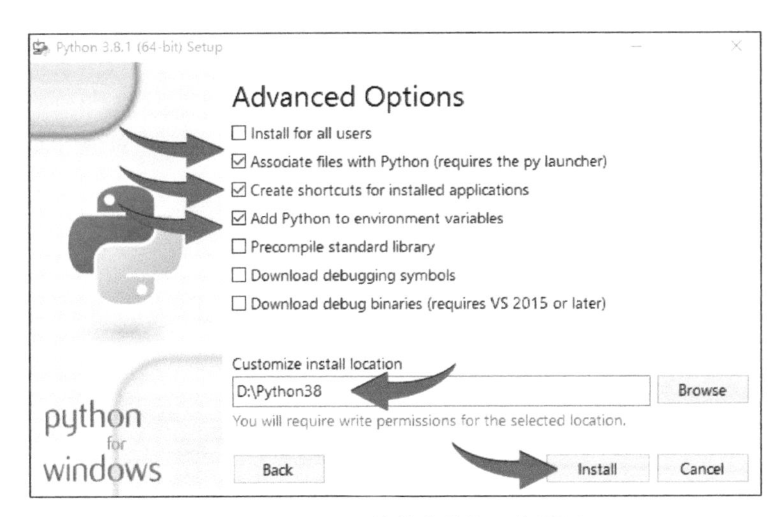

图 2.9 Python 软件安装第三步界面

（5）如图 2.10 所示，安装成功后，单击“Close”按钮，关闭对话框，完成 Python 软件安装。

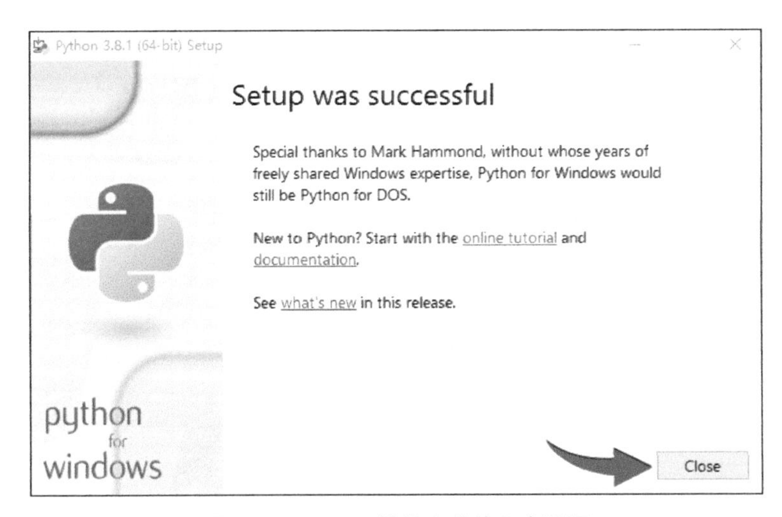

图 2.10 Python 软件安装第四步界面

2. Python 类库的安装

第一步，Python 安装环境检测。使用 + R 快捷键调出“运行”对话框，输入“cmd”后单击“确定”按钮。在弹出的 cmd 执行窗口的光标定位处输入“python”，按“Enter”键。如图 2.11 所示，如果运行后反馈信息为 Python 的软件版本信息，则说明 Python 安装成功，环境搭建完备。

第二步，安装 Python 类库。这里提供两种最通用的方法。一种方法是进入 PyPI 的官网或者 Python 常用包集合网页，搜索所需库下载后安装；另一种方法是直接在 cmd 窗口下输入命令快速安装。

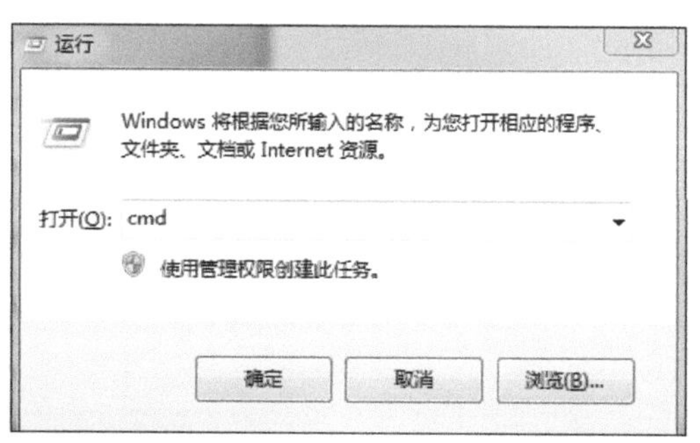

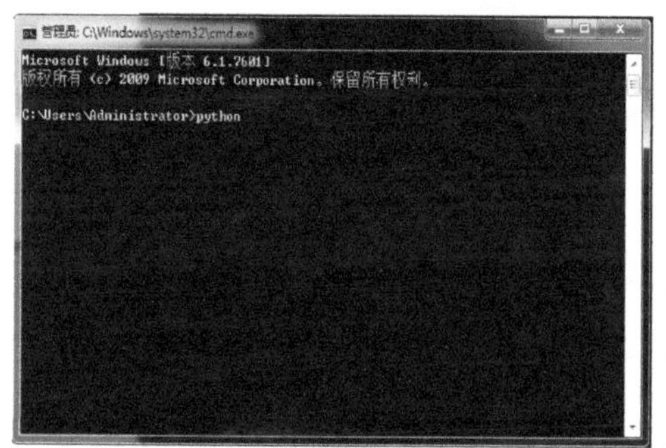

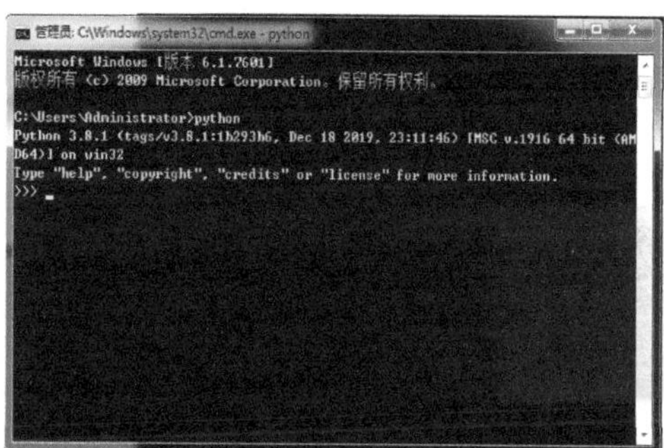

图 2.11　Python 安装环境检测界面

以安装 numpy 库为例，首先，使用 + R 快捷键调出“运行”对话框，输入“cmd”后单击“确定”按钮。然后，在弹出的 cmd 执行窗口光标定位处输入：pip install -i http://pypi.tuna.tsinghua.edu.cn/simple --trusted-host pypi.tuna.tsinghua.edu.cn Numpy，如图 2.12 所示。在输入时要特别注意字符要在美式键盘输入法下正确录入，空格等符号也要准确无误。

```
C:\Users\hp>pip install -i https://pypi.tuna.tsinghua.edu.cn/simple --trusted-host pypi.tuna.tsinghua.edu.cn NumPy
Looking in indexes: https://pypi.tuna.tsinghua.edu.cn/simple
```

图 2.12　安装 numpy 库的 cmd 命令

命令语句中的“pypi.tuna.tsinghua.edu.cn”是指通过清华大学开源软件镜像站来下载 Python 类库。当然，我们也可以从其他开源软件镜像站来下载所需类库，如阿里云、中国科技大学等。最后，按“Enter”键，片刻即可完成安装。其他类库的安装命令，除了库名需要更改，其他语句与 numpy 安装命令完全一致。

你能参考 numpy 库的安装过程，完成 pip 的更新及 scikit-learn、matplotlib、scipy 和 pandas 的安装吗？

3. PyCharm 的安装与项目创建

第一步，安装 PyCharm。首先，进入 PyCharm 官网或第三方网站，根据自己的计算机配置选择合适的版本并下载。然后，建议在 D 盘或者本地其他磁盘创建一个“PyCharm”

文件夹，将 PyCharm 安装到此文件夹。

第二步，PyCharm 项目创建。下面我们具体以 PyCharm 5.0.3 版本来详细讲解项目的创建过程。

（1）找到 JetBrains PyCharm 快捷方式，双击打开。在欢迎界面选择“创建新项目”，如图 2.13 所示。

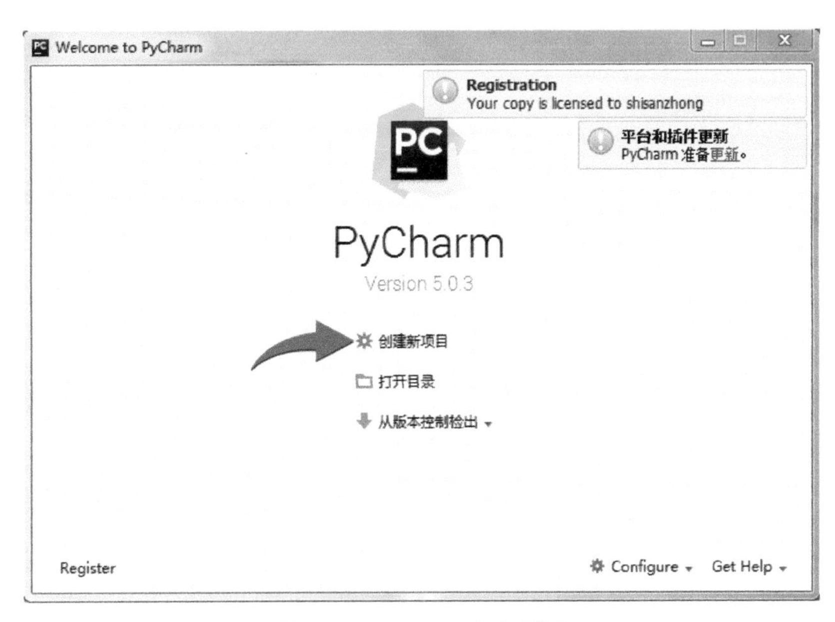

图 2.13　PyCharm 运行界面

（2）选择第一项“Pure Python”，依次关闭对话框中的悬浮栏，如图 2.14 所示。

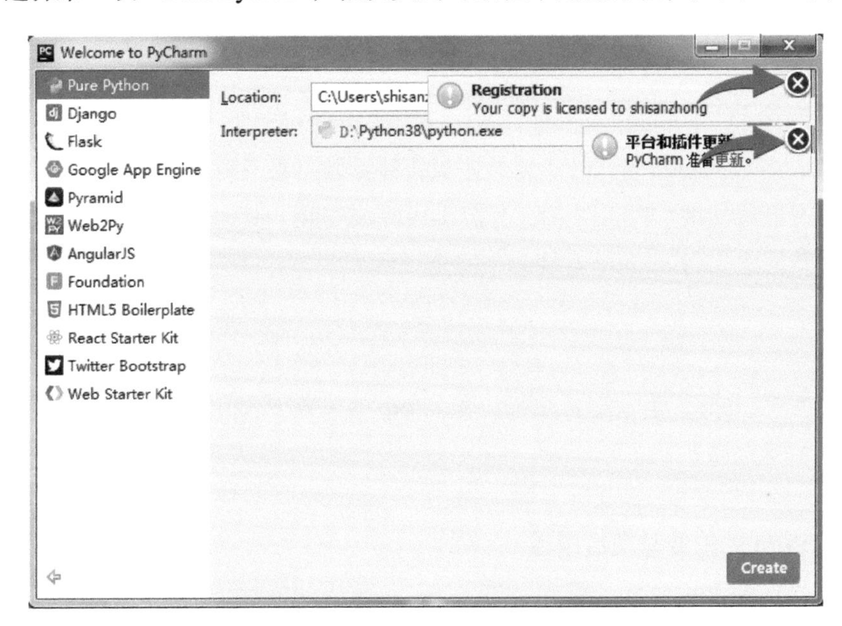

图 2.14　PyCharm 项目创建界面一

（3）在“Location”地址栏中个性化修改新项目的存放位置和名称，如“mypyth”，如图 2.15 所示。单击“Create”按钮，进入工作界面。

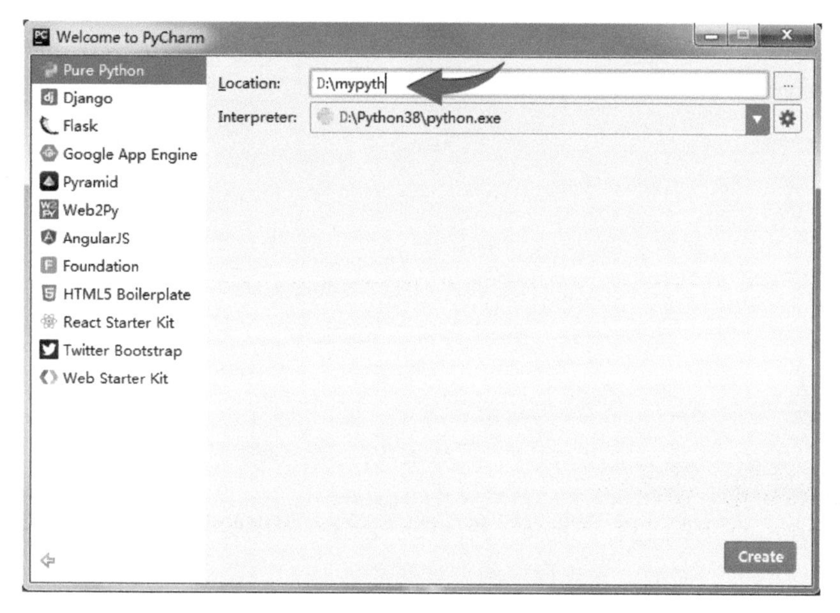

图 2.15　PyCharm 项目创建界面二

（4）依次关闭多余的悬浮窗口，如图 2.16 所示。

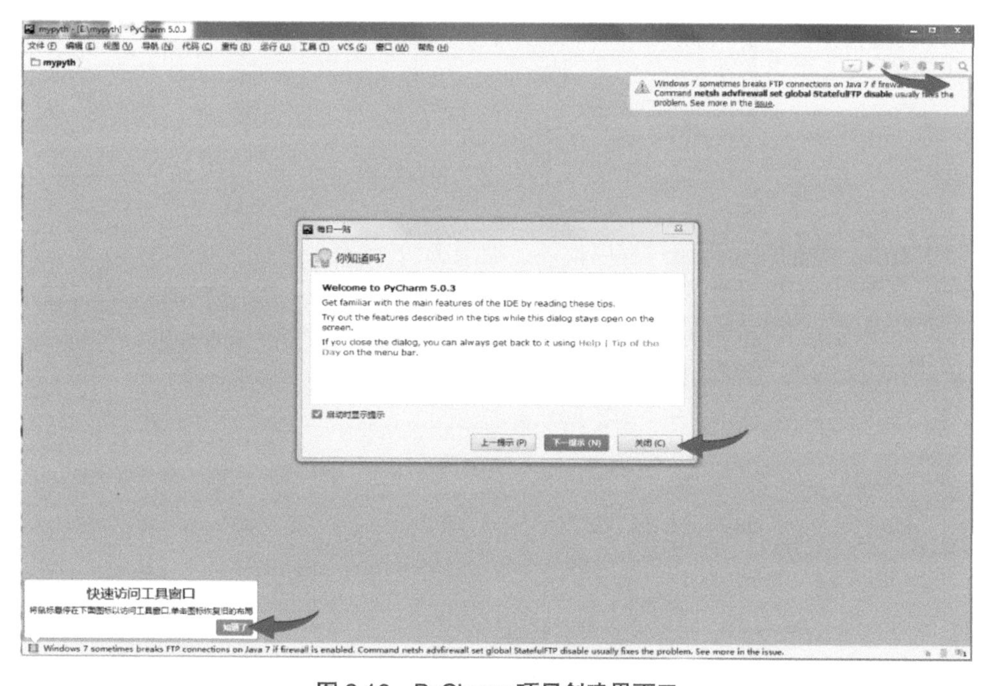

图 2.16　PyCharm 项目创建界面三

（5）右击新建的项目名称标签“mypyth”，选择“新建”→“Python File”命令，如图 2.17 所示。

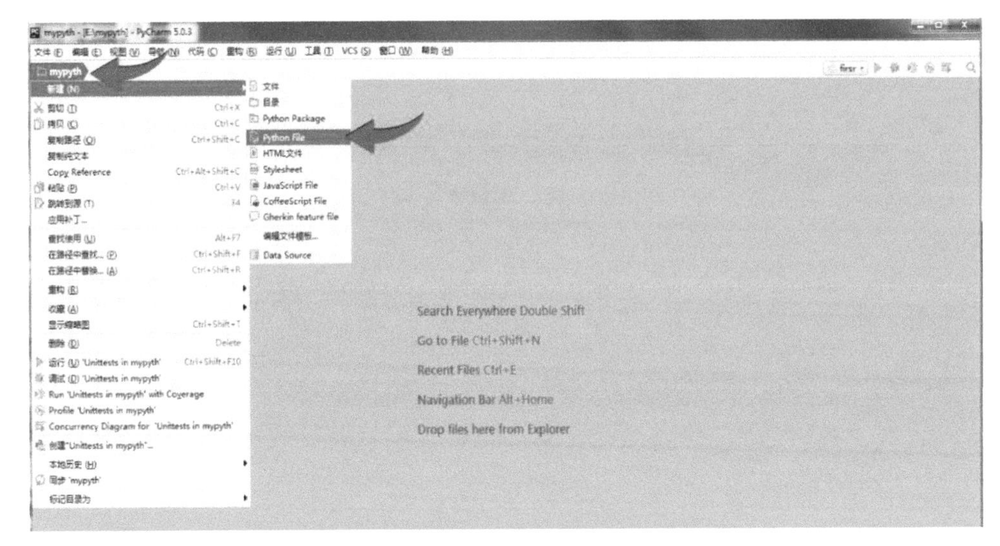

图 2.17　PyCharm 项目创建界面四

（6）在弹出的对话框的“Name”名称栏中，输入程序的名称，如“first”，如图 2.18 所示。单击“确定”按钮，完成程序的创建和命名。

图 2.18　PyCharm 项目创建界面五

（7）现在，我们就可以编写程序代码，如图 2.19 所示。

图 2.19　PyCharm 程序编写

2.2　必需库功能简介

2.2.1　numpy——基础科学计算库

numpy 库是 Python 中一个用于进行科学计算、数据分析的基础库，尤其在矩阵运算方面有着明显的优势。它不仅提供多维数组，而且包含了掩码式数组（masked arrays）、矩阵等很多衍生对象。它的功能包括高维数组计算、线性代数计算、离散傅里叶变换、基本统计运算、随机模拟等。

numpy 库的基础是 ndarray（N- dimensional array，N 维数组）对象。该对象是由类型和大小都相同的元素组成的多维数组，定义它最简单的方式是使用 array() 函数。

下面我们调用 numpy 库进行两个创建数组的简单练习。

练习 1：利用 array() 函数创建一维数组

```
# 调用 numpy 库创建一维数组
import numpy
# 定义一维数组
a = numpy.array([0, 1, 2, 3])
print(a)
```

运行结果见图 2.20。

```
控制台
[0 1 2 3]
程序运行结束
```

图 2.20　练习 1 运行结果

练习 1 中首先使用 import 语句调用 numpy 库。然后用 numpy.array() 创建数组 a，“()”中的值可以是列表或其他序列。由运行结果可知最后打印出数组 a，反馈定义成功。这里的 a 就是一个典型的 numpy 数组。

在本书中，我们会大量使用 numpy，后面我们将用 np 数组代指 numpy 数组。

练习 2：利用 array() 函数创建多维数组

```
# 调用 numpy 库创建数组
import numpy as np
# 定义数组并赋值
a = np.array([[0,1, 2, 3],[3, 2, 1, 0]])
b = np.array([[[1, 2], [2, 1]],[[3, 4],[4, 3]]])
print(' 二维数组 a',a)
print(' 三维数组 b',b)
```

运行结果见图 2.21。

```
控制台
二维数组a [[0 1 2 3]
 [3 2 1 0]]
三维数组b [[[1 2]
  [2 1]]

 [[3 4]
  [4 3]]]
程序运行结束
```

图 2.21　练习 2 运行结果

练习 2 中用 as 给 numpy 起了个别称 np，创建了二维数组 a 和三维数组 b。多维数组均以一维数组单行显示，结合中括号与一维数组进行区分。

除了 array() 函数，N 维数组对象 ndarray 的创建方法还有很多，诸如 zeros() 函数、ones() 函数、arange() 函数、linspace() 函数等。熟练掌握这些函数，我们会对数据操作更加得心应手。

2.2.2 SciPy——科学计算工具集

SciPy 是一个开源的 Python 算法库和数学工具包，提供了大量的函数和类，以及更多高级的科学算法，包括插值、积分、信号处理、线性代数、统计等。

例如，SciPy 库中的 sparse 函数，是专门为了解决稀疏矩阵而生，能够优化 numpy 数据的表达和存储。下面，我们用几行代码来体验 SciPy 中 sparse 函数的用法。

练习 3：稀疏矩阵转型

```
from numpy import array
from scipy.sparse import csr_matrix
# 创建一个稀疏矩阵
A = array([[1, 0, 0, 1, 0, 0], [0, 0, 2, 0, 0, 1], [0, 0, 0, 2, 0, 0]])
print(A)
# 稀疏矩阵转型（从行开始数）
S = csr_matrix(A)
print(S)
# 稀疏矩阵复原
B = S.todense()
print(B)
```

运行结果见图 2.22。

```
控制台
[[1 0 0 1 0 0]
 [0 0 2 0 0 1]
 [0 0 0 2 0 0]]
  (0, 0)	1
  (0, 3)	1
  (1, 2)	2
  (1, 5)	1
  (2, 3)	2
[[1 0 0 1 0 0]
 [0 0 2 0 0 1]
 [0 0 0 2 0 0]]
程序运行结束
```

图 2.22 练习 3 运行结果

在矩阵中，若数值为 0 的元素数目远远多于非 0 元素的数目，并且非 0 元素的分布没有规律，则该矩阵称为稀疏矩阵；与之相反，若非 0 元素数目占大多数，则称该矩阵为稠密矩阵。用普通阵列存储稀疏矩阵显然是对内存资源的一种浪费，因此 sparse 提供了七种矩阵类型来处理稀疏矩阵，如表 2.1 所示。

表 2.1　sparse 提供的七种矩阵类型

序　号	类　　型	特　　点
1	coo_matrix	采用三个长度相同的数组 row、col 和 data 保存非零元素的信息，row 保存元素的行，col 保存元素的列，data 保存元素的值，主要用来创建矩阵，无法对矩阵的元素进行增、删、改等操作
2	dok_matrix	采用字典来记录矩阵中不为 0 的元素，可逐渐添加矩阵元素
3	lil_matrix	使用两个列表存储非 0 元素，data 保存每行中的非零元素，rows 保存非零元素所在的列，可逐渐添加矩阵元素
4	dia_matrix	以对角线的方式存储元素
5	csr_matrix	按行对矩阵进行压缩。csr 需要三类数据：数值、列号以及行偏移量
6	csc_matrix	按列对矩阵进行压缩。csc 需要三类数据：数值、行号以及列偏移量
7	bsr_matrix	按分块的思想对矩阵进行压缩

其中，最常用的是 csr_matrix 和 csc_matrix 类型。练习 3 中的程序首先调用了相关函数，构造了一个普通阵列，然后采用 csr_matrix 存储类型将普通阵列转成稀疏矩阵，最后调用 todense() 函数将稀疏矩阵转成普通矩阵。

2.2.3　Pandas——数据分析利器

Pandas 是一个强大的 Python 数据分析工具包，它基于 numpy 构建，纳入了大量的库和标准的数据模型，提供了高效操作大型数据集所需的工具和快速便捷地处理数据的函数和方法，是使 Python 成为强大而高效的数据分析环境的重要因素之一。

Pandas 包括 Series、DataFrame、Time-Series、Panel、Panel4D、PanelND 六种基本的数据结构。首先，我们通过 DataFrame 型数据来了解 Pandas 的基本功能。

练习 4：创建数据表

```
import pandas
# 创建小数据集
data = {" 姓名 ": [" 红红 "," 明明 "," 刚刚 "," 丽丽 "," 宁宁 "],
" 数学 ":["98","95","85","67","89"],
" 语文 ":["91","97","88","80","84"],
" 英语 ": ["93","100","90","75","80"] }
data_frame = pandas.DataFrame(data)
print(data_frame)
```

运行结果见图 2.23。

```
控制台
   姓名  数学  语文  英语
0  红红  98   91   93
1  明明  95   97  100
2  刚刚  85   88   90
3  丽丽  67   80   75
4  宁宁  89   84   80
程序运行结束
```

图 2.23　练习 4 运行结果

对 DataFrame 内的数据进行处理，很多时候只需添加一句代码即可。例如使用 values 检索出所需字段的值，调用 describe() 函数分析数据。

练习 5：检索、分析数据

```
import pandas
# 创建小数据集
data = {" 姓名 ": [" 红红 "," 明明 "," 刚刚 "," 丽丽 "," 宁宁 "],
" 数学 ":["98","95","85","67","89"],
" 语文 ":["91","97", "88", " 80", "84"],
" 英语 ": ["93", "100", "90", "75", "80"] }
data_frame = pandas.DataFrame(data)
a=data_frame
# 检索数学成绩
print(' 查看所有数学成绩 :\n', a[' 数学 '].values, '\n')
# 分析表中的数值
print(' 对表进行描述 :\n', a.describe(), '\n')
```

运行结果见图 2.24。

```
控制台
查看所有数学成绩：
 ['98' '95' '85' '67' '89']

对表进行描述：
        姓名  数学  语文  英语
count    5    5    5    5
unique   5    5    5    5
top     红红  85   84   75
freq     1    1    1    1

程序运行结束
```

图 2.24　练习 5 运行结果

下面，我们通过调用 Pandas 中的 plot() 函数，体验 Pandas 的绘图功能。

特别强调的是，在输入代码之前，我们需要找到资源包中的文件 uk_rain_2014.csv，再进入练习 6。

练习 6：结合 matplotlib 库绘制图表

```
import matplotlib.pyplot as plt
import pandas as pd
# 在 csv 导入函数中输入文件 "uk_rain_2014.csv" 的存储路径，读取数据
data = pd.read_csv('C:/Users/Mac/Desktop/uk_rain_2014.csv', index_col=0)
# plot 生成图表
data.plot()
# 显示图表
plt.show()
```

运行结果见图 2.25。

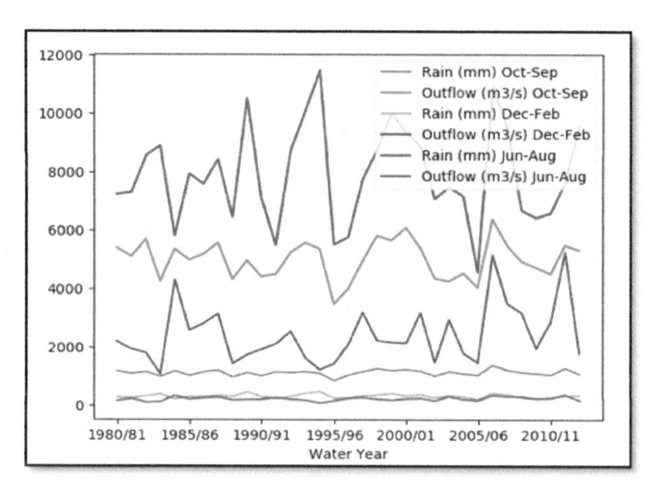

图 2.25　练习 6 程序运行结果

在练习 6 的代码基础上，我们还可以修改 plot() 函数的 kind 参数，从而绘制出不同类型的图表。

练习 7：绘制多种类型图表

```
import matplotlib.pyplot as plt
import pandas as pd
# 设置文件 "uk_rain_2014.csv" 的存储路径，读取数据
data = pd.read_csv('C:/Users/Mac/Desktop/uk_rain_2014.csv', index_col=0)
# 直方图
data.plot(kind="hist")
# 簇状图
data.plot(kind="bar")
# 显示图表
plt.show()
```

运行结果见图 2.26。

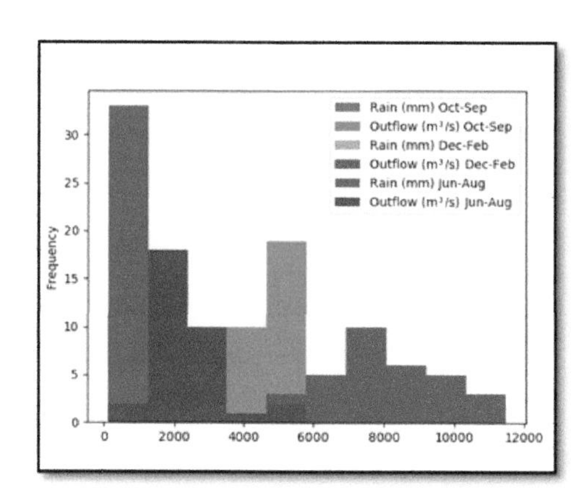

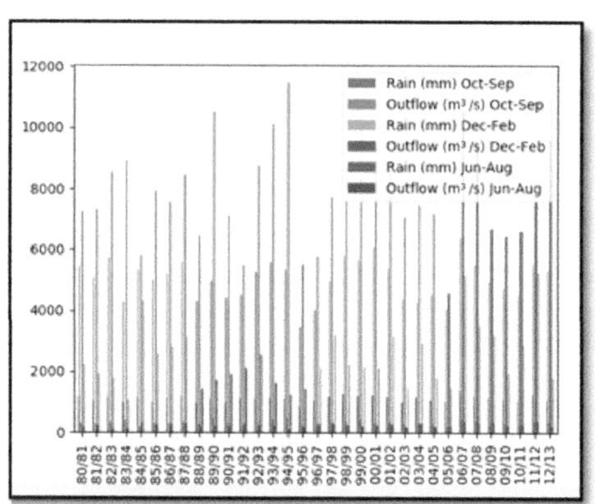

图 2.26　练习 7 程序运行结果

在初步了解 Pandas 数据结构的基础上，通过练习 6 和练习 7，结合 matplotlib 库，我

们使用plot()函数体验了Pandas的图表创建功能。那么，matplotlib具体是怎样的一个库呢？接下来就让我们一起认识一下。

2.2.4 matplotlib——图形绘制法宝

matplotlib是一个Python的2D绘图库，它能够绘制函数图像、描画数据走势，将数对、数组转化成图片中的点、线、面，完成“数据可视化”。以matplotlib的pyplot模块为例，联合Pandas的plot()函数，能够输出折线图、散点图、直方图等。下面，通过pyplot模块和plot()函数的综合调用，来体验它的具体功能。

假设某地区3月上旬每天上午十点的气温（℃）分别是4，7，8.5，3，5，10，18，18，15，13，我们调用matplotlib的pyplot函数绘制温度的折线图。如练习8的代码所示，数据在X轴的位置上设置range（2,22,2），即设置X轴的刻度起点为2，间隔为2，刻度的个数与Y值个数一致，所以刻度的终点需设置为22。完成X轴的刻度设置后，输入每天的温度值，pyplot就可以根据对应点坐标（2,4），（4,7），（6,8.5），（8,3.5），（10,5），（12,10），（14,18），（16,18），（18,15），（20,13），打点连线，绘制出折线图。

练习8：绘制温度折线图

```
# 导入pyplot
from matplotlib import pyplot as plt
x = range(2, 22, 2)
y = [4, 7, 8.5, 3, 5, 10, 18, 18, 15, 13]
# 传入x,y，通过pyplot绘制出折线图
plt.plot(x, y)
# 展示图形
plt.show()
```

运行结果见图2.27。

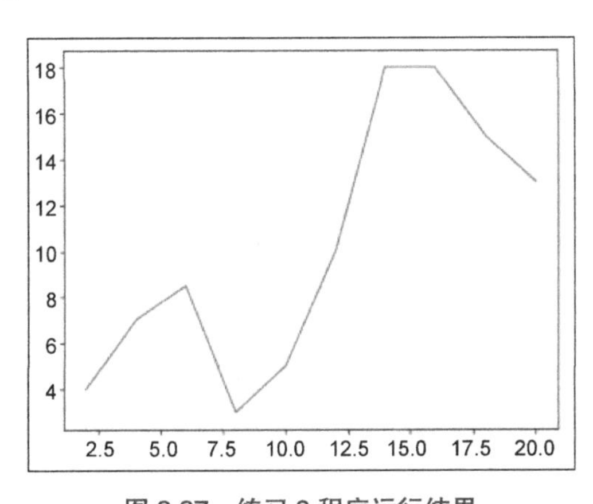

图2.27 练习8程序运行结果

除了使用默认的X轴坐标，我们还可以直接用现有的点进行绘制，只需要把点的X轴、Y轴坐标分别作为列表传入plot()函数即可。如练习9所示。

练习 9：绘制五角星

```
import matplotlib.pyplot as plt
# 分别设置六个点的横坐标和纵坐标
plt.plot([0,6,1,3,5,0,],[4,4,1,6,1,4])
plt.show()
```

运行结果见图 2.28。

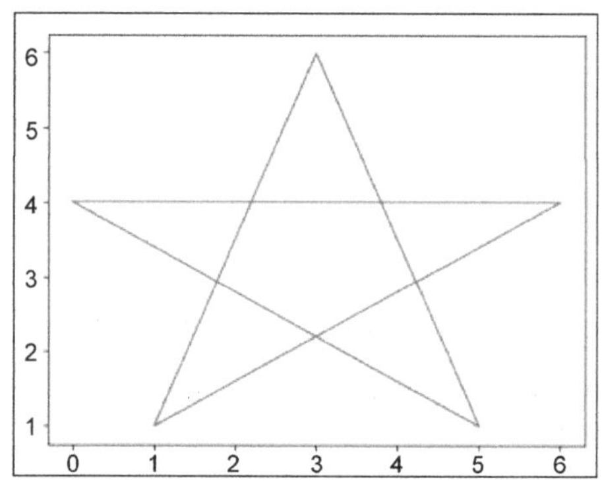

图 2.28　练习 9 程序运行结果

同样，使用 plot() 函数绘制函数图像也同样便捷。

练习 10：绘制一元二次函数

```
import matplotlib.pyplot as plt
import numpy as np
# 定义一个一元二次方程
x = np.arange(-3, 3, 0.01)
y = -x**2
# 绘制抛物线
plt.plot(x, y)
# 展示图形
plt.show()
```

运行结果见图 2.29。

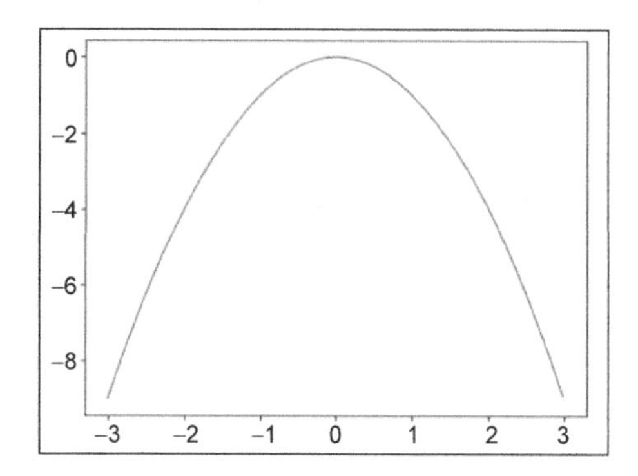

图 2.29　练习 10 程序运行结果

2.2.5 Sklearn——机器学习神器

Sklearn 是 scikit-learn 的简称，自 2007 年发布以来，已经成为 Python 最为重要的机器学习工具包。它是 SciPy 库的扩展，建立在 numpy 和 matplolib 库的基础上。利用这几大模块的优势，可以大大提高机器学习的效率。

Sklearn 包括特征提取、数据处理和模型评估三大模块，支持包括分类、回归、聚类、数据降维、模型选择和数据预处理六大机器学习算法。虽然刚接触时，大家都会为 Sklearn 中包含的各种算法的广度和深度所震惊，但其实六大板块的算法中有两块都是关于数据预处理和特征工程的，两个板块互相交互，为建模之前的全部工程打下基础。

下面，一起体验 Sklearn 的简单应用。

练习 11：生成三类数据用于聚类（100 个样本，每个样本 2 个特征）

```
from sklearn.datasets import make_blobs
from matplotlib import pyplot
# 产生一个包含 100 个样本的数据集，其中每个样本有 2 个特征数量。
data, label = make_blobs(n_samples=100, n_features=2, centers=5)
pyplot.scatter(data[:, 0], data[:, 1], c=label)
pyplot.show()
```

运行结果见图 2.30。

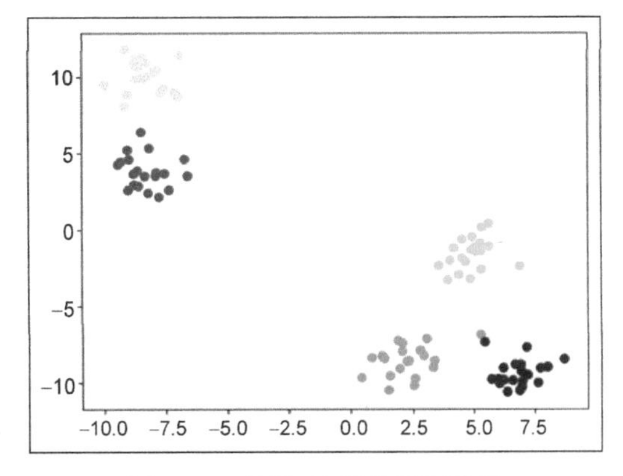

图 2.30 练习 11 程序运行结果

练习 12：生成半环图

```
from sklearn.datasets import make_circles
from sklearn.datasets import make_moons
import matplotlib.pyplot as plt
import numpy as np
fig = plt.figure(1)
x1, y1 = make_circles(n_samples=1000, factor=0.5, noise=0.1)
plt.subplot(121)
```

```
# 解决中文显示为方块的问题
plt.rcParams['font.sans-serif'] = ['SimHei']
# 解决负号 '-' 显示为方块的问题
plt.rcParams['axes.unicode_minus'] = False
plt.title(' 双圆图像 ')
plt.scatter(x1[:, 0], x1[:, 1], marker='o', c=y1)
plt.subplot(122)
x1, y1 = make_moons(n_samples=1000, noise=0.1)
plt.title(' 双月图像 ')
plt.scatter(x1[:, 0], x1[:, 1], marker='o', c=y1)
plt.show()
```

运行结果见图 2.31。

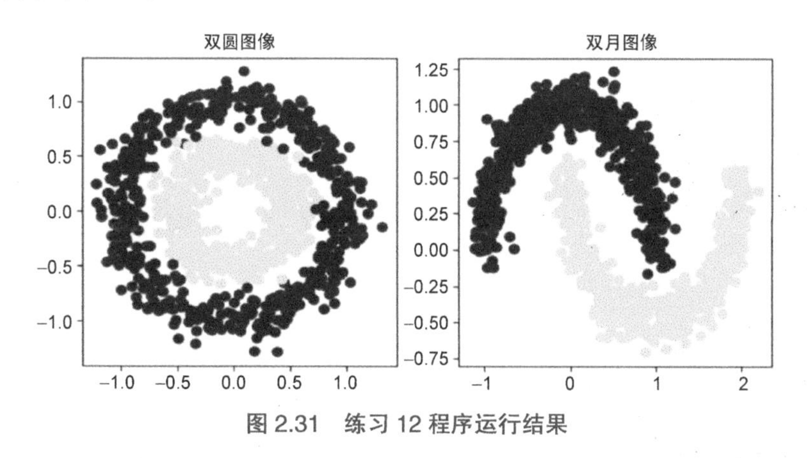

图 2.31　练习 12 程序运行结果

Sklearn 是开源的，任何人都可以免费地使用它或者进行二次发行。更为重要的是，Sklearn 拥有着系统完善的文档供用户学习和查阅，官方文档中包含很多模块，如官方教程 tutorials、用户指南 user guide、库调用的方法 API、常见问题 FAQ、论坛社区等。Sklearn 在线帮助平台如图 2.32 所示。

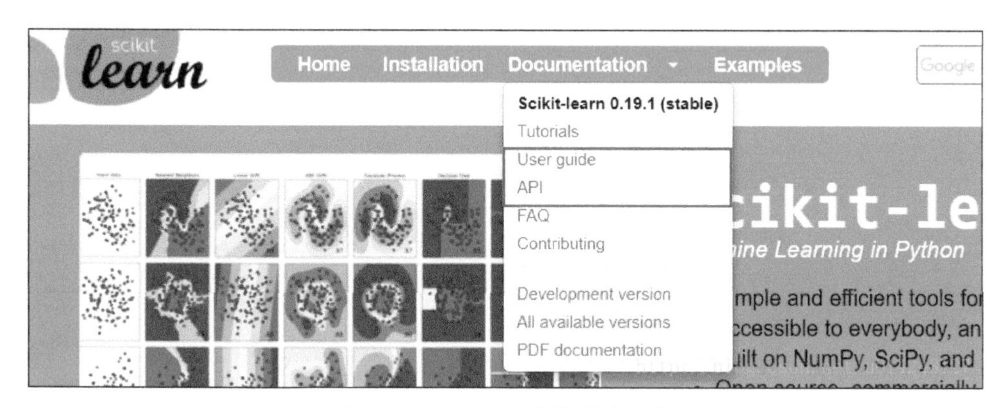

图 2.32　Sklearn 在线帮助平台

本章小结

本章我们完成了本地计算机开发环境的搭建。具体来说，安装并调试了 Python 软件，认识并学习了两种 IDE——海龟编辑器、PyCharm 以及对应 Python 必需库的安装与设置方法。现在可以说是“厉兵秣马”，还等什么，让我们开启对经典机器学习算法的学习吧！

第二部分 分 类

生活中，我们经常会判断一个事物的类型，很长一段时间内我们一直不能将这种最基本的分类技能赋予机器。近年来，随着硬件、算法、计算力的发展和数据的海量增长，这一难题才得以攻克。正如分类是我们必须掌握的生存技能，处理分类问题同样是各个领域人工智能应用的基础，下面就让我们从了解分类算法开始走进机器学习的世界。

数据是人工智能领域一切信息的载体。处理分类问题时，人工智能所面对的一切事物都需要侦测系统先将其转换成数据输入，然后基于对已存储的内部数据的处理和运算进行决策输出。对于不同的数据，我们需要明确它们的专有名称。

特征与特征向量

事物某些方面的特点或者属性，叫作特征（feature），对特征进行刻画的数据叫作特征向量。

标签与标签数据

对事物进行的结论性描述或界定叫作标签，对标签进行刻画的数据叫作标签数据。

以图为例，人工智能基于两种梨子的重量、颜色、尺寸对它们进行区分。其中，重量、颜色、尺寸是梨子的特征，所测得的各个具体数值是特征向量；品种是分类的标签；“大黄梨”“库尔勒香梨”等用来描述梨子品种的数据叫作标签数据。

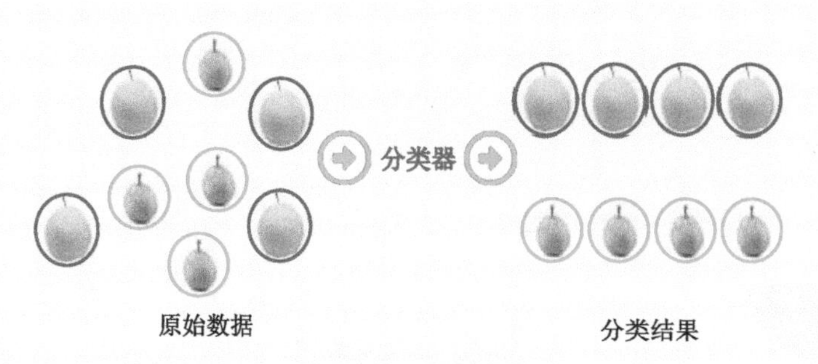

人工智能分类示意图

除了特征和标签，分类器也是分类乃至于整个人工智能系统中非常重要的概念。

分类器

对于不同的事物，人工智能基于事物的特征向量和标签数据进行训练，就可以构建出对这些事物进行分类的程序——分类器。

分类器从本质上讲，就是一个根据特征预测事物类别的函数。因此，当人工智能接收到未知事物的特征向量后，通过分类器即可判断该事物属于哪个类别，输出对应的标签数据。

围绕分类器的构建和应用，分类包括四个基本过程，如图所示。

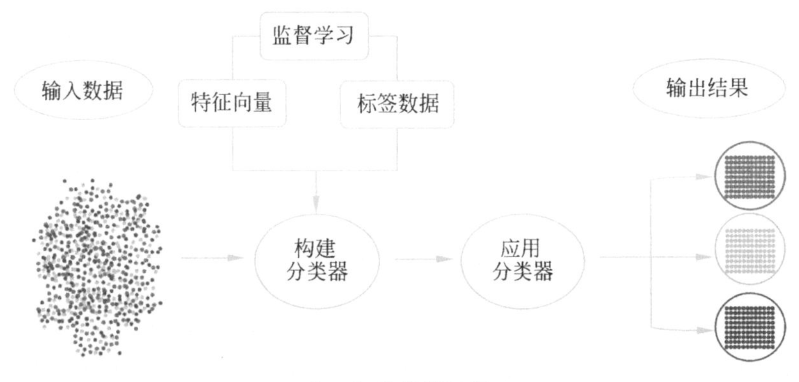

人工智能分类过程

尽管人工智能分类的流程一致，但是分类的算法却五花八门、各有千秋，面对不同的问题，我们应尽量选取最合适的分类算法。在接下来的学习中，我们将带领大家认识并应用几种常用的分类算法——K 近邻算法、决策树、随机森林、支持向量机和贝叶斯算法等，进而明晰人工智能分类的基本原理和实现过程。

第 3 章　K 近邻算法

古人云:“近朱者赤，近墨者黑。”基于这样的思想，人们总结出了很多为人处世的至理名言。其中，“观其友，而识其人”就是备受推崇的识人理念之一，即根据一个人所结交朋友的品行，我们可以推断出这个人大致的素养层次。将此观点延伸到人工智能范畴中的辨物，大家会轻松地理解 K 近邻算法的思想。概括而言，K 近邻算法的精髓可以概括为“观其邻，而识其类”，即参照与未知事物特征最接近的事物类别，可以让机器预测出该事物的所属类别。

千里之行，始于足下。K 近邻算法虽然简单，但是准确性和实用性却不容小觑。本章，就让我们学习 K 近邻算法，利用算法编写一个图书分类、糖尿病诊断的程序吧!

本章要点

1. K 近邻算法的原理
2. K 近邻算法的应用
3. K 近邻算法的特点

3.1　K 近邻算法的原理

K 近邻算法即 KNN（K-nearest Neighbor）算法，又称最近邻算法，是人工智能算法中最简单的分类方法。它的通俗定义是：对于特征空间中一个未知类别的对象，如果特征最邻近的 k 个邻居对象大多数属于某一个类别，那么该对象也属于这个类别。

如图 3.1 所示，我们想要通过机器识别某种梨子属于新疆库尔勒香梨还是山西大黄梨，可以提取“果实尺寸”和“果实重量”作为梨子的特征。收集好两类梨子样本对象的特征向量数据集和对应的标签数据集后，每一个样本对象就会在特征空间中以特征点的形式出现。此时，当未知种类的梨子以特征点的形式出现时，K 近邻算法就会根据我们指定的数目确定距其最近的几个邻居特征点。假如我们设定提取它的 3 个最近的邻居，由图 3.2 我们可以看到锁定的对象中，2 个样本的标签数据为库尔勒香梨，因此，KNN 算法将测试对象划分至库尔勒香梨。

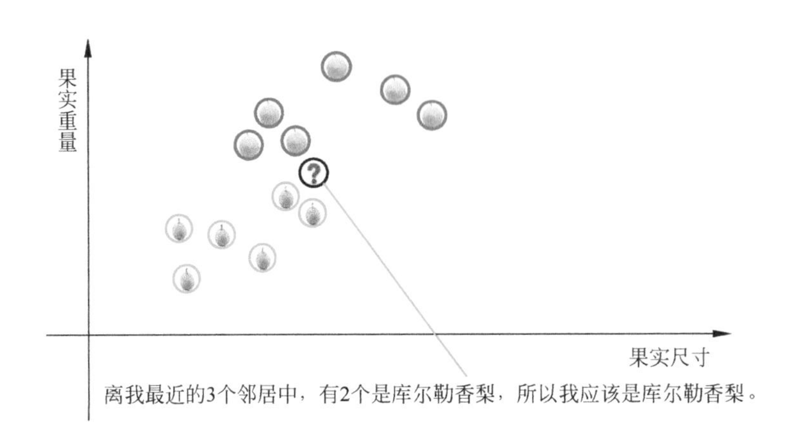

图 3.1 梨子分类特征空间示意图

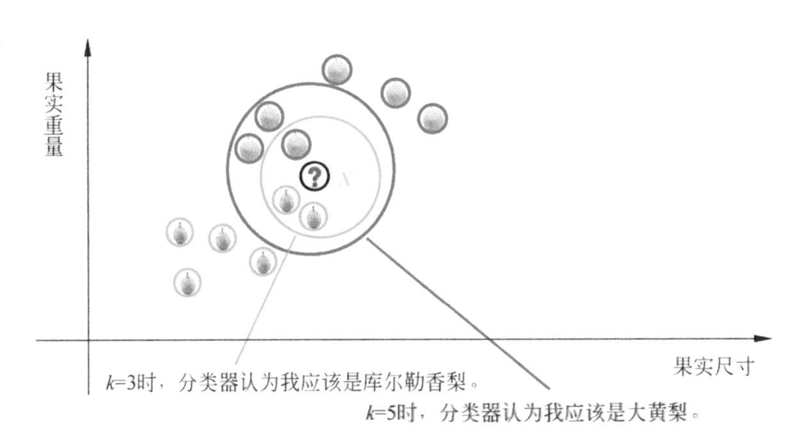

图 3.2 K 值不同时的梨子分类结果

K 近邻算法分类的过程大致分为四个环节，如图 3.3 所示。

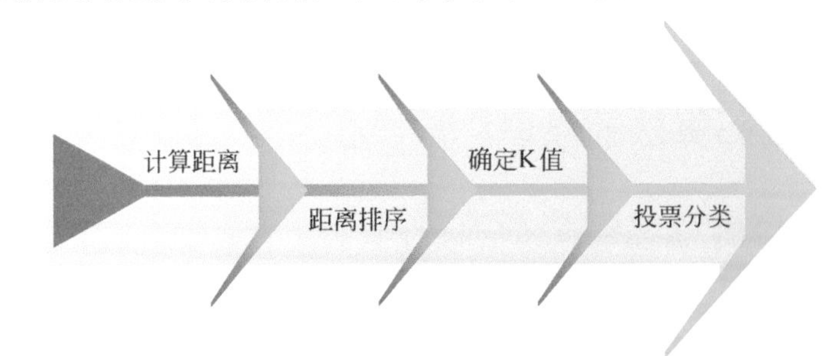

图 3.3 K 近邻算法分类基本过程

第一步，计算距离。要找到距离测试点最近的“邻居”，首先要计算测试点与特征空间中所有点的距离。计算距离的方法有很多，诸如曼哈顿距离、闵可夫斯基距离、欧几里得距离等。欧几里得距离是我们最熟悉也是最常用的距离度量方法，简称欧氏距离，可以衡量多维空间中各点之间的绝对距离。公式如下：

$$|AB| = \sqrt{\sum_{i=1}^{n}(A_i - B_i)^2} \tag{3.1}$$

这个公式看似复杂，其实在中学数学课程中我们就有过相关的学习和应用。例如，在二维特征空间中 A、B 两点的特征向量分别为（0, 3），（4, 0），根据式（3.1）可以求出 A、B 两点之间的距离如下：

$$|AB| = \sqrt{(0-4)^2 + (3-0)^2} = 5$$

没错，这是我们熟悉的在平面坐标系中求两点之间距离的方法。在数学学科中进行类似的计算时，我们之前多用勾股定理来验证，现在看来，欧几里得距离公式也可以阐释该方法的科学性。而且，在多维空间中计算点与点之间的距离，欧几里得距离公式同样适用。

例如，在三维特征空间中，A、B 两点的特征向量分别为（1，2，3），（4，5，6），根据式（3.1），可以求出 A、B 两点之间的距离如下：

$$|AB| = \sqrt{(1-4)^2 + (2-5)^2 + (3-6)^2} = 3\sqrt{3}$$

由此可见，在欧几里得距离式（3.1）中，$|AB|$ 代表 A、B 两点之间的距离，n 代表特征向量的维度数目，$\sqrt{\sum_{i=1}^{n}(A_i - B_i)^2}$ 代表 A、B 两点各个维度对应样本特征数据差值平方累加值的平方根。

第二步，距离排序。当测试点与所有已知样本特征点的距离计算完毕之后，算法会根据结果对已知样本进行升序排列，从而呈现出全新、规律的样本顺序，便于后续根据距离进行样本取舍。

第三步，选取 K 值。基于第二步的升序结果，选取前 k 个样本，K 值由程序设计者设定，K 的选取直接影响 K 近邻算法构建分类器的准确性。K 值太大会导致分类模糊；K 值太小，分类结果会受到个例的影响，波动较大。

以前文所举的梨子分类为例，如图 3.3 所示，当 K 值设定为 3 时，分类器会将测试梨子 X，划分为库尔勒香梨一类；当 K 值设定为 5 时，分类器会将测试梨子 X，划分为大黄梨一类。因此，正式应用分类器前，无论凭借经验还是使用其他某种方法指定 K 值，我们都要通过数据集对分类器进行测试，当测试准确率最高时，再锁定 K 值，以保证分类器的准确性达到最优。

机器学习算法中的常用参数包括“超参数”和“模型参数”。所谓“超参数”是指在算法运行之前需要进行指定的参数；“模型参数”与“超参数”相对应，是在算法运行过程中学习得到的参数。K 值是典型的超参数，设置时，K 值一般低于样本数的平方根。

1. K 值可以取偶数吗？

2. 样本数量较少时，构建 K 近邻算法分类器时，我们可以通过调整 K 值提高分类器的准确性。那么当样本数量较大时，我们该如何使用样本？又该如何检验分类器的准确性呢？

第四步，投票分类。在图 3.3 中，当 K 值设定为 3 时，距离未知种类梨子 X 最近的 3 个梨子分别是 1 号库尔勒香梨、2 号库尔勒香梨和 3 号大黄梨，因此，X 获得 2 个库尔勒香梨类别标注、1 个大黄梨标注，投票数量比为 2∶1，库尔勒香梨胜出，最终 K 近邻算法将 X 判定为库尔勒香梨一类。

同理可得，当 K 值设定为 5 时，梨子 X 被划分为大黄梨一类。但是，根据距离远近，图 3.3 中的梨子 X 更接近库尔勒香梨，因为它在特征空间中与 1、2 号库尔勒香梨极其接近，与 3、4、5 号大黄梨的距离都较远，被划为大黄梨完全是因为邻居中的大黄梨较多，即以数量取胜。由此可以推衍出，在很多分类问题中，如果待测样本 X 的 k 个邻居对结果预测影响度相同的话，显然是不公平的，预测结果误差将很大。那么应该如何解决这样的问题呢？

此时，我们应该把距离问题考虑进来，让距离近的“邻居”投票拥有更大的权重即可。具体引用权重来进行计算，即根据距离的远近，对邻近的投票进行加权，距离越近则权重越大，通常将权重设为距离的倒数。

如图 3.4 所示，假设未知种类梨子 X 与 1 号、2 号库尔勒香梨的距离分别为 1、1，与 3 号、4 号、5 号大黄梨的距离分别为 2.5、4、5，那么：

$$\text{大黄梨的投票值}=\frac{1}{2.5}+\frac{1}{4}+\frac{1}{5}=0.85$$

$$\text{库尔勒香梨的投票值}=\frac{1}{1}+\frac{1}{1}=2$$

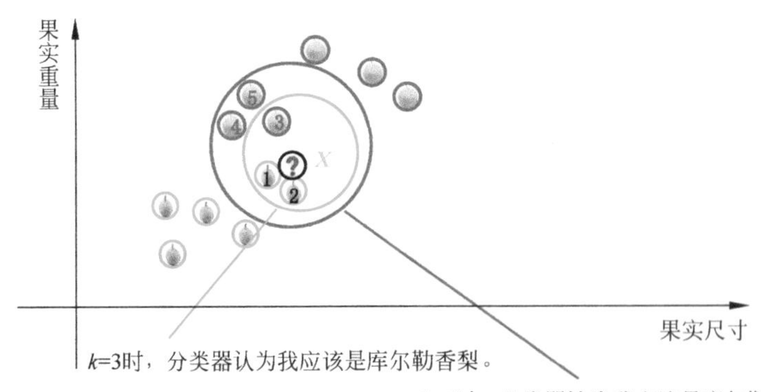

图 3.4 加权后 K 值不同时的梨子分类结果

因此，即使 K 值取 5，最终 K 近邻算法仍然将梨子 X 划分为库尔勒香梨。

增加权重的意义在于，保证让距离最近的邻居对分类结果的影响最大，从而提高分类器的准确率。另外采用距离的倒数作为权重还有一个好处，那就是解决平票的问题。假设需要判别的水果周围都是数量相同的不同类别的水果，如果根据数量，那么显然每种水果都是一样的，此时就无法根据数量判定类别了。这种情况下，我们依旧可以根据距离得出结果。

3.2 K 近邻算法的应用

在本小节，我们会向大家展示 K 近邻算法在分类任务中的一些应用，大家准备好海龟编辑器或 PyCharm，和我们一起进行实验吧！

3.2.1 K 近邻算法的常用参数

scikit-learn 中通过 KNeighborsClassifier 类来实现 KNN 算法，常用参数如表 3.1 所示。

表 3.1 KNeighborsClassifier 的常用参数

参　数	功　能	描　述
n_neighbors	KNN 中的 K 值	默认为 5
weights	每个近邻样本的权重	可选择 "uniform"，"distance" 或自定义权重。默认为 "uniform"，指近邻样本权重相同。"distance" 指权重和距离成反比例
n_jobs	并行处理任务数	主要用于多核 CPU 的并行处理，加快建立 KNN 树和预测搜索的速度。n_jobs=-1 时，所有的 CPU 核都参与计算

3.2.2 应用案例一：小说分类

小明是一名图书管理员，在录入图书信息时，需要对一批小说进行武侠类和言情类的类别备注。为了提高工作效率，学习过人工智能算法的小明首先提取了不同类别小说的标志性文字作为分类特征，其次后使用挖掘技术快速统计出了这批小说各个图书中所含关键字出现的频率，最后对其中 7 本小说进行类别标签设定，并以表格的形式整理后形成了机器学习的数据集，如表 3.2 所示。

表 3.2 小说样本

小说名称	打斗频率	言情频率	分类情况
A	0.37	0.01	武侠小说
B	0.43	0.02	武侠小说
C	0.00	0.17	言情小说
D	0.59	0.01	武侠小说
E	0.01	0.20	言情小说
F	0.02	0.18	言情小说

最后，小明基于这些数据利用 K 近邻算法设计了小说分类器，测试得到较高的准确率后便正式应用到了本次具体任务中。仅仅用了一会儿的功夫，小明就完成了整批小说的分类工作。下面，我们以打斗频率、言情频率分别为（0.59, 0.04），（0.03, 0.45）的两本小说《天龙八部》和《窗外》来测试一下小明编写的 KNN 分类器吧！

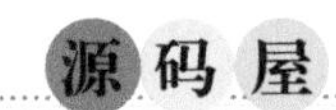

1. 程序源码

```
# 实验一：将小说划分为武侠小说和言情小说
# 调用相关库
import numpy as np
import pandas as pd
from pandas import Series, DataFrame
# 导入算法
from sklearn.neighbors import KNeighborsClassifier
# 导入 excel 文件
datafile = u'C:/books.xls'
# 导入数据源
data = pd.read_excel(datafile)
X = data[['打斗频率', '言情频率']]
Y = data['分类情况']
# 构建 K 值为 5 的分类器
knn = KNeighborsClassifier(n_neighbors=5)
# 根据已知的数据进行分类器训练
knn.fit(X, Y)
# 将测试数据输入分类器
X_test = np.array([[0.59, 0.04], [0.03, 0.45]])
# 分类器根据 X 计算分类结果 Y
Y = knn.predict(X_test)
print(Y)
```

2. 运行结果（见图 3.5）

```
控制台
['武侠小说' '言情小说']
程序运行结束
```

图 3.5　小说 KNN 分类器运行结果

3. 结果解读

将打斗频率、言情频率分别为（0.59, 0.04）和（0.03, 0.45）的测试小说输入程序，得到分类结果['武侠小说''言情小说']。KNN 算法将测试小说一划分至武侠小说一类，将测试小说二划分至言情小说一类，与《天龙八部》《窗外》的小说实际类别一致。

在应用案例一中，为了检测 KNN 分类器的准确性，我们用两部耳熟能详的小说测试小说分类器的预测效果。在实际应用中，这样的测试无疑是随意、片面的。那么，用什么数据能够更科学、更精准、更便捷地检测人工智能分类器的准确性呢？当样本数量较大时，我们又该如何使用样本？如何检验分类器的准确性呢？研究人员从支撑机器学习的数据中找到了方法。

知识窗

数据集

在计算机科学中，数据的定义是指所有能输入计算机中并被计算机程序处理的符号的总称。数据集，又称为资料集、数据集合或资料集合，是一种数据所组成的集合。通过前文的学习我们知道，在机器学习领域，我们通常需要大量的同类别数据（即数据集）来构建程序模型。

训练集、测试集与留出法

为了提高诸如分类器等模型的准确性，较大的样本数据集一般需要划分为两个互斥的部分——训练集（train set）和测试集（test set）。训练集指用来训练模型的数据集；测试集指用于评估由训练集所训练出来的模型的数据集。这种划分数据集的方法，称为留出法（Hold-out）。通常训练集和测试集的比例为 7∶3。当然，数据集中训练集和测试集划分的方法有很多，但必须彼此独立，不能重复或交叉使用。即测试数据集并不参与建模，但是我们可以用模型对测试数据集进行分类，然后和测试数据集中的样本实际分类进行对比，看吻合度有多高。吻合度越高，模型的得分越高，说明模型的预测越准确，满分是 1.0。

下面，我们一起使用留出法来检验一下 KNN 分类器的预测效果如何吧！

3.2.3　应用案例二：糖尿病诊断

本案例使用了源自美国国家糖尿病、消化及肾脏疾病研究所提供的糖尿病诊断数据集。该数据集一共包含 768 个样本，其中每个样本包括患者的年龄、怀孕次数、BMI、舒张压等 8 个特征；标签值分别为：1（患有糖尿病）、0（没有糖尿病），其中，标签为 1 的样本数为 268 个，为 0 的样本数为 500 个。想要进一步了解糖尿病诊断数据集的详细内容可以在网上搜索，获取完整的数据。

在小说分类器的启示下，小明使用 KNN 算法设计了一个糖尿病诊断器。一起来看看将数据集分成训练集和测试集后检测的 KNN 分类器预测效果吧！

源码屋

1. 程序源码

```
# 导入库
import pandas as pd
from sklearn.model_selection import train_test_split
```

```
from sklearn.neighbors import KNeighborsClassifier
from sklearn.metrics import accuracy_score
# 导入皮马印第安人糖尿病数据集
data = pd.read_csv('d:\pima-indians-diabetes.csv')
# 将数据集划分特征属性 x 和标签属性 y
X = data.iloc[:,0:8]
y = data.iloc[:, [8]]
# 将数据集一分为二，一部分数据为作为训练集，一部分数据作为测试集
# 0.2 代表测试数据占整体数据个数的 1/5
X_train, X_test, y_train, y_test = train_test_split(X, y, test_
size=0.2,random_state=2)
# 调用 K 近邻分类算法
knn = KNeighborsClassifier()
# 基于训练集数据进行学习，构建分类器
knn.fit(X_train, y_train)
# 应用分类器进行结果预测
y_predict = knn.predict(X_test)
# 验证分类器的准确性
print("模型准确率：{:.3f}".format(accuracy_score(y_test, y_predict)))
```

2. 运行结果（见图 3.6）

```
控制台
C:\Users\Administrator\.wood\python_x64\Lib\site-packages\sklearn\neighbors\_classifi
 to (n_samples,), for example using ravel().
  return self._fit(X, y)
模型准确率：0.727
程序运行结束
```

图 3.6 程序运行结果

3. 结果解读

基于分类的基本过程，小明以调用库函数 → 加载数据集 → 确定数据集的特征和标签 → 训练 KNN 分类器 → 测试分类器为开发糖尿病诊断程序的思路。程序中，accuracy_score(y_test, y_predict) 语句获得的是分类器预测结果与真实情况的准确性比值。从运行结果可以看到，该糖尿病诊断程序的准确性为 0.727。对于分类器的验证，KNN 算法还自带能够直接返回分类器准确度的 knn.score() 函数。因此，在本实验中，也可以用 knn.score(X_test,y_test) 代替 accuracy_score(y_test, y_predict) 语句，完成分类器的准确性评估。

3.3 K 近邻算法的特点

通过两个应用案例，结合 K 近邻算法的概念和原理，我们可以归纳出 K 近邻算法的优点和缺点。

K 近邻算法的优点如下。

（1）算法原理简单、易于理解，并且易于实现，无须参数估计，无须训练，适合入门。

（2）稳定，不受个别噪音数据的影响。

（3）适合对多分类问题和稀有事件进行分类。

K 近邻算法的缺点如下。

（1）算法的时间复杂度和空间复杂度都很高，训练的数据量不能太大。

（2）可解释性差，无法表现哪个数据样本特征项更重要，无法给出确定的规则。

（3）当训练样本不平衡时，如一个类型的样本容量很大，而其他类型样本容量很小时，往往导致结果向容量大的样本类型倾斜。

（4）K 近邻是一种消极学习方法、懒惰算法，面对规模超大的数据集拟合的时间较长、对高维数据集拟合欠佳。

本章小结

本章我们介绍了 K 近邻算法的概念和使用方法，并应用 K 最近邻算法跟随小明完成了对小说的分类和对糖尿病的诊断，体验了“神医妙算”的快乐。

通过学习，不难看出，K 近邻算法可以说是一个非常经典且原理简单的算法，作为第一个算法来进行学习可以帮助大家更好地理解其他的算法模型。不过 K 近邻算法在实际使用当中会有很多问题，由它的特点可以预见算法的局限性。例如，它需要对数据集认真地进行预处理、对规模超大的数据集拟合的时间较长、对高维数据集拟合欠佳，以及对于稀疏数据集束手无策等。所以在当前的各种常见的应用场景中，K 近邻算法的使用并不多见。

在接下来的学习中，我们将学习在高维数据集中表现得比较良好的算法——决策树。

第4章　决策树

古往今来，成事者多是明辨果决之人。同样，明辨果决也是人工智能梦寐以求的智慧。特别是在机器认知领域，人们一直在追求明辨果决的分类算法，从而进一步提高机器察异辨物、反馈决断的基本分类智能。

在目前涌现出的诸多研究成果中，决策树是应用最为广泛的算法之一，分类预测、规则提取等方面都能显示出较为精准高效的运算能力。

在某影院答谢观影会员的一次赠送电影票活动中，职员小Y就利用决策树算法出色地完成了电影票赠送活动。原来，细心的小Y发现在以往的赠票活动中，大多数会员收到的电影票都是他们不太感兴趣的电影，于是影院不仅浪费了资源，还因为服务细节不到位流失了很多顾客。因此，当懂得人工智能算法的小Y负责这项工作后，他立即利用决策树算法基于会员观影记录数据设计了一个赠票程序，从而准确地迎合了会员们的喜好，为客户送出了他们各自心仪的电影票。

那么，决策树到底是怎样的人工智能算法呢？本章就让我们学习决策树，以设计赠票程序为例，跟随小Y来体验决策树明辨果决、秒懂人心的过程吧！

本章要点

1. 决策树的原理
2. 决策树的构建
3. 决策树的应用
4. 决策树的特点

4.1　决策树的原理

4.1.1　决策树的分类过程

决策树是常用于解决分类问题的一种监督学习算法，它的本质是构建一种树结构的分类器。具体来说，决策树算法是基于已知数据的特征进行逐层分支判断，最后以类别标签为终点构建树形分类器，从而预测同属性测试数据的类别。

例如，我们有一组某班学生的物理学科学习情况调查表，如表 4.1 所示。

表 4.1　物理学科学习情况调查表

调查对象	物理摸底考试成绩 / 分	兴趣态度	方法习惯	是否获奖
A	141	一般	好	是
B	100	一般	好	是
C	70	好	一般	否
D	135	差	差	否
E	98	一般	一般	否
F	110	好	好	是
G	108	差	差	否
H	128	好	好	是
I	65	差	差	否
J	103	好	差	否

模拟决策树算法思想，根据表 4.1，我们就可以构建出一个预测某学生是否会获奖的决策树分类器示意图，如图 4.1 所示。

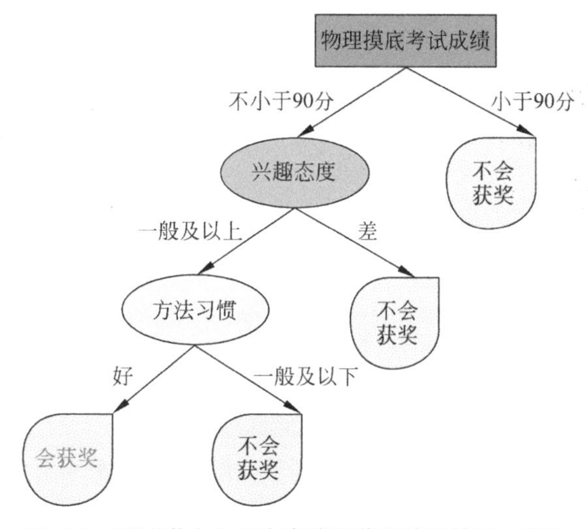

图 4.1　预测学生物理竞赛能否获奖的决策树示意图

由图 4.1 可以看出，决策树的构建过程一直在对数据的特征进行提问，再由上至下，沿着不同答案进入分类结论或下一个甄别问题，直到获得测试者的类别标签“会获奖”或“不会获奖”，构建结束。此时，我们输入测试数据，例如，输入“物理摸底考试成绩”为“105分”，“兴趣态度”为“一般”，“方法习惯”为“差”的一名学生特征，决策树分类器进行逐层数据甄别，便会输出测试学生的标签结果——“不会获奖”。

4.1.2　决策树的具体组成

以预测某学生在物理竞赛中是否会获奖的决策树为例，决策树具体组成如图 4.2 所示，由节点（node）和向边（directed edge）组成。节点是决策树中的特征甄别问题或标签结果。

按照层级关系，节点分为根节点、内部节点和叶节点三种类型。

在图 4.2 中，决策过程中的首个问题（“物理摸底考试成绩”）叫作根节点，根节点之后、得到结论前的每一个问题都是内部节点，而得到的各个结论（如“会获奖”或“不会获奖”）叫作叶子节点。节点间的单向箭头线即为向边，用于指明决策树降低熵的节点执行流程，每两个节点之间最多只能连有一条向边。

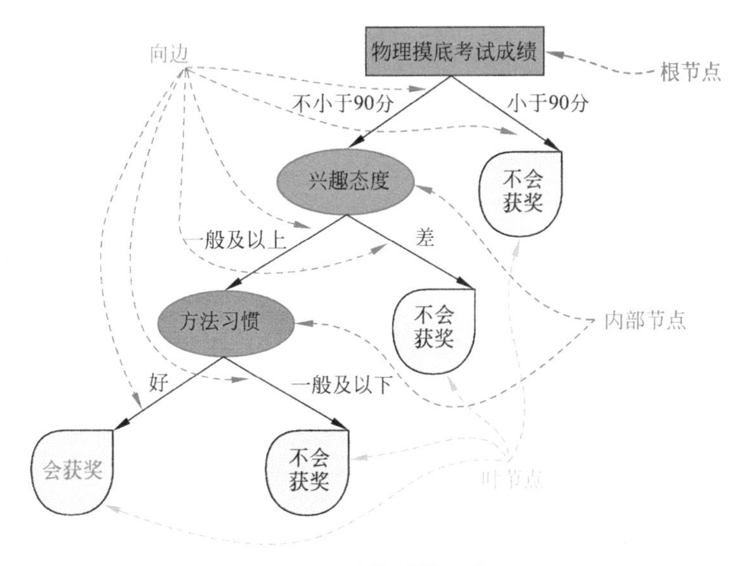

图 4.2　决策树的组成

根据节点间向边的指向，向边分为节点的进边和出边。通过观察我们可以发现，除了所含内容，各类节点的向边也呈现出不同的特征，具体如表 4.2 所示。

表 4.2　决策树节点特征

节点类别	内　　容	向　　边
根节点	分类的最初问题，所有数据分类时均由此出发	没有进边，有出边
内部节点	根节点之下、叶子节点之上，在得到结论前的每一个问题，是数据分类的中间站、岔路口	既有进边也有出边，进边只有一条，出边可以有很多条
叶节点	每个叶节点都是一个类别标签，即对每个数据进行分类的最终结论	有进边，没有出边

4.1.3　构建决策树的相关概念

熵是物理学中一个非常重要的概念，通常用符号 S 表示，其物理意义是体系混乱程度的度量。简单地说，熵就是“污染”的同义词，反映的是一个系统的混乱程度，一个系统越混乱，其熵就越大；越整齐，熵就越小。

我们举一个很形象的例子：一个容器的下层装着红豆，上层装着绿豆，这样红豆、绿豆各自在不同的空间，容器内豆子的熵值就很小。用一根棍子放在容器里搅几分钟，红豆和绿豆便会乱七八糟地混在一起，熵值就增大了。如果此时加入黄豆继续搅拌，熵值就更大了。

熵增加原理是指一个孤立系统内的自发过程都是朝着越来越混乱的方向发展，即向熵增加的方向发展。而由于任何系统的混乱程度不会自发地减小，因此，我们通常进行的操作都是对抗熵、降低熵。

最简单的例子，人的生长生存就是一个对抗熵增加的过程。人体是一个复杂的机器，机器的各部分需要协调一致、有序工作才能保证人的健康。如果人的大脑发出的信号变得混乱，各组织器官工作混乱，人这个系统的熵就会变大，人就会更快地衰老、生病和死亡。在社会领域中也是如此，一个社会如果无组织、无约束，任其自由发展，那一定会越来越混乱。因此，必须设立健全的规章制度对抗熵的增加。

信息熵被香农定义为离散随机事件的出现概率。假如一个随机变量 X 有 n 种取值 $X=\{x_1, x_2, x_3, \cdots, x_n\}$，每一种取值对应的概率为 $\{p_1, p_2, p_3, \cdots, p_n\}$，且各种符号的出现彼此独立，那么 X 的信息熵为

$$H(X) = -\sum_{i=1}^{n} P(x_i)\log P(x_i)$$

在信息熵公式中，$p(x_i)$ 代表随机事件 x_i 的概率。由此可见，事件的随机发生概率大，出现机会多，不确定性小，即熵值越小；反之，发生概率小，不确定性就大，即熵值越大。

例如，学生正常上课非常普遍、平常，即为信息熵小的事件；学校踩踏事故很少发生，即为信息熵大的事件。联系生活中的媒体报道不难发现，最受关注的内容通常是信息熵大的事件。

在人工智能分类系统中，如果用 C 代表类别变量，n 代表类别的总数，具体类别是 $C_1, C_2, \cdots, C_n$，而每一个类别出现的概率分别是 $P(C_1), P(C_2), \cdots, P(C_n)$，将分类系统的熵代入信息熵公式可以表示为

$$H(C) = -\sum_{i=1}^{n} P(C_i)\log_2(P(C_i))$$

例 4.1　世界杯比赛中 16 强产生后，如果 16 支球队夺冠的概率相同，那么信息熵是多少？

$$\begin{aligned} H &= -\left(\frac{1}{16}\times\log_2\frac{1}{16}+\frac{1}{16}\times\log_2\frac{1}{16}+\cdots+\frac{1}{16}\times\log_2\frac{1}{16}\right) \\ &= -\log_2\frac{1}{16} \\ &= \log_2 16 = 4 \end{aligned}$$

例 4.2　表 4.3 是小 Y 所在影院会员莎莎某年的观影记录，求其中各特征的信息熵（表中数据为虚构数据，评分低于 8.5 分，评分等级为“低”，否则为“高”）。

表 4.3　影院会员莎莎的观影记录表

序号	影片名称	类型	产地	评分	是否观影
1	复仇者联盟 4	科幻	美国	9.2 高	是
2	哪吒之魔童降世	动画	中国	9.4 高	是

续表

序号	影片名称	类型	产地	评分	是否观影
3	少年的你	剧情	中国	8.5 高	是
4	狮子王	动画	美国	8.6 高	是
5	老师好	剧情	中国	8.2 低	否
6	柯南：绀青之拳	动画	日本	7.8 低	否
7	流浪地球	科幻	中国	8.8 高	是
8	哆啦 A 梦	动画	日本	8.7 高	否
9	星球大战之天行者崛起	科幻	美国	7.4 低	否
10	小猪佩奇过大年	动画	中国	6.9 低	是

答：各特征数据集合的信息熵为

$$H(x)=-\left(\frac{6}{10}\times\log_2\frac{6}{10}+\frac{4}{10}\times\log_2\frac{4}{10}\right)=0.971$$

$$H_{\text{类型}}(x)=\frac{3}{10}\left(-\frac{2}{3}\times\log_2\frac{2}{3}-\frac{1}{3}\times\log_2\frac{1}{3}\right)+\frac{5}{10}\left(-\frac{3}{5}\times\log_2\frac{3}{5}-\frac{2}{5}\times\log_2\frac{2}{5}\right)+\frac{2}{10}\left(-\frac{1}{2}\times\log_2\frac{1}{2}-\frac{1}{2}\times\log_2\frac{1}{2}\right)=0.961$$

$$H_{\text{产地}}(x)=\frac{3}{10}\left(-\frac{2}{3}\times\log_2\frac{2}{3}-\frac{1}{3}\times\log_2\frac{1}{3}\right)+\frac{2}{10}\left(-\frac{2}{2}\times\log_2\frac{2}{2}-\frac{0}{2}\times\log_2\frac{0}{2}\right)+\frac{5}{10}\left(-\frac{4}{5}\times\log_2\frac{4}{5}-\frac{1}{5}\times\log_2\frac{1}{5}\right)=0.636$$

$$H_{\text{评分}}(x)=\frac{6}{10}\left(-\frac{5}{6}\times\log_2\frac{5}{6}-\frac{1}{6}\times\log_2\frac{1}{6}\right)+\frac{4}{10}\left(-\frac{1}{4}\times\log_2\frac{1}{4}-\frac{3}{4}\times\log_2\frac{3}{4}\right)=0.71$$

基尼系数又称为 Gini 系数，与信息熵一样，是度量系统混乱程度的指标。

信息增益是以某特征划分数据集前后的熵的差值。在分类系统中，信息增益用来衡量节点问题的降熵效果，即衡量当前特征对样本集合划分效果的好坏。

例 4.3 求例 4.2 中电影数据集合各特征的信息增益。

Gain（类别）= 0.971−0.961 = 0.01

Gain（产地）= 0.971−0.636 = 0.335

Gain（评分）= 0.971−0.71 = 0.261

下列各图中哪一幅花束的熵值最低？

A. 

B. 

C. 

4.2　决策树的构建

4.2.1　建树

构建决策树第一阶段的首要任务是确定根节点。整体建树的基本思想是随着树深度(层级)的增加，节点的熵应迅速地降低。熵降低的速度越快越好，这样我们就有望得到一棵高度最矮的决策树。一般原则是，通过不断划分节点，使得一个分支节点包含的数据尽可能地属于同一个类别，即“纯度”越来越高，熵值越来越小。

目前，较为通用的构建决策树的算法是 ID3 算法。该算法最早是由罗斯昆（J. Ross Quinlan）于 1975 年在悉尼大学提出的一种分类预测算法，算法的核心是在决策树各个节点上应用信息增益准则选择特征，递归地构建决策树。具体方法是：选择信息增益最大的特征作为根节点，由该节点的不同取值建立子节点；再对子节点递归地调用以上方法，构建决策树；直到所有特征的信息增益均很小或没有特征可以选择为止，由此得到一个最优的决策树。

以例 4.2 为例，因为求得它的数据集信息增益“产地”0.335 最大，“评分”0.261 次之，“类别”0.01 最小，所以锁定“产地”为根节点，“评分”为第一层级内部节点，“类型”为第二层级内部节点。同理可求，在第一层级，“日本”的信息增益最大，在第二层级，“动画片”的信息增益最大，所以它们均可作为各自层级的一个分支。因为本例中，“看”与“不看”是标签数据，所以叶子节点锁定为“看”与“不看”，综合根节点、内部节点和向边分支特征，按照表 4.3 中不同特征数据与标签属性的对应性，可构建决策树示意图如图 4.3 所示。

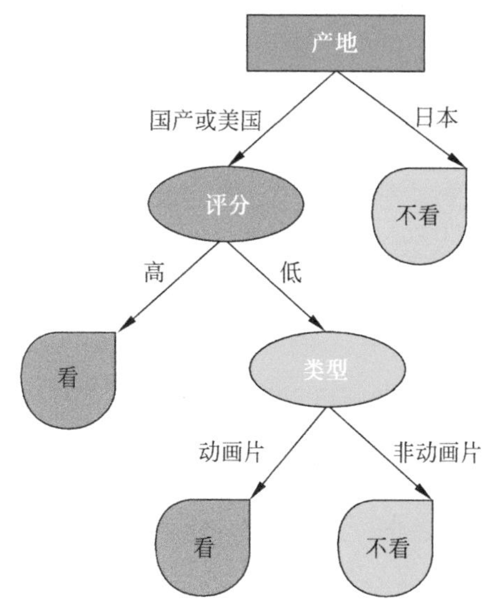

图 4.3　会员莎莎电影喜好分析决策树示意图

由图 4.3 可见，该观影者比较偏爱国产或美国制作的高评分电影或动画类型的电影。

ID3 算法基于信息增益的建树虽然有普遍高效的分类应用，但也存在一些特例偏差。例如，数据表中的“编号”特征所含取值较多，因此信息增益较大，常被确定为根节点，这显然是不理想的。可见，ID3 算法对取值数目较多的特征属性有所偏好，即当数据组某个特征取值较多时，该特征往往会被确定为根节点，这样势必在数据分析时产生偏差。为了解决这一问题，我们可以引入“信息增益比”（也称“信息增益率”）。

- 信息增益比 = 信息增益 × 惩罚参数

$$g_R(D,A) = \frac{g(D,A)}{H_A(D)} \tag{4.1}$$

公式各组成元素释义如表 4.4 所示。

表 4.4　信息增益比的各要素

元　素	释　义
$g_R(D,A)$	信息增益比
D	样本集合
A	特征 A 的各个特征值
$g(D,A)$	信息增益
$H_A(D)$	信息熵

- 信息增益比本质是在信息增益的基础之上乘以一个惩罚参数。特征个数较多时，惩罚参数较小；特征个数较少时，惩罚参数较大。
- 惩罚参数数据集 D 以特征 A 作为随机变量的熵的倒数，即将特征 A 取值相同的样本划分到同一个子集中（之前所说数据集的熵是依据类别进行划分的）。

尝试根据信息增益比的计算公式求出例 4.2 数据样本中电影各个特征的信息增益比。

根据式（4.2）及表 4.4，可以罗列出例 2 数据样本的信息增益、信息熵值、信息增益比，如表 4.5 所示。

表 4.5　影院会员莎莎观影数据特征信息增益、信息熵值、信息增益比统计表

样本特征	特征的信息熵值	信息增益	信息增益比	节点级别
电影类型	0.961	0.01	= 0.01/0.961 ≈ 0.010	二级节点
电影产地	0.636	0.335	= 0.335/0.636 ≈ 0.527	根节点
电影评分	0.71	0.261	= 0.261/0.71 ≈ 0.368	一级节点

除此 ID3 外，构建决策树的主流算法还有 C4.5 和 CART，如表 4.6 所示。

表 4.6　构建决策树主流算法简介

算法	参　量	说　明
ID3	信息增益	取值多的属性，更容易使数据更纯，其信息增益更大
C4.5	信息增益比	采用信息增益率替代信息增益
CART	Gini 指数	以基尼系数替代熵，最小化不纯度，而不是最大化信息增益

4.2.2　剪枝

1. 剪枝的含义

构建决策树的第二阶段为提升模型的泛化能力。机器学习的目的是学到隐含在数据背后的规律，对具有同一规律的学习集以外的数据，经过训练的模型能给出合适的输出。泛化能力（generalization ability）指机器学习算法对新鲜样本的适应能力，可以理解为算法模型的普适性、可移植性。过拟合和欠拟合都会影响决策树的泛化能力。决策树的剪枝是为了简化决策树模型，避免过拟合。剪枝主要分为预剪枝和后剪枝两类。

预剪枝策略（Pre-Pruning）就是在对一个节点进行划分前进行估计，如果不能提升决策树泛化精度，就停止划分，将当前节点设置为叶节点。那么怎么测量泛化精度呢？就是留出一部分训练数据当作测试集，每次划分前比较划分前后的测试集预测精度。

后剪枝策略（Post-Pruning）首先正常建立一个决策树，然后对整个决策树进行剪枝。

按照决策树的广度优先搜索的反序，依次对内部节点进行剪枝，如果将某个内部节点为根的子树换成一个叶节点，可以提高泛化性能，就进行剪枝。两者的优缺点可以概括如表 4.7 所示。

表 4.7　预剪枝策略与后剪枝策略优缺点对照表

类　别	优　　点	缺　　点
预剪枝	降低了过拟合风险，降低了训练所需的时间	预剪枝是一种贪心操作，可能有些划分暂时无法提升精度，但是后续划分可以提升精度，故产生了欠拟合的风险
后剪枝	降低过拟合风险，降低欠拟合风险，决策树效果提升比预剪枝强	时间开销大得多

换个方法来讲，剪枝过程其实就是在优化降低损失函数（loss function）的过程。

2. 常用的剪枝方法

（1）限制树的最大深度

限制树的最大深度，超过设定深度的树枝全部剪掉。这是使用最广泛的剪枝参数，能够有效地限制过拟合，在高维度低样本量时非常有效。实际使用时，建议从深度值为 3 开始尝试，根据拟合情况决定是否增加设定深度。

（2）限制叶子节点最少的样本数

限定一个节点在分枝后的每个子节点都必须包含至少 N 个训练样本，否则分枝就不会发生，或者分枝会朝着满足每个子节点都包含 N 个样本的方向去发生，该方法一般搭配树的最大深度值使用。当样本数量设置得太小会引起过拟合，设置得太大就会阻止模型学习数据。一般来说，建议从 5 开始使用。对于类别不多的分类问题，1 通常就是最佳选择。

（3）限制节点的最小样本数量

限制一个节点必须要包含至少几个训练样本，这个节点才允许被分枝，否则分枝就不会发生。

知识窗

欠拟合与过拟合

欠拟合和过拟合是导致模型泛化能力不高的两种常见原因，它们都是模型学习能力与数据复杂度之间失配的结果。“欠拟合”常常在模型学习能力较弱、而数据复杂度较高的情况下出现，此时的模型由于学习能力不足，无法学习到数据集中的“一般规律”；“过拟合”常常在模型学习能力过强的情况中出现，此时的模型学习能力太强，以至于能捕捉到训练集中单个样本自身的特点，并将其认为是“一般规律”。欠拟合与过拟合的区别在于，欠拟合在训练集和测试集上的性能都较差，而过拟合往往能较好地学习训练集数据的性质，而在测试集上的性能较差。

损失函数

设决策树 T 的叶节点个数为 L，t 是树的叶节点，该叶节点有 N_t 个样本点，则决策树学习的损失函数可以定义为

$$Loss(T)=\sum_{t=1}^{L}N_t H_t(T)+\alpha L$$

其中，$H_t(T)$ 为单个叶节点的信息熵，N_t 是叶子所包含的样本数，$a(a\geqslant 0)$ 为调节参数。

由此可见，叶子节点个数越多，损失越大。而我们前面讨论的剪枝过程，换句话说其实就是在优化降低损失函数的过程。

4.3 决策树的应用

4.3.1 环境补充搭建

为了明确决策树在每一层的具体运行情况，我们需要安装 graphviz 程序，并在计算机 cmd 中运行“pip install graphviz”命令。这样，我们在应用决策树算法编写程序时，就可以用这个名为 graphviz 的库来演示决策树的具体决断过程了。

4.3.2 决策树的常用参数

scikit-learn 中通过 DecisionTreeClassifier 类来实现决策树分类算法，常用参数如表 4.8

所示。

表 4.8　DecisionTreeClassifier 的常用参数

参　　数	功　　能	描　　述
criterion	特征选择标准	gini or entropy (default = gini)，前者是基尼系数，后者是信息熵
splitter	特征划分标准	best or random (default = best) 前者在特征的所有划分点中找出最优的划分点；后者是随机地在部分划分点中找出局部最优的划分点
max_depth	决策树最大深度	int or None, optional (default=None) 通常用于特征比较多的情况，限制最大深度，取值为 10 ～ 100，防止过拟合
min_samples_leaf	叶子节点最少样本数	如果是 int，则取传入值本身作为最小样本数；如果是 float，则取 ceil(min_samples_leaf * 样本数量) 的值作为最小样本数，即向上取整
max_leaf_nodes	最大叶子节点数	int or None, optional (default=None) 通过限制最大叶子节点数，可以防止过拟合，默认是 None，即不限制最大的叶子节点数
min_impurity_split	信息增益的阈值	决策树在创建分支时，信息增益必须大于这个阀值，否则不分裂
min_weight_fraction_leaf	叶子节点最小的样本权重和	float,optional (default=0) 这个值限制了叶子节点所有样本权重和的最小值，如果小于这个值，则会和兄弟节点一起被剪枝，默认是 0
class_weight	类别权重	dict, list of dicts, balanced or None, default=None 指定样本各类别的的权重，主要是为了防止训练集某些类别的样本过多，导致训练的决策树过于偏向这些类别

4.3.3　应用案例：影院会员观影喜好分析

在本章开篇所举的实例中，我们知道影院职员小 Y 应用决策树算法设计了分析会员观影喜好的人工智能程序，成功地迎合了会员们的喜好，为客户送出了他们各自心仪的电影票。小 Y 基于决策树算法的影院会员观影喜好分析程序在编写时具体是用怎样的代码实现的呢？

以表 4.3 中莎莎的观影记录为数据源，小 Y 编写的观影喜好分析程序源码如下。

1. 程序源码

```
from sklearn.feature_extraction import DictVectorizer #转换工具，将 list 转换成为一个数组
from sklearn import tree
import pydotplus
import pandas as pd
from sklearn.model_selection import train_test_split
from sklearn import preprocessing
# 读取文件
```

```
data_file = u'd:\\film.xlsx'  # 指定文件所在位置
data = pd.read_excel(data_file)  # 读取文件内容
X = data.loc[:, ('类型','产地','评分')]  #loc: 根据 DataFrame 的具体标签选取列
Y = data.loc[:, '是否观影']
# 将所有样本抽取特征并转化成向量形式
vec = DictVectorizer()
# 将特征值的 list 转变成为一个数组
new_X = vec.fit_transform(X.to_dict(orient='records')).toarray()
lb = preprocessing.LabelBinarizer()
new_Y = lb.fit_transform(Y)  # 将标签数据二值化处理
# 拆分训练集和测试集
X_train, X_test, Y_train, Y_test = train_test_split(new_X, new_Y,train_
size=0.99, random_state=666)
# 创建分类器
clf = tree.DecisionTreeClassifier(criterion="entropy")  # 使用 id3 算法建立
决策树
clf = clf.fit(X_train,Y_train)
# 以图片形式导出决策树
dot_data=tree.export_graphviz(clf,
                              feature_names=vec.get_feature_names(),
                              filled=True, rounded=True,
                              special_characters=True,
                              out_file=None)
graph=pydotplus.graph_from_dot_data(dot_data.replace("helvetica","FangSong").
encode(encoding='utf-8'))
graph.write_png("d:/film.png")
```

2. 运行结果（见图 4.4）

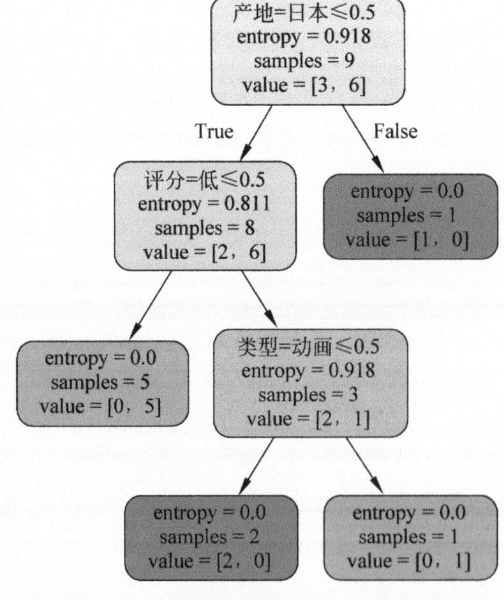

图 4.4　会员莎莎电影喜好分析决策树

3. 结果解读

图 4.4 直观地呈现了决策树如何进行影院会员观影喜好分析预测的过程。在决策树的根节点中，语句一“产地 = 日本 <=0.5”是判断条件，意思是“产地不为日本”；语句二“entropy=0.918”指数据信息熵为 0.918；语句三“samples=9”指算法抽取了会员莎莎的 9 条观影记录；语句四“value=[3，6]”指数据被分为两类，根据抽取的记录中 6 条为莎莎已看的影片可知，程序设置的第一类为不看，第二类为看。其他节点的语句释义与根节点大同小异，如果有测试数据输入此决策树，从根节点自上而下，测试影片产地为日本不看，产地不为日本进入下一节点。产地不为日本的影片在本节点，评分高的影片看，评分低的影片进入下一层。产地不为日本、评分低的影片在本节点，类别不为动画片的不看，为动画片的看。

现在我们需要给会员免费送票，已知电影名称，想提前知道大家喜不喜欢看呢？

我们可以输入以下代码：

```
print(clf.predict([])
```

4.4　决策树的特点

结合决策树的原理、构建及应用，我们可以归纳出决策树的优点和缺点。

决策树的优点如下。

（1）速度快：计算量相对较小，且容易转化成分类规则。只要沿着树根向下一直走到叶，沿途的分裂条件就能够唯一确定一条分类的谓词。

（2）准确性高：挖掘出的分类规则准确性高，便于理解，决策树可以清晰地显示哪些字段比较重要。

（3）可读性强：非专业人士也可以看得明白。

决策树的缺点如下。

（1）缺乏伸缩性，进行深度优先搜索，所以算法受内存大小限制，难以处理大训练集。

（2）对于特征多的数据易出现过拟合现象。

本章小结

本章我们介绍了决策树的相关知识，并应用决策树算法跟随小 Y 完成了对个体的电影喜好预测，借助人工智能开启了信息时代“明辨果决”智慧的大门。结合决策树的优势和不足，为了提升分类模型的伸缩性和泛化性，在接下来的学习中，我们将基于决策树学习在处理大训练集中表现出众的一种集中学习算法——随机森林。

第 5 章　随 机 森 林

生活中，我们常用“孤掌难鸣”等词语形容个人力量单薄难以把事情办成，而依靠集体的力量更容易成就事业；用“独木不成林”比喻单人不成阵，用“百里森林并肩耐岁寒”形容集体团结是力量的源泉……在这些思想的启发下，为了发挥决策树的优势，弥补它在处理多特征大数据集时“单打独斗”的不足，集成学习领域的随机森林算法出现了。

随机森林是最常用、最强大的分类算法之一。它简单高效、应用广泛，在金融学、医学、生物学等众多应用领域均有很好的应用。那么，随机森林具体是怎样的算法？它是怎样应用的？带着这些问题，让我们开始本章的学习。

本章要点

1. 随机森林的原理
2. 随机森林的应用
3. 随机森林的特点

5.1　随机森林的原理

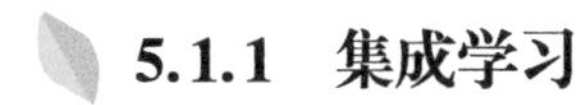

5.1.1　集成学习

随机森林（random forest）是一种极具代表性的集成学习算法。集成学习（ensemble learning）是时下非常流行的机器学习算法，能够通过在数据上建立多个模型，再集成所有模型的建模结果来解决分类或回归预测问题。在集成学习中，多个模型集合形成的模型叫作集成评估器（ensemble estimator），组成集成评估器的每个模型叫作基评估器（base estimator）。

常用的集成算法有三类：装袋法（bagging）、提升法（boosting）和堆叠法（stacking）。其中，装袋法和提升法中基评估器之间的关系类似于并联、串联电路中的元件关系，如图 5.1 所示。

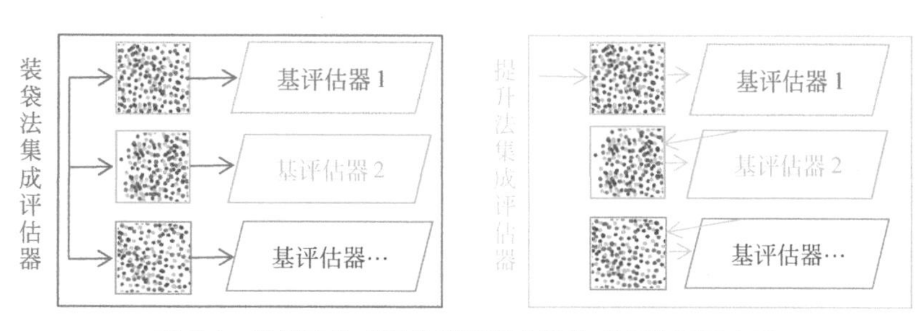

图 5.1 装袋法集成评估器及提升法集成评估器示意图

随机森林算法思想属于集成学习中的装袋法。如图 5.1 所示，装袋法中各基评估器是并列关系，它们互相平行，算法的核心思想是构建多个相互独立的基评估器，然后根据基评估器平均或多数的表决来决定集成评估器的预测结果。而在提升法中，基评估器是顺次连接、彼此相关、逐渐提升的，算法的核心思想是结合弱评估器的力量一次次对难以评估的样本进行预测，从而构建一个强评估器。

堆叠算法是与装袋法和提升法截然不同的一种组合多个模型的方法，它讲的是组合学习器的概念，但是相对于 Bagging 和 Boosting 使用较少，它的算法思想是将训练数据集划分为两个不相交的集合，然后在第一个集合上训练多个学习器，在第二个集合上测试这些学习器，最后将得到的预测结果作为输入，把正确的回应作为输出，从而训练一个高层学习器。

5.1.2 随机森林的分类过程

随机森林由一定数量的决策树组成，算法名称中的“随机”主要包括两个含义，一是随机选取训练样本；二是随机选取样本特征。样本和特征之所以要进行随机抽取，是要保证集成评估器的泛化能力。如果基评估器都一样，那么随机森林就和决策树分类效果毫无区别，就失去了集成学习的意义。随机森林分类的基本过程如图 5.2 所示。

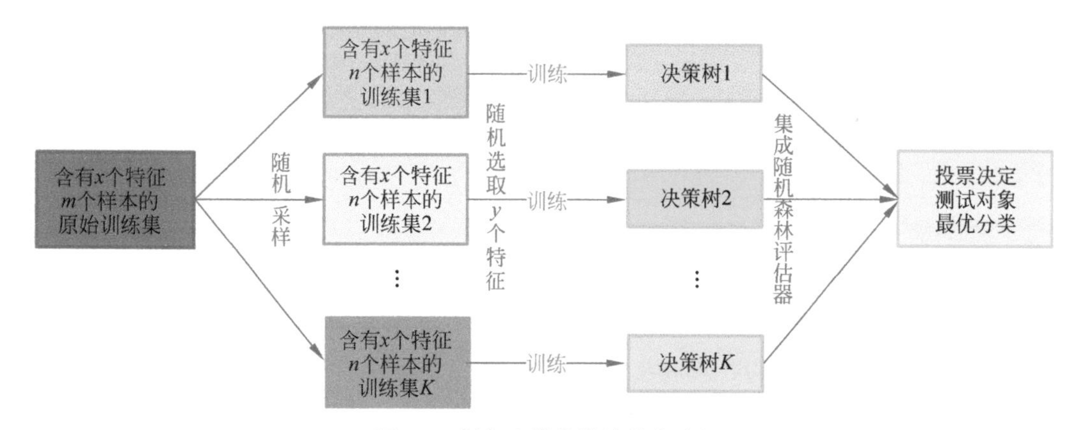

图 5.2 随机森林分类的基本过程

由图 5.2 可见，随机森林解决分类问题大致可以分为以下三个步骤。

第一步，从含有 x 个特征、m 个样本的原始集中使用有放回采样的方法随机抽取 n 个训练样本，共进行 K 轮抽取，得到 K 个训练集（有放回采样指每次从样本空间中可以重复抽取同一个样本，从而得到相互独立、所含元素可以有重复的 K 个训练集）。

第二步，各个训练集从 x 个特征中随机选取 y 个特征，训练各自的决策树基评估器。

第三步，采用结合策略形成随机森林集成评估器，当测试数据输入时，评估器输出由 K 个决策树预测的投票最高（即频次最多）的分类结果。

例如，根据某乡镇银行客户信贷偿还记录训练集生成对应的随机森林，随机森林如何利用一个人的年龄、性别、收入水平、婚姻状况和固定资产 5 个特征来预测他 3 年期间可偿还的资金数额范围?

可偿还资金数额范围划分如下。

标签 1：低于 50000 元

标签 2：50000 ～ 100000 元

标签 3：高于 100000 元

答：随机森林处理的数据总特征 x=5，这里假设随机森林中有 5 棵决策树，抽取的特征数目 y=1。随机森林将每一棵树都看作一棵分类回归树，可以根据客户信贷偿还记录作为模型训练集得到如下基评估器，如表 5.1 ～表 5.5 所示。

表 5.1 基评估器 1：年龄因素

特 征	年龄阶段	各年龄阶段客户偿还资金分布比例		
		标签 1	标签 2	标签 3
年龄	不大于 20 岁	90%	10%	0
	21 ～ 30 岁	80%	14%	6%
	31 ～ 40 岁	61%	26%	13%
	41 ～ 50 岁	38%	37%	25%
	不小于 50 岁	29%	40%	31%

表 5.2 基评估器 2：性别因素

特 征	性 别	男女客户偿还资金分布比例		
		标签 1	标签 2	标签 3
性别	男	59%	24%	17%
	女	60%	26%	14%

表 5.3 基评估器 3：收入因素

特 征	收入层次（年收入）	各类收入水平客户偿还资金分布比例		
		标签 1	标签 2	标签 3
收入水平	小于 3 万元	81%	19%	0
	3 ～ 5 万元	69%	27%	4%
	大于 5 万元	45%	34%	21%

表 5.4　基评估器 4：婚姻因素

特征	婚姻状况	各类婚姻状态客户偿还资金分布比例		
		标签 1	标签 2	标签 3
婚姻状况	未婚	78%	14%	8%
	已婚	47%	33%	20%
	离异	62%	29%	9%

表 5.5　基评估器 5：固定资产因素

特征	婚姻状况	各类资产水平客户偿还资金分布比例		
		标签 1	标签 2	标签 3
固定资产	小于 15 万元	77%	20%	3%
	15 ～ 30 万元	61%	25%	14%
	大于 30 万元	47%	32%	21%

此时，假设要预测的某客户信息为：37 岁，女性，年收入 2 万元，离异，所持固定资产为 16 万元，根据以上 5 个基评估器的分类结果，随机森林可以建立针对该客户的资金偿还情况分布表，如表 5.6 所示。

表 5.6　测试对象资金偿还情况预测表

特征	特征值	预测客户偿还资金范畴比例		
		标签 1	标签 2	标签 3
年龄	37 岁（31 ～ 40 岁）	61%	26%	13%
性别	女	60%	26%	14%
收入水平	2 万元（小于 3 万元）	81%	19%	0
婚姻状况	离异	62%	29%	9%
固定资产	16 万元（15 ～ 30 万元）	61%	25%	14%
最终预测		65%	25%	10%

结论：该测试对象的偿还资金范畴 65% 是标签 1（3 年内低于 5 万元），25% 是标签 2（3 年内 5 ～ 10 万元），10% 是标签 3（3 年内高于 10 万元），所以预测她 3 年内的资金偿还范畴在 5 万元以下。

随机森林中决策树的数目越多，随机森林的分类效果会越好吗？

5.2　随机森林的构建

随机森林算法需要用信息增益或 Gini 系数等方法建构一定数量的决策树。这样，对于给定的一个测试对象，算法中的每一棵树都会针对该对象的特征得出一个标签类别，以备随机森林集成评估器从中选取票数最高的一项作为预测分类结果。

5.2.1 训练样本随机采样

首先，从原始的数据样本集中采取有放回的抽样来构造子数据集。不同子数据集的元素可以重复，同一个子数据集中的元素也可以重复。其次，利用子数据集来构建子决策树，将这个数据放到每个子决策树中，每个子决策树输出一个结果。最后，如果有了新的数据需要通过随机森林得到分类结果，就可以通过对子决策树的判断结果的投票，得到随机森林的输出结果。

假设随机森林中有 k 棵子决策树，绝大多数子决策树的分类结果是 I 类，那么随机森林的分类结果就是 I 类。具体如图 5.3 所示。

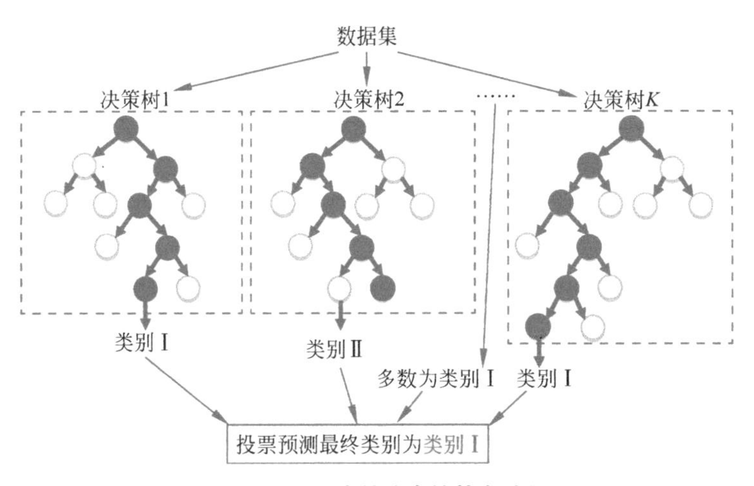

图 5.3 随机森林分类的基本过程

理论上来讲，随机森林的子决策树数目越多，集成评估器的分类效果越好，但实际上，当子决策树数目超过一定数量后，随机森林的分类效果就相差无几了，这与损失函数相关联。因此，面对随机采样的子数据集，设置子决策树的数目（即基评估器的个数）需要反复调试，不可随意。

知识窗

袋外错误率（oob error）

构建随机森林最关键的问题是如何选择最优的决策树数目，要解决这个问题，可以依据袋外错误率（out-of-bag error，简称 oob error）进行判断。

基于随机森林无须进行交叉验证或者用一个独立的测试集来获得误差的无偏估计、内部评估的优势，在构建每棵树时，我们可以对训练集进行随机且有放回地抽取。这样，对于每棵树而言(假设对于第 k 棵树)，大约有 1/3 的训练实例没有参与第 k 棵树的生成，它们称为第 k 棵树的 oob 样本。而这样的采样特点就允许我们进行 oob 估计。具体方法是：首先，以样本为单位，计算每个样本作为 oob 样本的分类情况（约 1/3 的树）；其次，以简单多数投票作为该样本的分类结果；最后，用误分个数占样本总数的比率作为随机森林的 oob 误分率。

5.2.2　样本特征随机选择

与数据集的随机选取类似，随机森林中子决策树的每一个分支过程并未用到数据集所有罗列的特征，而是从中随机选取部分，然后在随机选取的特征中选取可作为子决策树最佳节点的特征。这样能够使得随机森林中的子决策树都彼此不同，并提升基评估器的多样性，从而提升集成评估器的分类性能。

图 5.4 中，彩色的方块代表数据集所有罗列的特征，也就是目前的待选特征。左边是一棵决策树的特征选取过程，通过在待选特征中选取根节点及各层内部节点特征（ID3 算法、C4.5 算法、CART 算法等）完成分支。右边是一个随机森林中子决策树的各节点特征选取过程。

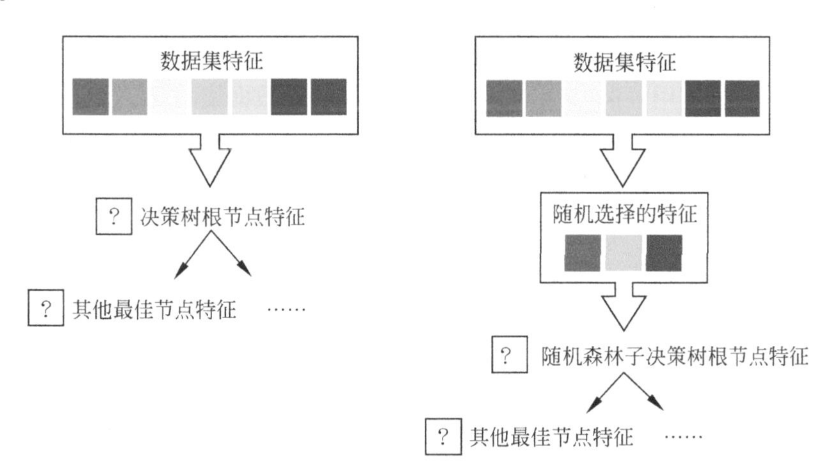

图 5.4　决策树与随机森林选择分支特征过程

需要说明的是，随机森林子决策树的特征虽然是从数据集所有特征中随机选择的，但是对于每棵子决策树来说，随机选择的特征数目是统一的，由编程人员在构建随机森林分类器时设定。

5.3　随机森林的应用

5.3.1　环境补充搭建

应用随机森林算法时常用到 ipython，因此，我们需要安装 pip 管理工具来安装 ipython，这里我们依然使用清华大学开源软件镜像站来下载 Python 类库。具体方法是打开计算机 cmd 运行界面，在英文输入法环境下键入如下字符：

“pip install -i https://pypi.tuna.tsinghua.edu.cn/simple --trusted-host pypi.tuna.tsinghua.edu.cn ipython”，注意切勿漏打空格。

5.3.2 RandomForestClassifier 类

我们通常使用 scikit-learn 提供的 RandomForestClassifier 类来进行实现随机森林分类器，其常用的参数如表 5.7 所示。

表 5.7 RandomForestClassifier 类的常用参数

参　数	功能与描述建议
N_estimators	基评估器的个数，就是要产生多少棵子决策树
random_state	子决策树选取特征的个数，默认值为“0”随机设定
max_depth	随机森林子决策树的深度，默认值为“None”
oob_score	是否采用袋外样本来评估模型，建议设置为 Ture 来提高泛化能力
criterion	分类回归树做划分时对特征的评价标准，一般选择默认

5.3.3 应用案例一：红酒分类——决策树与随机森林分类器效果对比

Python 可以直接调用 scikit-learn 自带的数据集，部分数据集的调用语句如表 5.8 所示。

表 5.8 随机森林对数据集的调用方法

数据集名称	调用语句
红酒数据集	load_wine
鸢尾花数据集	load_iris()
乳腺癌数据集	load_breast_cancer()
手写数字数据集	load_digits()
糖尿病数据集	load_diabetes()
波士顿房价数据集	load_boston()
体能训练数据集	load_linnerud()

scikit-learn 自带的各类数据集都含有大量、客观的数据，可以十分快捷准确地验证分类器的效果。为了快速检测决策树与随机森林分类器的效果，可以编写如下代码。

源码屋

1. 程序源码

```
from sklearn.model_selection import train_test_split
from sklearn.model_selection import cross_val_score
from sklearn.ensemble import RandomForestClassifier
from sklearn.tree import DecisionTreeClassifier
from sklearn.datasets import load_wine
from sklearn import tree  # 创建决策树
import matplotlib.pyplot as plt
```

```
    wine = load_wine()  # 使用自带的红酒数据集
    Xtrain,Xtest,Ytrain,Ytest=train_test_split(wine.data,wine.target,test_
size=0.3)
    # 设置变量 dcf 为决策树分类器
    dcf=DecisionTreeClassifier(random_state=0)
    # 设置变量 rfc 为随机森林分类器，限制最多生长 10 棵决策树
    rfc =RandomForestClassifier(n_estimators=10,max_depth=None,random_state=0)
    dcf=dcf.fit(Xtrain,Ytrain)
    rfc=rfc.fit(Xtrain,Ytrain)
    # 对比决策树和随机森林的测试结果
    score_c = dcf.score(Xtest,Ytest)
    score_r=rfc.score(Xtest,Ytest)
    print("dcf:{}".format(score_c),"rfc:{}".format(score_r))
```

2. 运行结果

红酒分类效果对比

```
dcf: 0.9074074074074074 rfc: 0.9814814814814815
```

3. 结果解读

由程序代码和运行结果可见，我们以红酒数据集中 70% 的数据为训练集，分别构建了决策树分类器 dcf 和随机森林分类器 rfc。经过红酒数据集中剩余的 30% 的数据测试，它们的准确率分别为 0.907 和 0.981。实践证明，在超参数设置合理的情况下，随机森林算法在处理大数据集分类问题时的效果优于决策树算法，准确率更高。

5.3.4　应用案例二：影院会员观影喜好分析

构建了随机森林分类器后，具体如何使用呢？在上一章的决策树讲解中，我们知道影院职员小 Y 为了能迎合会员们的喜好，为客户送出了他们各自心仪的电影票，应用决策树算法设计了分析会员观影喜好的人工智能程序，那么如果用随机森林算法实现，程序在设计时具体应该怎样编写代码？带着这些问题，让我们进入本实验。

以表 5.9 为数据源，可编写用随机森林算法设计的会员观影喜好预测程序。

表 5.9　莎莎的观影记录表

影片名称	类　型	产　地	评　分	是否观影
复仇者联盟 4	科幻	美国	高	是
哪吒之魔童降世	动画	中国	高	是
少年的你	剧情	中国	高	是
狮子王	动画	美国	高	是
老师好	剧情	中国	低	否
柯南：绀青之拳	动画	日本	低	否
流浪地球	科幻	中国	高	是
哆啦 A 梦	动画	日本	高	否
星球大战之天行者崛起	科幻	美国	低	否
小猪佩奇过大年	动画	中国	低	是

源码屋

1. 程序源码（片段一）

```
# 生成决策树
from sklearn.feature_extraction import DictVectorizer  # 转换工具，将 list 转换成为一个数组
from sklearn.ensemble import RandomForestClassifier
from sklearn import tree  # 创建决策树
import pydotplus
import pandas as pd
from sklearn.model_selection import train_test_split
from sklearn import preprocessing
from IPython.display import Image
# 读取文件
data_file = u'd:\\film2.xlsx'  # 文件所在位置，u 为防止路径中有中文名称，此处没有，可以省略
data = pd.read_excel(data_file)  # datafile 是 excel 文件，所以用 read_excel，如果是 csv 文件则用 read_csv
# loc：根据 DataFrame 的具体标签选取列
X = data.loc[:, ('类型','产地','评分')]
Y = data.loc[:, '是否观影']
# 将所有样本，抽取特征并转化成向量形式
vec = DictVectorizer()
new_X = vec.fit_transform(X.to_dict(orient='records')).toarray()  # 将特征值的 list 转变成为一个数组（Numpy array）
print("newX=",new_X)
lb = preprocessing.LabelBinarizer()
new_Y = lb.fit_transform(Y)  # 将标签数据二值化处理
print("newy=",new_Y)
# 拆分训练集和测试集
X_train, X_test, Y_train, Y_test = train_test_split(new_X, new_Y,train_size=0.99, random_state=666)
print(X_train)
print(Y_train)
# 创建分类器
clf = RandomForestClassifier(n_estimators=4,max_depth=None,random_state=0)
clf = clf.fit(X_train,Y_train)
# 以 PDF 形式输出决策子树
Estimators = clf.estimators_  # 获取随机森林的决策树列表
for index, model in enumerate(Estimators):
    filename = 'film_' + str(index) + '.pdf'
    dot_data = tree.export_graphviz(model , out_file=None,
                         feature_names=vec.get_feature_names(),
                         class_names=["die","live"],
                         filled=True, rounded=True,
                         special_characters=True)
    graph = pydotplus.graph_from_dot_data(dot_data.replace("helvetica","FangSong").encode(encoding='utf-8'))
    Image(graph.create_png())
    graph.write_pdf(filename)
```

2. 运行结果

（1）生成子决策树（见图5.5～图5.8）。

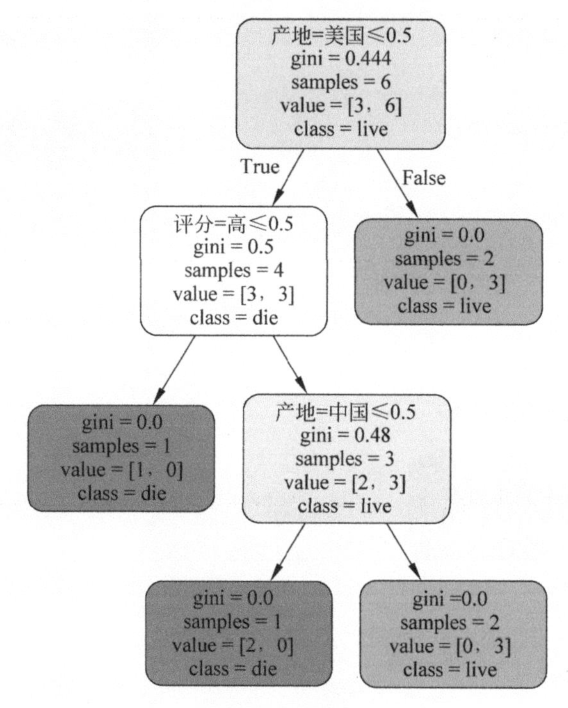

图5.5 子决策树1

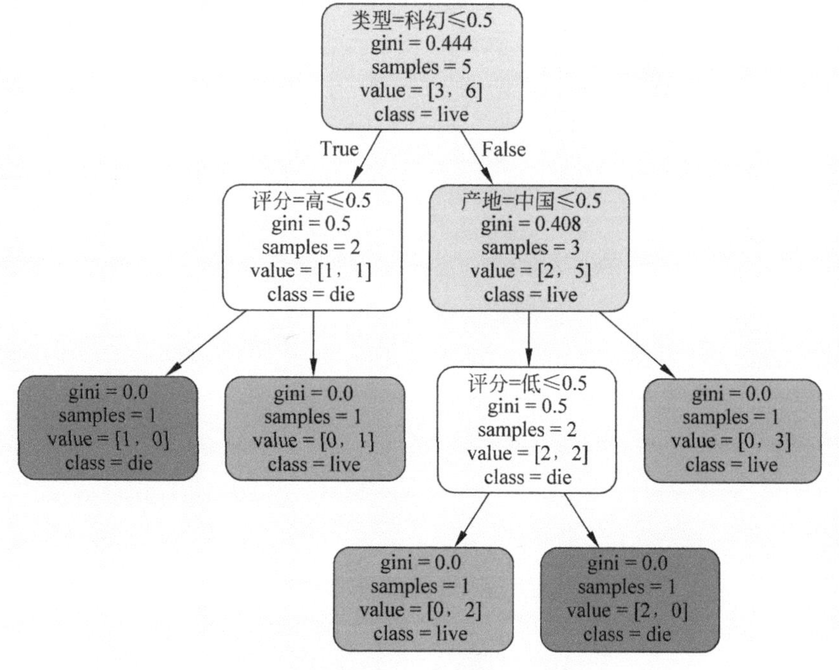

图5.6 子决策树2

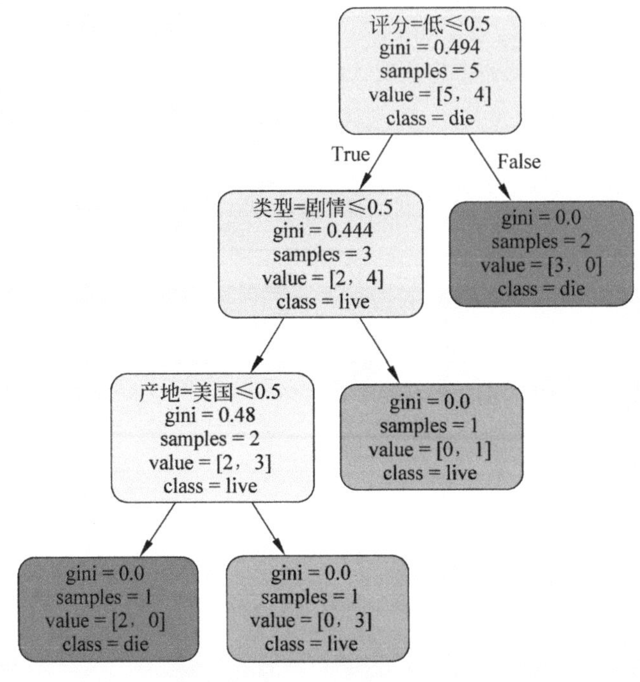

图 5.7　子决策树 3

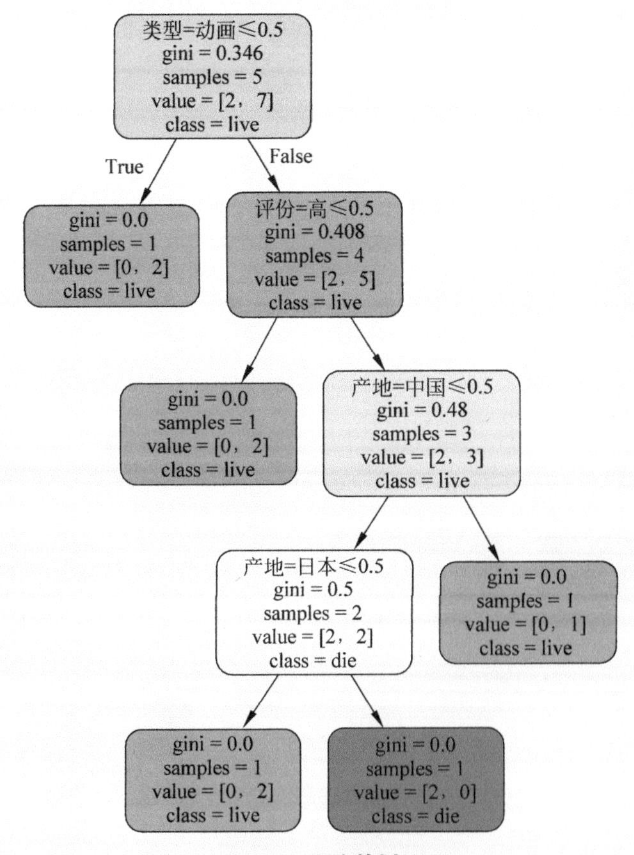

图 5.8　子决策树 4

（2）输出向量形式的数据集。

```
newX= [[0. 0. 1. 0. 0. 1. 0. 1.]
 [1. 0. 0. 0. 1. 0. 0. 1.]
 [1. 0. 0. 1. 0. 0. 0. 1.]
 [0. 0. 1. 0. 1. 0. 0. 1.]
 [1. 0. 0. 1. 0. 0. 1. 0.]
 [0. 1. 0. 0. 1. 0. 1. 0.]
 [1. 0. 0. 0. 0. 1. 0. 1.]
 [0. 1. 0. 0. 1. 0. 0. 1.]
 [0. 0. 1. 0. 0. 1. 1. 0.]
 [1. 0. 0. 0. 1. 0. 1. 0.]]

newy= [[1]
 [1]
 [1]
 [1]
 [0]
 [0]
 [1]
 [0]
 [0]
 [1]]
[[0. 1. 0. 0. 1. 0. 0. 1.]
 [0. 0. 1. 0. 0. 1. 0. 1.]
 [1. 0. 0. 0. 1. 0. 1. 0.]
 [0. 0. 1. 0. 1. 0. 0. 1.]
 [1. 0. 0. 1. 0. 0. 1. 0.]
 [0. 0. 1. 0. 0. 1. 1. 0.]
 [1. 0. 0. 0. 1. 0. 0. 1.]
 [1. 0. 0. 0. 0. 1. 0. 1.]
 [1. 0. 0. 1. 0. 0. 0. 1.]]
[[0]
 [1]
 [1]
 [1]
 [0]
 [0]
 [1]
 [1]
 [1]]
```

3. 结果解读

在生成子决策树部分，可以看到 n_estimators=4, random_state=0，即子决策树数目为 4，选择的特征数目为随机。在获取随机森林的决策树列表代码部分，可以看到程序将创建的 4 棵子决策树以 PDF 文件形式存储在了程序所在的 D 盘中。找到并打开这些文件，可以看到本次运行获得的子决策树如图 5.5 ～图 5.8 所示。通过上一章节决策树的学习，我们可以轻松理解本次程序运行得到的各个子决策树的分类方法。

子决策树 1：如果影片产地不是美国，进入下一节点，否则预测莎莎会看；如果影片产地不是美国且评分不高，预测莎莎不会看，否则进入下一节点；在最底层的内部节点，如果产地不是美国、评分高的影片产地也不是中国，预测莎莎不会看，否则预测莎莎会看。

子决策树 2：沿着根节点左侧的向线可以看出，如果影片类型不是科幻片且评分不高，预测莎莎不会看；如果影片类型不是科幻片但评分高，预测莎莎会看。沿着根节点右侧的向线可以看出，如果影片类型是科幻片、产地不是中国、评分不高预测莎莎不会看；如果影片类型是科幻片、产地不是中国、评分高预测莎莎会看；如果影片类型是科幻片、产地是中国，预测莎莎会看。

子决策树 3：如果影片评分不低（即评分高），进入下一节点，影片评分低预测莎莎不会看；如果高评分影片类型不是剧情，进入下一节点，否则预测莎莎会看；在最底层的内部节点，如果高评分影片类型不是剧情且产地不是美国，预测莎莎不会看，否则预测莎莎会看。

子决策树 4：如果影片类型不是动画，预测莎莎会看，否则进入下一节点；如果影片类型是动画、评分不高（即评分低）预测莎莎会看，否则进入下一节点；如果影片类型是动画、评分高且产地是中国，预测莎莎会看，否则进入下一节点；如果影片类型是动画、评分高且产地不是中国也不是日本，预测莎莎会看，否则预测莎莎不会看。

在形成随机森林分类器的代码中，除了构建由 4 棵子决策树组成的随机森林分类器之外，为了便于后续应用，我们将数据集以向量形式打印出来。由 newx 的结果可以得到源数据表中数据的特征值与二进制数字的对应关系；由 newy 的结果可以得到源数据表中数据标签值与 0 和 1 的对应关系，如表 5.10 所示。

表 5.10　特征数据二进制对照表

特征						标签	
产地		类型		评分		是否观影	
美国	001	科幻	001	高	01	是	1
中国	100	动画	010	高	01	是	1
中国	100	剧情	100	高	01	是	1
美国	001	动画	010	高	01	是	1
中国	100	剧情	100	低	10	否	0
日本	010	动画	010	低	10	否	0
中国	100	科幻	001	高	01	是	1
日本	010	动画	010	高	01	否	0
美国	001	科幻	001	低	10	否	0
中国	100	动画	010	低	10	是	1

由此，我们可以轻松破译数据集的二进制代码，如表 5.11 所示。

表 5.11　源数据值与二进制数字对照表

源 数 据	二 进 制
中国	100
美国	001
日本	010
科幻	001
动画	010
剧情	100
评分高	01
评分低	10
是	1
否	0

假设某部影片特征值为：动画类型、产地日本、评分低，我们在程序代码后加入如下语句，就可以应用随机森林分类器预测莎莎是否会观看了。

4. 程序源码（片段二）

```
new_c=([[0,1,0,0,1,0,1,0]])# 日本（3）- 动作（3）- 评分（2）
predict_result=clf.predict(new_c)
print(" 预测结果: "+str(predict_result))
```

5. 运行结果

预测结果 :[0]

【结果解读】由运行结果预测结果为 [0]，对照表 5.11 可知，随机森林分类器预测莎莎不会观看该影片。

5.4　随机森林的特点

通过以上的学习，大家不难发现，随机森林几乎涵盖了决策树的所有优点，而且弥补了决策树的许多不足，概括来说随机森林有如下优势。

（1）不要求对数据进行预处理，即使有部分数据缺失，随机森林也能保持很高的分类精度。

（2）支持并行处理，在处理超大数据时能提供良好的性能表现。

（3）不会随着决策树数目的增多出现过拟合。

（4）可以对数量庞大的高维度数据进行分类。

然而这并不意味着随机森林可以取替决策树，例如，在展示决策过程的角度来说，随机森林就没有决策树简明清晰。此外，随机森林还存在以下不足。

（1）分类过程不易控制，需要使用不同的参数获得最佳的效果。

（2）在处理超大数据时比较耗时。

（3）处理超高维数据、稀疏数据时效果欠佳。

本章小结

本章我们在介绍集成学习的基础上讲解了随机森林的原理、随机选取样本和随机选择特征构建子决策树的关键，然后继续以决策树章节中预测会员莎莎的观影喜好为数据集，对随机森林算法的环境补充、主要参数、代码编写进行了具体应用呈现，最后总结了随机森林算法的优势和不足。

希望同学们可以自己动手试试看，用随机森林算法还可以进行怎样的预测应用，或者试试看调节范例中分类器的各项超参数，观察超参数对结果的影响。

第 6 章　支持向量机

支持向量机（Support Vector Machines，简称 SVM）在机器学习算法中的地位极高，这一点几乎得到了所有业内人士的认可，凡谈论分类算法必言及支持向量机。乍一听这个算法的名字可能觉得十分晦涩，但其实它是一个原理通俗易懂、数理逻辑清晰的算法，“机”的意思就是算法，在机器学习领域里常常用“机”字或者“器”字来表示算法，如“支持向量机”“感知机”“分类器”等。本章节，就让我们一起来认识这个王者级别的算法。

本章要点

1. 支持向量机的逻辑原理
2. 支持向量机的数学原理解析
3. 支持向量机中的核函数
4. 支持向量机的应用

6.1　支持向量机的逻辑原理

支持向量机是一种从“线性可分”问题到“线性不可分”问题都能轻松解决的强大工具。举个例子，当我们还是婴儿时，我们的情绪非常简单，可能糖和玩具就是我们情绪的影响因素，也就是特征，类似图 6.1 所示。

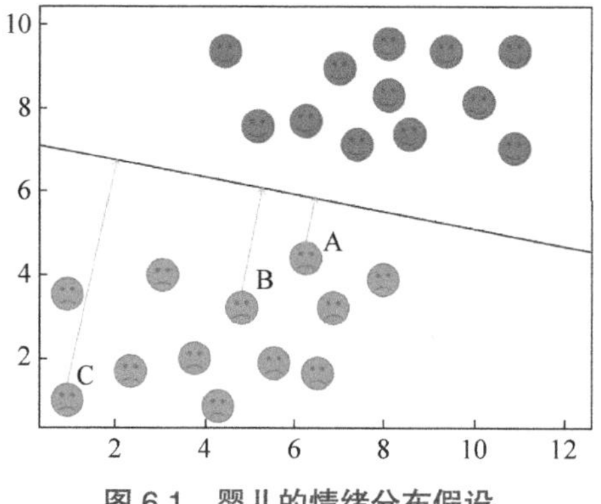

图 6.1　婴儿的情绪分布假设

从图 6.1 可以看到，我们提取“有糖吃”和“有玩具”两个特征可以将婴儿的情绪分为“高兴”和“不高兴”两类，图中的直线可以清晰地将这两类情绪分隔开。这种情形就是线性可分的，同时我们将这条分类直线称为决策边界（Decision Boundary）。

此外，我们还可以看到在图 6.1 中，A、B、C 三个点都在决策边界的同一侧且到直线的距离各不相同。其中，C 点距离最远，我们就很确信这个 C 是真的很不高兴。A 点距离直线最近，它表示不高兴得不太明显，那么我们就不太确信 A 点的分类是否正确。而 B 点介于 A 点与 C 点之间，它的确性程度介于 A 与 C 之间。由此可见，样本点距离决策边界的距离可以表示分类预测的确信程度。两个类别中离决策边界最近的点到分类直线的距离叫作分类间隔（Classification Margin）。如果分类完全正确，则这个间隔叫作硬间隔，本节的所有案例都是硬间隔。支持向量机的目标就是找出分类间隔最大的决策边界。

大家可能会想，在上例的样本数据空间中不只存在一条直线可以对其样本集进行分类。事实正是如此，我们可以画出不同位置、不同斜率的无数条分类直线，如图 6.2 就列出了另外的三种可能。

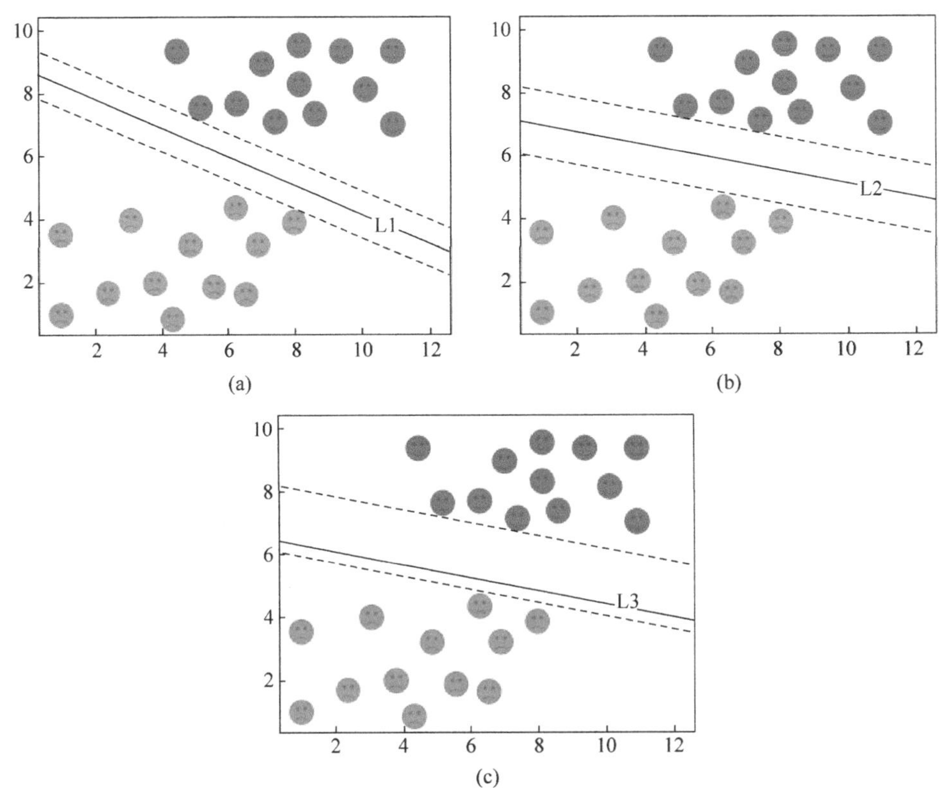

图 6.2 三种不同的决策边界

图 6.2 分别展示了不同位置、不同斜率的三条分类直线。直观上，图 6.2（a）中直线 L1 的分类间隔明显小于图 6.2（b）中直线 L2 的分类间隔，而图 6.2（c）中直线 L3 距离“不高兴”这一类别过近，容易导致后续“不高兴”的样本被误分类。可以想象，对于 L1

和 L3 这两种决策边界而言，任何轻微的扰动都会对后续的分类产生较大的影响，也就是泛化误差较大。

因此我们发现，一个最优的分类直线应该具备两个特征：第一，它“夹”在两类样本点之间；第二，它的分类间隔最大。有了这样的思路，支持向量机的唯一决策边界就可以被确定下来了。

仔细观察就会发现，在一个数据集中，其实只需要几个关键点就可以确定最优的分类直线，如图 6.3 中的点 A、B、C。我们将这样的位于分类间隔边缘、决定分类直线的点称作支持向量（Support Vector），这也是“支持向量机”这个名称的由来。不难发现，只要支持向量不变，无论我们在这个样本集中再增加多少数据，决策边界都不会改变，决策函数也不会改变，这就是支持向量机的优势。

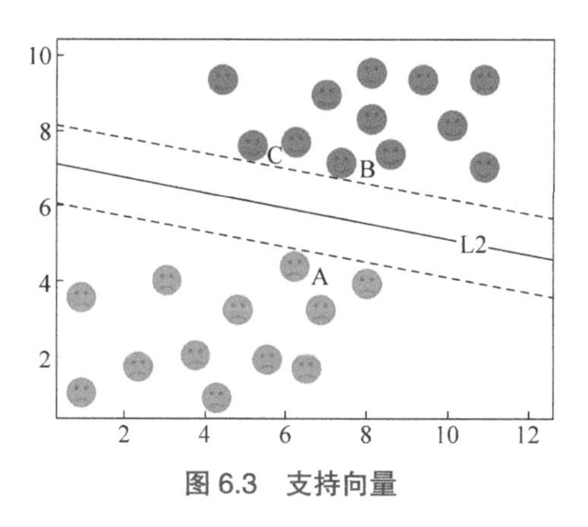

图 6.3　支持向量

6.2　支持向量机的数学原理解析

6.2.1　线性可分的情况

硬间隔的一种典型情况就是线性可分，在二维平面中的理解就是用一条直线可以将数据样本分成两类，如图 6.4 所示。

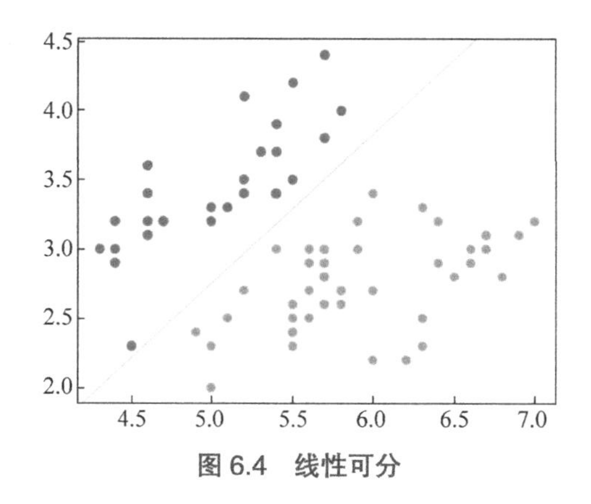

图 6.4　线性可分

6.1 节内容列举了线性可分的情况，通俗地解释了支持向量机的工作原理，这一节我们要从数学的角度分析支持向量机的分类原理。先将“高兴和不高兴”这两种情绪用正负类来表示，数学表达如下：

$$y_i = \begin{cases} +1 & \text{高兴} \\ -1 & \text{不高兴} \end{cases}$$

图 6.5 中的决策边界是一条直线，拓展到 n 维空间中，则有可能成为一个超平面，它可以表示为：

$$w^{\mathrm{T}}x + b = 0$$

位于决策边界两侧的点分别可以表示为：

$$\begin{cases} w^{\mathrm{T}}x_i + b \geqslant 1 & \forall\, y_i = 1 \\ w^{\mathrm{T}}x_i + b \leqslant -1 & \forall\, y_i = -1 \end{cases}$$

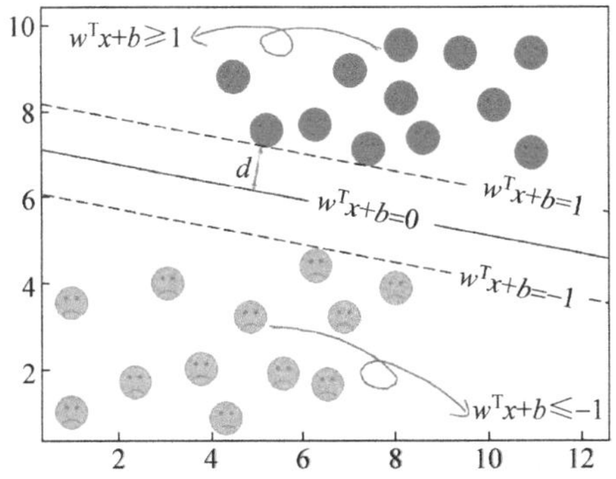

图 6.5　支持向量机原理的数学表达

知识窗

符号：T

上标“T”是矩阵转置的记号。在以往的文献中，矩阵转置的记号有许多种，时下较为流行的是以 Transpose（转置）这个词的首字母 T 作为上标来作为转置的记号。

符号：∀

“∀”是一种数学符号，表示“任意一个”，用以代表全称量词。在汉语中，该符号读作“任意”。

两个类别中离决策边界最近的点到分类直线的距离 d 叫作分类间隔。分类间隔的本质就是点到直线的距离，即 (x, y) 到 $Ax + By + C = 0$ 的距离：

$$\frac{|Ax + By + C|}{\sqrt{A^2 + B^2}}$$

拓展到 n 维空间中，(x, y) 到超平面 $w^{\mathrm{T}}x + b = 0$ 的距离：

$$\frac{|w^{\mathrm{T}}x+b|}{\|w\|}$$

其中 $\|w\|=\sqrt{W_1^2+W_2^2+\cdots+W_n^2}$ ，$\|w\|$ 中的双竖线表示求向量 w 的模。

支持向量机的目标就是找出分类间隔最大的决策边界，即：

$$\max\frac{|w^{\mathrm{T}}x+b|}{\|w\|}$$

因为 $|w^{\mathrm{T}}x+b|=1$，所以 $\max\frac{|w^{\mathrm{T}}x+b|}{\|w\|}=\max\frac{1}{\|w\|}$ ，也就是要求解 $\min\|w\|$。

进一步，为了后续求导方便，$\min\|w\|$ 更常见地被表示为：

$$\min\frac{1}{2}\|w\|^2$$

我们可以发现，这个 $\min\|w\|$ 当然不能无限制地小下去，它一定有一个限制条件，那就是保证所有 $y=1$ 的点在分类间隔的上方，所有 $y=-1$ 的点在分类间隔的下方。也就是符合：

$$\begin{cases}w^{\mathrm{T}}x_i+b\geqslant 1 & \forall y_i=1\\ w^{\mathrm{T}}x_i+b\leqslant -1 & \forall y_i=-1\end{cases}$$

整理一下将两个式子合二为一，就是约束条件：

$$y_i(w^{\mathrm{T}}x_i+b)\geqslant 1$$

上面的公式看起来简洁，但是由于约束条件的限制变得不易求极值。所以我们通过拉格朗日乘子法可以变换得到下面的公式，利用拉格朗日对偶性，可以使得不易求解的优化问题变得易求解：

$$\max_{\alpha}\sum_{i=1}^{m}\alpha_i-\frac{1}{2}\sum_{i=1}^{m}\sum_{j=1}^{m}\alpha_i\alpha_j y_i y_j \boldsymbol{x}_i^{\mathrm{T}}x_j$$

$$\text{s.t.}\ \sum_{i=1}^{m}\alpha_i y_i=0,\quad \alpha_i\geqslant 0, i=1,2,\cdots,m$$

看到这个公式的读者可能会觉得：这不是更加晦涩复杂了吗？！单纯地看这个公式的确如此，所以在这里我们并不期望继续通过数理推导来厘清支持向量机的数学原理，那是一个复杂且漫长的旅程，我们只需要将注意力放在这个公式的 $x_i^{\mathrm{T}}x_j$ 上，它将求间隔最大化转化为求向量的内积，在后续的小节中它会令你大吃一惊。

6.2.2　近似线性可分的情况

有硬间隔的同时也会有软间隔，现实问题中几乎不会有完全线性可分的数据，有时候数据中会有一些噪声点。数据中有噪声点意味着某些数据被我们进行了错误的标记，或者某些数据本身就是错误的、不真实的。如果我们要强行对这些噪声点进行分类，就势必会影响模型的泛化能力。为了解决噪声点的问题，在这里我们引入软间隔的概念，即允许某些点不满足约束条件。硬间隔要求将两类点完全分开。而软间隔就是通过加入松弛因子 ξ（xi，读音 [ksi]），使得某些点可以被分错。图 6.6 中，A 点就是一个噪声点，这里我们的决策边界就抛弃了这个点，没有将它分到它被标记的类里。但是，在实际的运算中，我们并不可能知道哪些点是噪声点，所以，我们给每一个点都加入一个松弛因子，只要函数间隔加上这个松弛因子能够大于等于 1 就行了。

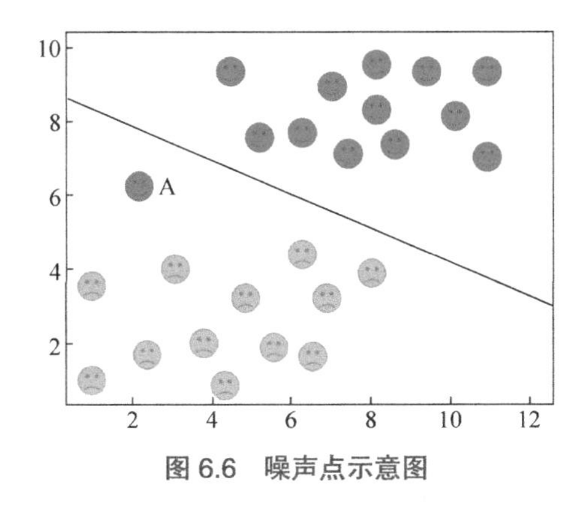

图 6.6　噪声点示意图

那么我们的目标函数就变成了：

$$\min \frac{1}{2}\|w\|^2 + C\sum_{i=1}^{m}\xi_i$$
$$\text{s.t. } y_i(w^{\mathrm{T}}x_i + b) \geqslant 1 - \xi_i \quad (\xi \geqslant 0)$$

这里的 C 是惩罚参数，表示对分类错误的容忍度，观察目标函数，C 越大则损失项越大，那么 $\|w\|$ 就要越小才行，就意味着分类间隔越小，也就表示模型对分类错误的容忍度越小。

6.2.3 线性不可分的情况

上面的案例展示的是线性可分的情形，当我们逐渐成长，影响我们情绪的因素越来越多。比如，可能天气和通勤路上的堵车情况都会对我们的情绪造成影响，于是成年后我们的情绪就变得比较复杂，分布可能类似图 6.7 所示的情况。

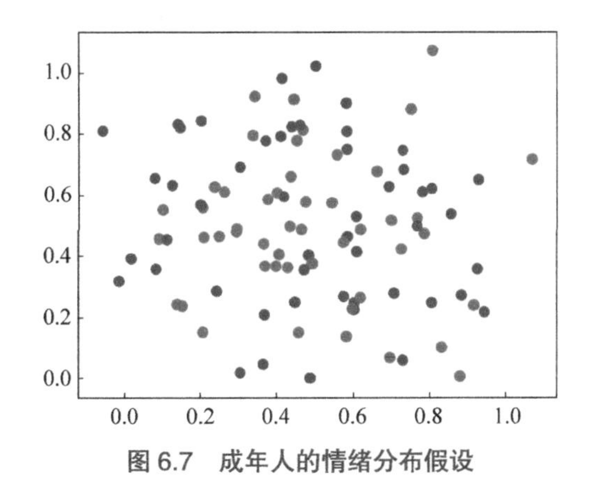

图 6.7　成年人的情绪分布假设

由图 6.7 可知，此时的情绪样本用线性模型已经无法解决了，无论如何画直线都无法对情绪样本进行恰当的分类，这种情况就被称为线性不可分。但是聪明的算法工程师并不会就此放弃，他们想出了新的点子——高维映射。简而言之，就是将线性不可分的样本映射到高维空间中，以期利用更多维度的空间从中寻找线性可分的可能。无疑他们成功了，不同的映射方式会给数据样本赋予不同的规律，那么一定存在一个高维属性空间，可以通过训练数据实现线性分类，只不过这里的决策边界不是一条简单的线或者平面，而是更高维度的平面，我们称之为超平面。所谓超平面就是数据空间的一个剖面。

以成年人的情绪分布为例，在高维映射后，数据样本变成了图 6.8 中的状态。对于图 6.7 那样的二维数据空间，它的决策边界是一条一维直线，但对于图 6.8 这样的三维数据空间，它的决策边界就是一个二维平面。

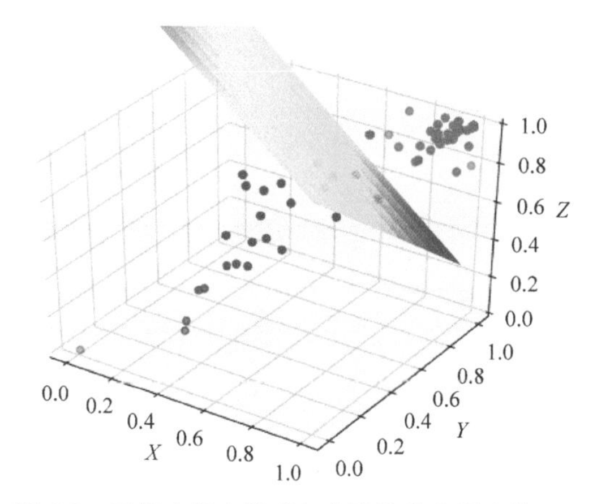

图 6.8　三维空间中的成年人情绪分布及决策平面

如果说线性情况下的决策边界可以表示为：

$$w^{\mathrm{T}}x+b=0$$

那么，用来作为决策边界的超平面就可以表示为：

$$w^{\mathrm{T}}\phi(x)+b$$

其中的 $\phi(x)$ 表示经过高维映射的特征向量。

我们可以继续对前节的知识点进行推论。最小化函数就会变成：

$$\min \frac{1}{2}\|w\|^2$$

$$\textbf{s.t.}\ \ y_i(w^{\mathrm{T}}\phi(x_i)+b)\geqslant 1$$

经过拉格朗日变换后的公式则会变成：

$$\max_{\alpha}\sum_{i=1}^{m}\alpha_i-\frac{1}{2}\sum_{i=1}^{m}\sum_{j=1}^{m}\alpha_i\alpha_j y_i y_j\phi(x_i)^{\mathrm{T}}\phi(x_j)$$

$$\textbf{s.t.}\ \ \sum_{i=1}^{N}\alpha_i y_i=0,\quad 0\leqslant\alpha_i\leqslant C, i=1,2,\cdots,m$$

我们发现，高维映射其实也就是对特征向量 x_i 进行了处理，看起来并没有想象得那么神秘。只是有一个问题，在拉格朗日乘子法中，我们需要求 $x_i^{\mathrm{T}}x_j$ 的内积，假如 $\phi(x_i)^{\mathrm{T}}\phi(x_j)$ 的维度很高的话，那么这里的运算量就会大得可怕。

为什么 $\phi(x_i)^{\mathrm{T}}\phi(x_j)$ 的维度很高的话，求内积的运算量就会大得可怕？

比如我们虚构两个样本：$X_1=(a_1, a_2, a_3)$；$X_2=(b_1, b_2, b_3)$，它们处在三维空间中。现在设置一个规则将其映射到九维：

$$\varphi(X_1)=(a_1a_1, a_1a_2, a_1a_3, a_2a_1, a_2a_2, a_2a_3, a_3a_1, a_3a_2, a_3a_3)$$

$$\varphi(X_2)=(b_1b_1, b_1b_2, b_1b_3, b_2b_1, b_2b_2, b_2b_3, b_3b_1, b_3b_2, b_3b_3)$$

那么计算映射后的 $\varphi(X_1)$ 与 $\varphi(X_2)$ 的内积就变成了：

$$\varphi(X_1)^{\mathrm{T}}\varphi(X_2)=a_1a_1\times b_1b_1+a_1a_2\times b_1b_2+a_1a_3\times b_1b_3+a_2a_1\times b_2b_1+a_2a_2\times b_2b_2+a_2a_3\times b_2b_3+a_3a_1\times b_3b_1+a_3a_2\times b_3b_2+a_3a_3\times b_3b_3$$

假如此时 $X_1=(1, 2, 3)$，$X_2=(4, 5, 6)$，那么：

$$\varphi(X_1)=(1, 2, 3, 2, 4, 6, 3, 6, 9)$$

$$\varphi(X_2)=(16, 20, 24, 20, 25, 36, 24, 30, 36)$$

$$\varphi(X_1)^{\mathrm{T}}\varphi(X_2)=(1\times16+2\times20+3\times24+2\times20+4\times25+6\times36+3\times24+6\times30+9\times36)=1024$$

其计算过程很复杂，但是假如此时我们巧妙地对原始数据 X_1，X_2 使用一个函数：

$$K(X_i, X_j)=(X_i^TX_j)^2$$

$$K(X_1, X_2)=(1\times4+2\times5+3\times6)^2=(4+10+10)^2=1024$$

我们惊奇地发现，函数 $K(X_1, X_2)$ 在原低维空间中进行计算的效果与高维空间中 $\varphi(X_1)^{\mathrm{T}}\varphi(X_2)$ 的效果完全一样，但是运算效率却得到了极大的提高。

所以算法工程师就是通过利用不同种类的函数 $K(X_i, X_j)$，在原低维度用很小的运算代价达到与高维映射相同的效果。这种函数 $K(X_i, X_j)$ 就被称为核函数（Kernel）。显然，不同的核函数可以营造出不同的高维投射效果，从某种程度上来说，核函数就是一种运算技巧的运用。

支持向量机的强大之处就在于它可以使用多种不同的核函数来达到不同的分类效果。比如在 scikit-learn 的 svm 类中就内置了 linear，poly，rbf，sigmoid 4 种常用的核函数，它甚至还可以自定义核函数，这也是支持向量机用途广泛、适应性强的原因。

6.3 支持向量机中的核函数

支持向量机的分类方式和分类性能受到核函数的影响。我们想要构造出一个性能良好的分类模型的关键就在于核函数的选择和其参数的调整。下面着重介绍支持向量机中最常用的三种核函数：线性核（Linear Kernel）、多项式核（Polynomial Kernel）和径向基核函数（Radial Basis Function）。

6.3.1　支持向量机中常用核函数介绍

1. 线性核（Linear Kernel）

线性核函数的表达式为

$$K(x_i, x_j)=x_i^T x_j$$

从它的表达式可以看出，线性核其实并没有做高维映射，所以它也没有可以调节的参数。它的运算对象仍然处于原低维空间中，所以它主要用于原始数据本身就线性可分的情况，就比如本章第一节中所使用的案例。它与其他核函数相比，更加简单高效且解释性强，所以当样本的特征数量很多时，为了避免维度灾难、减少运算成本，我们会首先推荐使用线性核函数进行分类。

2. 多项式核（Polynomial Kernel）

多项式核函数的表达式为

$$K(x_i, x_j)=(\gamma(x_i^T x_j)+r)^d$$

多项式核函数通过把数据映射到高维空间来增加模型分类的能力，允许相距很远的数据点对核函数的值有影响，属于全局核函数。从表达式可以看出，它可调节的参数有 γ（读 gamma）、r（coef0）和 d（degree）。其中参数 d 越大，映射的维度越高，计算量就会越大，易出现维度灾难导致“过拟合”现象。当 d 等于 1 时，它就相当于线性核函数，可以处理线性可分的问题。

3. 径向基核函数（Radial Basis Function）

径向基核函数的简化表达式为

$$K(x_i, x_j)=e^{-\gamma\|x_i-x_j\|^2}$$

径向基核函数也叫高斯核函数（Gaussian Kernel）。它也是通过把数据映射到高维的空间来实现分类。它依赖距离进行运算，属于局部核函数，也就是样本点离中心点越近，值改变越大，样本点离中心点越远，值改变越小，对数据中存在的噪声有着较好的抗干扰能力，其效果如图 6.9 所示。从表达式可以看出，它可调节的参数只有 γ 一个，所以应用起来非常方便，应用场景也很广泛，是支持向量机中最常用的核函数。

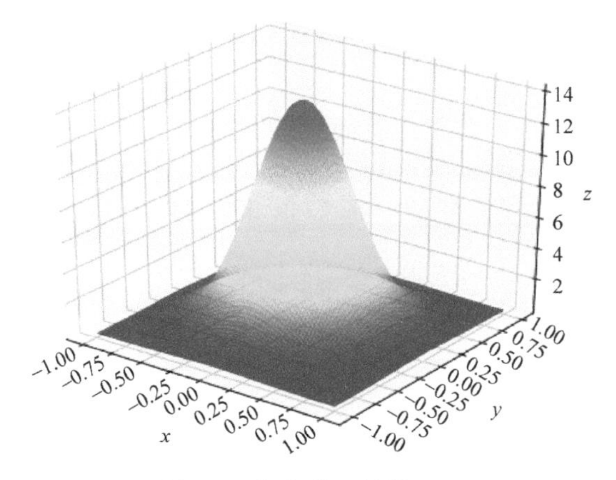

图 6.9　径向基函数效果图

通过图 6.9 可以推测出，径向基核的作用就像从地面顶起一个山丘一样，根据样本点离中心的距离将其顶到不同的高度处。径向基核的参数 γ 决定了函数的作用范围，其随着参数 γ 的增大而减小。γ 的值越小，函数的作用范围就越大，影响到的样本数也就更多，反之 γ 的值越大，函数的作用范围就越小。

6.3.2 支持向量机中核函数的应用

前面我们深入学习了支持向量机的原理，在使用支持向量机进行分类时我们要使用 scikit-learn 库中 SVM 类里的支持向量分类器(Support Vector Classification, SVC)。接下来，我们在红酒分类案例中使用 SVC 来展示三种核函数进行分类时的不同表现。

源码屋

1. 程序源码

```
# 导入 numpy 库
import numpy as np
# 导入 matplotlib 用于画图
import matplotlib.pyplot as plt
# 导入支持向量机 SVM
from sklearn import svm
# 导入红酒数据集
from sklearn.datasets import load_wine

# 定义一个绘制等高线函数
def plot_contours(ax, clf, xx, yy, **params):
    z = clf.predict(np.c_[xx.ravel(), yy.ravel()])
    z = z.reshape(xx.shape)
    out = ax.contourf(xx, yy, z, **params)
    return out

# 使用红酒数据集的前两个特征进行分类
wine = load_wine()
X = wine.data[:, :2]
y = wine.target

# 设置 SVC 的核函数分别为 linear, poly, rbf
kernel_type = (svm.SVC(kernel='linear'),
               svm.SVC(kernel='poly', degree=5),
               svm.SVC(kernel='rbf', gamma=0.8))
kernel_type = (clf.fit(X, y) for clf in kernel_type)

# 为每幅图设置图题
T_title = ('linear kernel',
           'Polynomial Kernel (degree=5)',
           'RBF kernel (gamma=0.8)')
```

```
# 设置子图形的个数和排列方式
fig, sub = plt.subplots(1, 3, figsize=(15, 3))
plt.subplots_adjust(wspace=0.4, hspace=0.4)

# 画图
X0, X1 = X[:, 0], X[:, 1]

h = 0.02
x_min, x_max = X0.min()-1, X0.max()+1
y_min, y_max = X1.min()-1, X1.max()+1
xx, yy = np.meshgrid(np.arange(x_min, x_max, h), np.arange(y_min, y_max, h))

for clf, title, ax in zip(kernel_type, T_title, sub.flatten()):
      plot_contours(ax, clf, xx, yy, cmap='gnuplot', alpha=0.7)
      ax.scatter(X0, X1, c=y, cmap='plasma', s=20., edgecolors='black')
      ax.set_xlim(xx.min(), xx.max())
      ax.set_ylim(yy.min(), yy.max())
      ax.set_title(title)

plt.show()
```

2. 运行结果（见图 6.10）

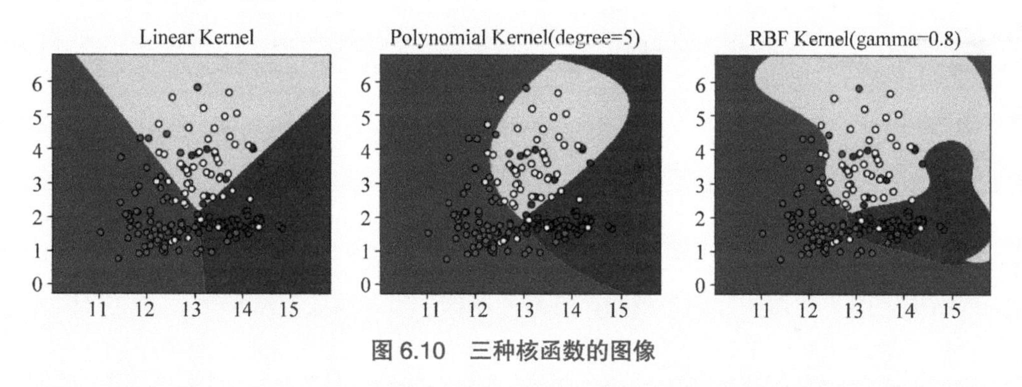

图 6.10　三种核函数的图像

3. 结果解读

从图 6.10 中可以看出，在线性核（Linear Kernel）生成的是线性边界，具体影响边界划分的是正则化参数 C，又叫作惩罚参数。惩罚参数 C 是 SVM 对分类错误的容忍程度。C 越大，表明模型在训练样本时越不允许分类出错，但是 C 太大则可能会出现过拟合。而 C 越小，该 SVM 模型对噪声点的容忍程度就越高，当 C 太小时，就可能出现欠拟合的情况。

而 RBF 核的 SVC 和 polynomial 内核的 SVC 所生成的决定边界则是非线性的。影响它们决策边界形状的，除了正则化参数 C 以外，还有它们各自的参数。在 polynomial 中，可调节的参数是 degree 和正则化参数 C，在本例中我们设置 degree = 3，也就是对原始数据集的特征进行 3 次幂操作。而在 rbf 中，可调节的参数是 C 和 gamma，gamma 可以理解为控制着模型的离散程度。

6.4 支持向量机的应用

通过前面的学习，我们了解了支持向量机 SVM 的工作原理和核函数的作用，下面我们就一起用 Python 语言来处理前文的课例问题，实现对人的情绪分类。

6.4.1 SVM 类的常用参数

我们可以使用 scikit-learn 提供的 SVM 类中的 SVC 来实现支持向量分类算法，其常用的参数如表 6.1 所示。

表 6.1 SVM 类的常用参数

参数	功能	描述
C	正则化参数，又叫惩罚参数	浮点型，可不填，默认是 1.0，必须严格为正。C 值越大，对模型的惩罚越高，泛化能力越弱；C 值越小，对模型的惩罚越低，泛化能力越强
kernel	指定要在算法中使用的核函数类型	字符型，可不填，默认是“rbf”。可以输入 linear、poly、rbf、sigmoid、precomputed 或者可调用对象
degree	指定多项式核函数的升幂次数	整型，可不填，默认是 3。仅在参数 Kernel 的选项为“poly”时生效
gamma	rbf、poly、sigmoid 核函数的系数	浮点型，可不填，默认是“auto”。自动使用 1/(n_features) 作为 gamma 的取值。仅在参数 Kernel 的选项为“rbf”，“poly”和“sigmoid”时生效
Coef 0	核函数中的独立项	浮点型，可不填，默认是 0.0。仅在参数 kernel 的选项为“poly”和“sigmoid”时生效

6.4.2 应用案例：情绪分类

数据集中的 3 个指标分别是被测试者对当天的天气情况、睡眠情况、工作满意度，这三个指标值均是从 0 ~ 1 的取值。标签数据的情绪，−1 是情绪呈现负面消极倾向，1 是情绪呈现正面积极倾向，具体如表 6.2 所示。

表 6.2 情绪量表（部分）

天气情况	睡眠情况	工作满意度	情绪
0.9382716	1	1	1
0.42344045	0.41020794	0.41776938	−1
1	1	1	1
0.92444444	0.76	0.92888889	1
0.78512397	0.85950413	0.89256198	1
0.90082645	0.92561983	0.96694215	1
0.88429752	0.95041322	0.99173554	1
1	1	0.99653979	1
1	1	0.79981635	1

续表

天气情况	睡眠情况	工作满意度	情绪
0.33564014	0.3183391	0.28719723	−1
0.9584121	0.97353497	0.98298677	1
0.90581717	0.92520776	0.93905817	1
0.53745541	0.50535077	0.46254459	−1
0.90581717	0.91689751	0.94459834	1
0.79555556	0.72	0.70666667	−1

在这个案例中，为了更加真实地反映机器学习算法在日常工作中的应用，我们将实际收集到的已知数据和待预测的数据进行区分。已知的数据部分存储为 train.csv 作为训练集，待分类的部分存储为 test.csv 作为测试集。

第一步，引用相关库。

```
import numpy as np
import csv
from sklearn import svm
```

分别导入 numpy 扩展库用于处理数据处理，CSV 模块用于处理 CSV 文件，支持向量机 SVM 模块用于进行分类。

第二步，设置子函数将 csv 文件的数据写入矩阵。

因为在本案中我们将测试集与训练集明确地分开为两个文件，所以为了代码简约，我们设置一个专门读取数据并将 csv 文件的数据写入矩阵的子函数 load_data。

```
def load_data(data_path):
    X,y = [],[]
    csv_reader = csv.reader(open(data_path,'r'))
    for row in csv_reader:
        a = row[0][1:-1].split()
        X.append(np.array(a))
        y.append(np.array(row[1]))
    return X, y
```

第三步，尝试分类，选择最优化方案。

由于我们不知道该数据集的数据分布状态，所以无从知晓究竟哪一个核函数更适合。此时可以尝试使用这三种核函数在参数默认状态下依次完成分类，看看谁的表现更好，以此来判断数据集样本的分布情况，然后挑选合适的核函数构建支持向量机分类模型，并进一步调试参数。

源码屋

1. 完整源码

```
import numpy as np
import csv
from sklearn import svm
```

```
# 数据存储路径
train_path = './train.csv'
test_path = './test.csv'
# 将数据写入矩阵
def load_data(data_path):
    X,y = [],[]
    csv_reader = csv.reader(open(data_path, 'r'))
    for row in csv_reader:
        a = row[0][1:-1].split()
        X.append(np.array(a))
        y.append(np.array(row[1]))
    return X,y
# 主函数
if __name__ == "__main__":
    # 导入数据集
    X_train, y_train = load_data(train_path)
    X_test, y_test = load_data(test_path)
    # 训练 svm 分类器
    for kernel in ['linear', 'poly', 'rbf']:
        cls = svm.SVC(kernel=kernel, C=1)
        cls.fit(X_train, y_train)
        print(" 核函数: ", kernel)
        print(" 训练集: %.4f" % cls.score(X_train, y_train))
        print(" 测试集: %.4f" % cls.score(X_test, y_test))
```

2. 运行结果（见图 6.11）

图 6.11　运行结果图

3. 结果解读

从图 6.11 运行结果可以发现，对于情绪数据集而言，三种核函数的表现都还不错，尤其是线性核 linear 也达到了 95% 的正确率，由此可以判断该数据集并非高度非线性，而是略偏向于线性分布。这也是导致 rbf 核函数当下表现不理想的原因。在实际生产生活中，rbf 核是支持向量机中最常用的核函数，它对绝大多数数据集都有良好的适应性，那么接下来我们尝试继续调试 rbf 参数，看能否达到更好的分类效果。

第四步，多次调节参数，优化 SVM 模型。

对于 RBF 核函数而言，可以尝试调整的参数有惩罚参数 C 和 gamma 值，在刚才的测试程序中我们已经将 C 的值设置为默认值 1，所以此时我们可以尝试分别改变 C 和 gamma 的值，看看是否能够得到更好的结果。SVM 模型中的 gamma 参数默认值是 1/num_features，即数据标签数量 n 的倒数 $1/n$。在本例中一共有两个标签（−1，1），所以在刚才的程序中 gamma 的默认值是 0.5。在接下来的尝试中我们可以从 0.5 取值到 2，看看哪一个模型的分类效果更好。

源码屋

1. 完整源码

```
import numpy as np
import csv
from sklearn import svm
# 数据存储路径
train_path = './train.csv'
test_path = './test.csv'
# 将数据写入矩阵
def load_data(data_path):
    X, y = [], []
    csv_reader = csv.reader(open(data_path, 'r'))
        for row in csv_reader:
        a = row[0][1:-1].split()
        X.append(np.array(a))
        y.append(np.array(row[1]))
    return X, y
# 主函数
if __name__ == "__main__":
# 导入数据集
X_train, y_train = load_data(train_path)
X_test, y_test = load_data(test_path)
# 训练 svm 分类器
for C in [1.5, 2, 2.5, 3]:
    for Gamma in [0.5, 1, 2, 3, 3.5]:
        clf = svm.SVC(kernel="rbf", C=2, gamma=Gamma)
        clf.fit(X_train, y_train)
        print("C=", C)
        print("Gamma=", Gamma)
        print(" 训练集: ", clf.score(X_train, y_train))
        print(" 测试集: ", clf.score(X_test, y_test))
        print()
```

2. 运行结果（见图 6.12）

```
C= 1.5                      C= 2                        C= 2.5                      C= 3
Gamma= 0.5                  Gamma= 0.5                  Gamma= 0.5                  Gamma= 0.5
训练集： 1.0                 训练集： 1.0                 训练集： 1.0                 训练集： 1.0
测试集： 0.95                测试集： 0.95                测试集： 0.95                测试集： 0.95

C= 1.5                      C= 2                        C= 2.5                      C= 3
Gamma= 1                    Gamma= 1                    Gamma= 1                    Gamma= 1
训练集： 1.0                 训练集： 1.0                 训练集： 1.0                 训练集： 1.0
测试集： 0.95                测试集： 0.95                测试集： 0.95                测试集： 0.95

C= 1.5                      C= 2                        C= 2.5                      C= 3
Gamma= 2                    Gamma= 2                    Gamma= 2                    Gamma= 2
训练集： 1.0                 训练集： 1.0                 训练集： 1.0                 训练集： 1.0
测试集： 0.9333333333333333  测试集： 0.9333333333333333  测试集： 0.9333333333333333  测试集： 0.9333333333333333

C= 1.5                      C= 2                        C= 2.5                      C= 3
Gamma= 3                    Gamma= 3                    Gamma= 3                    Gamma= 3
训练集： 1.0                 训练集： 1.0                 训练集： 1.0                 训练集： 1.0
测试集： 0.9666666666666667  测试集： 0.9666666666666667  测试集： 0.9666666666666667  测试集： 0.9666666666666667

C= 1.5                      C= 2                        C= 2.5                      C= 3
Gamma= 3.5                  Gamma= 3.5                  Gamma= 3.5                  Gamma= 3.5
训练集： 1.0                 训练集： 1.0                 训练集： 1.0                 训练集： 1.0
测试集： 0.9666666666666667  测试集： 0.9666666666666667  测试集： 0.9666666666666667  测试集： 0.9666666666666667
```

图 6.12　运行结果图

3. 结果解读

由图 6.12 可以发现，当 C=1.5，gamma=3 的时候，该模型可以达到最经济的分类效果、最好的状态，对于训练集的分类准确率达到了 100%，对于测试集的分类准确率也达到了 96.67%。这也印证了支持向量机中 rbf 核函数的强大性能。

本章小结

本章我们首先介绍了支持向量机的概念和它的使用方法。支持向量机因为独特的逻辑原理，只需要几个关键数据就能够生成模型，所以适合用于解决小样本分类问题。随后我们引入了核函数：线性核、多项式核和高斯核。支持向量机之所以强大、适用性极广，正是由于核函数的加持，这些核函数让支持向量机成为解决非线性分类问题的一把好手。

第 7 章　贝叶斯算法

贝叶斯公式由英国数学家贝叶斯（Thomas Bayes，1702—1761 年）提出，作为贝叶斯定理核心的法则用来描述两个事件概率之间的关系。机器学习领域的研究人员认为："世界上有两种人——懂贝叶斯公式的人和不懂贝叶斯公式的人。"他们将贝叶斯公式推崇至如此高的地位，一是因为贝叶斯公式的根基是概率学和统计学，在生活中可应用的时机甚多、范围甚广；二是贝叶斯公式是整个机器学习的基础框架，它的思想之深刻远远超出一般人的认知范畴。

本章将要学习的贝叶斯分类算法便是基于贝叶斯公式，在许多场合，贝叶斯分类算法可以与决策树和神经网络分类算法相媲美，该算法能运用到大型数据库中，而且方法简单、分类准确率高、速度快。那么，贝叶斯分类算法的原理和实现逻辑是什么？具体应该怎样应用？通过本章的学习，这些问题都会迎刃而解。

本章要点

1. 贝叶斯算法的原理
2. 贝叶斯算法的应用
3. 贝叶斯算法的特点

7.1　贝叶斯算法的原理

7.1.1　贝叶斯公式

日常生活中，人们对不同概率事件的选择、处理无处不在。例如在学习方面，平时不努力，考试前"临阵磨枪"，这样虽然轻松，但是绝大多数同学会选择踏踏实实地学习、有条不紊地复习。究其原因，是因为平时不努力得到提升自己和考出优异成绩的结果概率很小，而循序渐进地学习得到提升自己和考出优异成绩的结果概率很大。

当然，概率学绝不仅仅是"事后诸葛亮"，在概率学众多揭示随机事件发生规律的理论研究中，贝叶斯定理是最著名的成果之一。贝叶斯定理跟随机变量的条件概率以及边缘概率分布有关。在有些关于概率的解说中，贝叶斯定理能够告知我们如何利用新证据修正已有的看法。例如，通过贝叶斯定理我们可以更科学地分析往期的彩票中奖数字，从而选择更易中奖的数字组合。贝叶斯定理之所以这么神奇，在于它揭示了两种事件之间的关系。具体来说，它发现事件 A 在事件 B 发生的条件下的概率，与事件 B 在事件 A 发生的条件下的概率通常是不一样的，然而这两种概率是有确定关系的，贝叶斯公式揭示的就是这种关系。

要理解贝叶斯公式，首先以一个数据样本空间 U 中发生的 A 事件与 B 事件为情境，理解概率学中的几个基本概念，如表 7.1 所示。

表 7.1　贝叶斯公式要素含义

名　　称	表示方法	含　　义	图　　例	公　　式
先验概率 / 边缘概率	$P(A)$或$P(B)$	在样本空间 U 中某事件发生的概率	U A B	$P(A)=\frac{A\text{的数量}}{U\text{的数量}}$ $P(B)=\frac{B\text{的数量}}{U\text{的数量}}$
未发生概率	$P(A^-)$或$P(B^-)$	在一个数据样本 U 中某事件不发生的概率	U A B	$P(A^-)=\frac{U-A\text{的数量}}{U\text{的数量}}$ $P(B^-)=\frac{U-B\text{的数量}}{U\text{的数量}}$
联合概率	$P(AB)$、$P(A,B)$或$P(A\cap B)$	在一个数据样本 U 中事件 A 发生且事件 B 也发生的概率	U A B AB	$P(AB)=\frac{A\cap B\text{的数量}}{U\text{的数量}}$
后验概率 / 条件概率	$P(B\|A)$	在一个数据样本 U 中在事件 A 发生的条件下，B 发生的概率	U A B AB	$P(B\mid A)=\frac{P(AB)}{P(A)}$

结合表中的概念公式可以推导出贝叶斯公式。首先，根据后验概率公式可知 $P(B|A)$ 与 $P(A)$的积、$P(A|B)$与 $P(B)$的积均为 $P(AB)$，因此可得公式

$$P(B\mid A)=\frac{P(A\mid B)P(B)}{P(A)} \tag{7.1}$$

式（7.1）就是贝叶斯公式，应用于分类中，A 为特征，B 为类别，即可用已知的 A 计算未知的 B，表达式为

$$P(\text{类别}\mid\text{特征})=\frac{P(\text{特征}\mid\text{类别})P(\text{类别})}{P(\text{特征})} \tag{7.2}$$

此外，根据后验概率公式可以得到 $P(A|B^-)$与 $P(B^-)$的积为 $P(AB^-)$，结合表 7.1 中的图例，$P(AB^-)$指 A 与 B^- 重合的区域，$P(AB)$指 A 与 B 重合的阴影区域，可得 $P(AB^-)$

与 $P(AB)$ 的和为 $P(A)$，因此，$P(A)=P(A|B)P(B)+P(A|B^-)P(B^-)$，将其代入式（7.1），最终式（7.1）可以变形为

$$P(B|A)=\frac{P(A|B)P(B)}{P(A|B)P(B)+P(A|B^-)P(B^-)} \tag{7.3}$$

又因式（7.3）中事件 B 不发生时可以分解成多个事件——B_1, B_2, B_3，…，B_j，所以式（7.3）又可以变形为

$$P(B|A)=\frac{P(A|B)P(B)}{P(A|B_1)P(B_1)+P(A|B_2)P(B_2)+\cdots+P(A|B_j)P(B_j)} \tag{7.4}$$

用 $\sum$ 表示累加结果，可以得到贝叶斯公式的全概率公式。

$$P(B|A)=\frac{P(A|B)P(B)}{\sum P(A|B_j)P(B_j)} \tag{7.5}$$

下面，我们通过几个例子来进一步理解上述概念和公式。

例 7.1　某校一个班有 50 名学生，其中 32 名参加了美术社团，37 名参加了音乐社团，同时参加美术社团和音乐社团的同学有 19 名，请据此估算该校参加美术社团的学生又会参加音乐社团的概率以及参加音乐社团的学生又会参加美术社团的概率。

解：根据 $P(A)=\frac{A\text{的数量}}{U\text{的数量}}$，结合题中该班参加社团的人数，可估算该校学生参加社团的概率。

参加美术社团的概率为 32/50=0.64；

参加音乐社团的概率为 37/50=0.74；

根据 $P(A^-)=\frac{U-A\text{的数量}}{U\text{的数量}}$，可估算该校学生参加社团的概率。

未参加美术社团的概率为 18/50=0.36；

未参加音乐社团的概率为 13/50=0.26；

根据 $P(AB)=\frac{AB\text{的数量}}{U\text{的数量}}$，可估算该校学生参加美术社团、音乐社团的联合概率为 19/50=0.38；

根据 $P(B|A)=\frac{P(AB)}{P(A)}$，可估算该校学生同时参加两个社团的概率。

参加美术社团的学生又会参加音乐社团的概率为 19/32=0.594；

参加音乐社团的学生又会参加美术社团的概率为 19/37=0.514。

说说例 7.1 中所求的概率具体是表 7.1 中的哪一项概率？

例 7.2　如图 7.1 所示，有两个一模一样的箱子，甲箱子有 30 个红球和 10 个黄球，乙箱子有红球和黄球各 20 个。现在随机选择一个箱子，从中摸出一个球，发现是红球。

请问这个球来自甲箱的概率有多大？

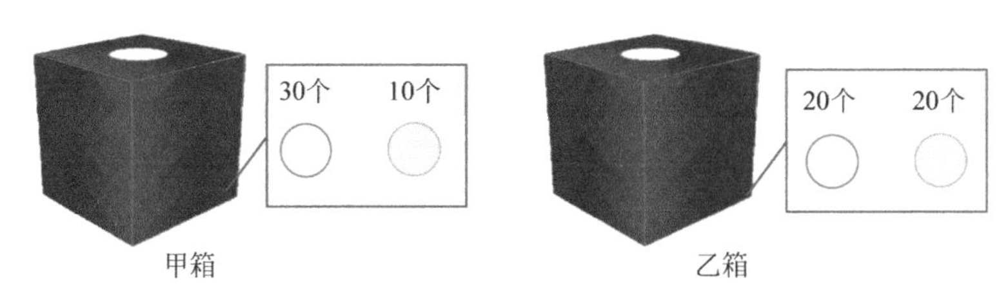

图 7.1 装有红、黄色球的甲箱与乙箱

解： 从红黄球的数量配置便可推测红球从甲箱中取出的概率要高于 50%，根据贝叶斯公式可以验证这一推测是正确的。

设取红球事件 $=A$，从甲箱取出球的事件 $=B$。

因为从乙箱取出球的事件与从甲箱取出球的事件之和为 U 且无交集，所以从乙箱取出球的事件为 B^-。

由式（7.1）可列出求红球从甲箱中取出的概率的式子：

$$P(\text{甲}|\text{红球})=\frac{P(\text{红球}|\text{甲})P(\text{甲})}{P(\text{红球})}=\frac{P(A|B)P(B)}{P(A)}$$

因为 $P(\text{甲})=P(\text{乙})=P(\mathrm{B})=P(B^-)=0.5$，又因为 $P(A)=P(A|B)P(B)+P(A|B^-)P(B^-)=0.5\times0.75+0.5\times0.5=0.625$，所以 $P(B|A)=0.5*\frac{0.75}{0.625}=0.6$。

即红球从甲箱中取出的概率为 0.6。

例 7.3 富豪榜前十中有一半的人没有上过大学，你能用贝叶斯公式证明读书有用吗？

解： 假设 A 为上过大学，A^- 为未上过大学，B 为进入富豪榜前 10，则由题可知 $P(A|B)=P(A^-|B)=0.5$。假设全国一共有 13 亿人，其中上过大学的有 1 亿人，根据贝叶斯公式（7.3）可列：

$$P(B|A)=\frac{P(A|B)P(B)}{P(A|B)P(B)+P(A|B^-)P(B^-)}=\frac{0.5\times\frac{10}{13\times10^8}}{0.5\times\frac{10}{13\times10^8}+\frac{1\times10^8}{13\times10^8-10}\times\frac{13\times10^8-10}{13\times10^8}}\approx5\times10^{-8}$$

$$P(B|A^-)=\frac{P(A^-|B)P(B)}{P(A^-|B)P(B)+P(A^-|B^-)P(B^-)}=\frac{0.5\times\frac{10}{13\times10^8}}{0.5\times\frac{10}{13\times10^8}+\frac{12\times10^8}{13\times10^8-10}\times\frac{13\times10^8-10}{13\times10^8}}\approx4.17\times10^{-9}$$

通过结果比对可知，读书的人相比于不读书的人上富豪榜的概率高了十倍左右，因此，从获取财富的能力方面来讲，读书是有用的。

从以上例题不难看出，贝叶斯公式给了我们在事情发生后，通过事情发生前各事项的概率进行推理的能力。在贝叶斯公式被提出之后，很多学者甚至认为世界上没有随机发生的事件，如果我们认为事件的发生是随机的，那么一定是因为我们不了解这个事件。时至今日，贝叶斯公式不仅被广泛应用于投资决策分析，而且在人工智能领域也衍化出了许多算法，朴素贝叶斯就是其中最为经典的一种。

7.1.2　贝叶斯算法的原理（以朴素贝叶斯算法为例）

朴素贝叶斯算法（Naive Bayesian algorithm，简称 NBC）是基于贝叶斯定理与特征条件独立性假设的分类方法，是应用最为广泛的分类算法之一。算法所依托的特征条件独立假设，指假设数据集的各特征变量对于分类决策结果作用比重相同。

在处理分类问题时，朴素贝叶斯算法的基本分类过程是首先通过给定的训练集学习从特征到标签类别的联合概率分布；然后构建分类器模型，输入特征 A 后，忽略作为分母的等同一致的各特征先验概率 $P(A)$，比较出使得后验概率最大的类别值 B；最后输出 B，B 即为输入数据的类别。

在具体的公式表达上，假设朴素贝叶斯算法分类器的训练集是一组含有 n 个特征的数据样本集，其特征集为 $X=\{x_1, x_2,\cdots, x_n\}$，其标签类别集为 $Y = \{y_1, y_2,\cdots, y_k\}$，则根据贝叶斯公式，朴素贝叶斯求得的类别为使得后验概率 $P(y_k|x)$ 最大的类别值 y。

$$y = arg\ max\ \frac{P(y_k) \times P(x_1, x_2, \cdots, x_n \mid y_k)}{P(x_1, x_2, \cdots, x_n)} \tag{7.6}$$

因为朴素贝叶斯基于 x_1，x_2，$\cdots$，x_n 相互独立且随机的假设，所以我们省略不必要的计算，将式（7.6）简写为

$$y = arg\ max\ P(y_k) \times P(x_1, x_2, \cdots, x_n|y_k) \tag{7.7}$$

又因为朴素贝叶斯的前提是各特征之间相互独立、无交集，所以样本的联合概率就是连乘。最终，可以得到朴素贝叶斯分类器公式：

$$y = arg\ max P(y_k) \times \prod_{i=1}^{n} P(x_i \mid y_k) \tag{7.8}$$

知识窗

贝叶斯（1702—1761 年，Thomas Bayes）

贝叶斯，英国数学家。1701 年出生于伦敦，做过神父。1742 年成为英国皇家学会会员。1761 年 4 月 7 日逝世。贝叶斯在数学方面主要研究概率论。他首先将归纳推理法用于概率论基础理论，并创立了贝叶斯统计理论，对于统计决策函数、统计推断、统计的估算等做出了贡献。1763 年，由理查德·普莱斯整理发表了贝叶斯的成果《机会论中解决问题的研究》，对于现代概率论和数理统计都有很重要的作用。贝叶斯的另一著作《机会的学说概论》发表于 1758 年。贝叶斯所采用的许多术语被沿用至今。

∏

∏是求连乘积的运算符号，是希腊字母 π 的大写字母，读作（pai）。符号下面表示右侧式子可变参量的下限（或初值），符号上面表示右侧式子可变参量的上限（或终值），符号右侧式子是含可变参量的连乘乘数。例如，

$$\prod_{i=1}^{10} x_i = 1 \times 2 \times 3 \times 4 \times 5 \times 6 \times 7 \times 8 \times 9 \times 10$$

例 7.4 表 7.2 中 X^1、X^2 为某数据集的两个特征，Y 为类别标签。尝试基于数据构建分类器，然后预测 $X'=2$，X^2=A 的测试样本类标签 Y 值。

表 7.2 训练数据

特征、标签	1	2	3	4	5	6	7	8	9	10	11	12	13	14	15
X^1	1	1	1	1	1	2	2	2	2	2	3	3	3	3	3
X^2	A	B	B	A	A	A	B	B	C	C	C	B	B	C	C
Y	−1	−1	1	1	−1	−1	−1	1	1	1	−1	1	1	1	−1

解：由表 7.2 可得

$P(Y=1)=\frac{8}{15}$，$P(Y=-1)=\frac{7}{15}$，

$P(X^1=1|Y=1)=\frac{2}{8}$，$P(X^1=2|Y=1)=\frac{3}{8}$，$P(X^1=3|Y=1)=\frac{3}{8}$，

$P(X^2=A|Y=1)=\frac{1}{8}$，$P(X^2=B|Y=1)=\frac{4}{8}$，$P(X^2=C|Y=1)=\frac{3}{8}$，

$P(X^1=1|Y=-1)=\frac{2}{7}$，$P(X^1=2|Y=-1)=\frac{3}{7}$，$P(X^1=3|Y=-1)=\frac{2}{7}$，

$P(X^2=A|Y=-1)=\frac{3}{7}$，$P(X^2=B|Y=-1)=\frac{2}{7}$，$P(X^2=C|Y=-1)=\frac{2}{7}$。

将给定的 $X(2,\mathrm{A})$ 代入朴素贝叶斯公式，可得

$$P(Y=1)P(X^1=2|Y=1)P(X^2=A|Y=1)=\frac{8}{15}\times\frac{3}{8}\times\frac{1}{8}=\frac{1}{40},$$

$$P(Y=-1)P(X^1=2|Y=-1)P(X^2=A|Y=-1)=\frac{7}{15}\times\frac{3}{7}\times\frac{3}{7}=\frac{3}{35}。$$

因为 $\frac{3}{35}>\frac{1}{40}$，所以预测 $x=(2,\mathrm{A})$的类别标签 $Y=-1$。

朴素贝叶斯算法处理分类问题前通常需要求出哪些概率？

由例 7.4 可见，朴素贝叶斯算法的主要步骤分为以下四步：计算先验概率→计算条件概率→计算给定实例属于各个类别的概率→选择最大的概率所属种类作为预测值。

7.1.3 贝叶斯算法的类别

朴素贝叶斯按照具体的方法可以分成多种类别，在机器学习中有高斯朴素贝叶斯（Gaussian Naive Bayes）、伯努利朴素贝叶斯（Bernoulli Naive Bayes）和多项式朴素贝叶斯（Multinomial Naive Bayes）三种算法。

高斯朴素贝叶斯算法适用于处理特征是连续型变量的数据集，如成绩、衣服的尺码等，因为这类变量在处理时可转换为新值。具体来说，就是成绩在 60 分以下，可赋予特征值为 D；65 ～ 85 分，特征值为 B；在 85 分之上，特征值为 A。衣服根据身高、体重变量

值可分别赋予特征值 S、M、L、XL。换句话说，高斯朴素贝叶斯常用以处理特征被转换成离散型值的数据集。

伯努利朴素贝叶斯算法和多项式朴素贝叶斯算法主要用于文本分类。不同的是伯努利分类器处理的样本特征为全局特征，且每个特征的取值是布尔型的，即 true 和 false，或者 1 和 0。多项式朴素贝叶斯处理的样本特征是词，值是词的出现频次。

7.2 贝叶斯算法的应用

贝叶斯分类算法构造简单，模型参数不需要任何复杂的迭代，适用于特征数较多、规模较大的数据集。下面我们以毒蘑菇的识别为例，呈现一段完整的用朴素贝叶斯算法进行分类的代码。

7.2.1 调用方法

常用的朴素贝叶斯算法调用代码如表 7.3 所示。

表 7.3 常用朴素贝叶斯算法调用代码

类 别	调用语句
高斯朴素贝叶斯	from sklearn.naive_bayes import GaussianNB
伯努利朴素贝叶斯	from sklearn.naive_bayes import BernoulliNB
多项式朴素贝叶斯	from sklearn.naive_bayes import MultinomialNB

7.2.2 应用案例：识别毒蘑菇

误食毒蘑菇（见图 7.2）给人们带来了很大的危害，识别毒蘑菇的民间方法虽然简单，但准确度不高；化学检测方法过程烦琐，针对已知毒素识别准确率高，对未知毒素的识别具有一定的局限性；动物检测虽然准确率高，但耗费时间长，还受到材料和用量的限制。于是，在人工智能算法推出后，人们开始尝试编写识别毒蘑菇的程序。结果显示朴素贝叶斯算法简单、运算速度快、分类精度高。

图 7.2 毒蘑菇

本应用案例使用的蘑菇数据集来自美国奥杜邦协会的《北方野外指南》，部分截图如

图 7.3 所示，想进一步了解蘑菇数据集详细内容的同学可以访问“UCI 机器学习数据库”网站，获取完整的数据。

class	cap-shape	cap-surface	cap-color	bruises	odor	gill-attachment	gill-spacing	gill-size	gill-color	stalk-shape	stalk-root	stalk-surface-above-ring	stalk-surface-below-ring	stalk-color-above-ring
p	x	s	n	t	p	f	c	n	k	e	e	s	s	w
e	x	s	y	t	a	f	c	b	k	e	c	s	s	w
e	b	s	w	t	l	f	c	b	n	e	c	s	s	w
p	x	y	w	t	p	f	c	n	n	e	e	s	s	w
e	x	s	g	f	n	f	w	b	k	t	e	s	s	w
e	x	y	y	t	a	f	c	b	n	e	c	s	s	w
e	b	s	w	t	a	f	c	b	g	e	c	s	s	w
e	b	y	w	t	l	f	c	b	n	e	c	s	s	w
p	x	y	w	t	p	f	c	n	p	e	e	s	s	w
e	b	s	y	t	a	f	c	b	g	e	c	s	s	w

图 7.3　蘑菇数据集截图（部分）

此蘑菇数据集是一个包含 8124 个样本的数据集，共有 22 个特征，分别为菌盖颜色、菌盖形状、菌盖表面形状、气味、菌褶等，其中“class”为标签，*e* 为无毒，*p* 为有毒。

源码屋

1. 程序源码

```
import pandas as pd
import pandas as pd
import numpy as np
import pydotplus
from sklearn.model_selection import train_test_split
from sklearn.model_selection import cross_val_score
from sklearn import tree
from sklearn.metrics import confusion_matrix
import matplotlib.pyplot as plt
from sklearn.naive_bayes import GaussianNB
from sklearn.model_selection import ShuffleSplit
from sklearn.model_selection import learning_curve
print("==================== 导入蘑菇数据集 ====================")
mushroom = 'd:\mushrooms.csv'
mushroom = pd.read_csv(mushroom, sep=',', decimal='.')
mushroom=pd.DataFrame(mushroom)
print(type(mushroom))
print(mushroom)
# 将数据进行数值化
X = mushroom.iloc[:,1:]
y = mushroom["class"]
y = y.map(dict(zip(['e','p'],[0,1])))  # 第一列的对应关系是：无毒 edible=e, 有
毒 poisonous=p
```

```
X = pd.get_dummies(X)
print("================== 高斯朴素贝叶斯建模 ===================")
X_train, X_test, y_train, y_test = train_test_split(X,y,test_
size=0.2,random_state=4)
print("训练集数据形态：", X_train.shape)
print("测试集数据形态：", X_test.shape)
GnbModel= GaussianNB()
GnbModel.fit(X_train,y_train)
print("训练集得分：{:.3f}".format(GnbModel.score(X_train, y_train)))
print("测试集得分：{:.3f}".format(GnbModel.score(X_test, y_test)))
```

2. 运行结果

```
=================== 导入蘑菇数据集 ===================
<class 'pandas.core.frame.DataFrame'>
   class cap-shape cap-surface  ... spore-print-color population habitat
0    p        x          s      ...        k              s         u
1    e        x          s      ...        n              n         g
2    e        b          s      ...        n              n         m
3    p        x          y      ...        k              s         u
4    e        x          s      ...        n              a         g
... ...      ...        ...     ...       ...            ...       ...
8119 e        k          s      ...        b              c         l
8120 e        x          s      ...        b              v         l
8121 e        f          s      ...        b              c         l
8122 p        k          y      ...        w              v         l
8123 e        x          s      ...        o              c         l

[8124 rows x 23 columns]
================= 高斯朴素贝叶斯建模 ===================
训练集数据形态：(6499, 117)
测试集数据形态：(1625, 117)
训练集得分：0.965
测试集得分：0.965
```

3. 结果解读

由运行结果可知，导入数据集后，算法将包含22个特征的8124个数据样本进行处理，随机选取6499个样本作为数据集，调用高斯朴素贝叶斯算法建立分类器后，经含1625个样本的测试集检测，模型准确率达0.965，模型分类效果非常好。

7.3　贝叶斯算法的特点

朴素贝叶斯算法作为一种以数理统计为基础的机器学习方法，具有如下优点和不足。

朴素贝叶斯算法的优点如下。

（1）基于样本特征之间互相独立的“朴素假设”，简单、高效。

（2）以古典数学理论为算法基础，分类效果稳定。

（3）对缺失数据不太敏感，算法也比较简单，常用于文本分类。

（4）对小规模数据集和大规模数据集分类的准确率均很高。

朴素贝叶斯算法的缺点如下。

（1）朴素贝叶斯模型与其他分类方法相比，仅在数据集特征相关性较小时具有最小的误差率。因为数据样本特征之间相互独立往往是不成立的，在特征个数比较多或者特征之间相关性较大时，朴素贝叶斯的分类效果不尽如人意。对于这一点，可以用半朴素贝叶斯之类的算法通过考虑部分关联性进行适度改进。

（2）模型的构建需要计算出先验概率，而先验概率往往取决于假设，因此假设的先验模型不佳会导致分类器预测效果不佳。

（3）模型基于通过先验的数据来决定后验的概率，再决定分类，所以分类决策存在一定的错误率。

（4）对输入数据的表达形式敏感。

本章小结

贝叶斯算法一直都是机器学习的重要研究内容。朴素贝叶斯分类器不是简单地把一个待检测的实例划分给某一个类别，而是通过计算待检测实例属于各个类别的概率，最后将待检测实例划分到具有最大概率的类别中。在贝叶斯分类器中，数据集的所有特征都会参与决策，而不是单独的几个特征决定着分类的结果，因此得到的结果是相对准确的。

本章我们学习了贝叶斯算法的原理，了解了高斯朴素贝叶斯算法、伯努利朴素贝叶斯算法和多项式朴素贝叶斯算法的区别，在构建毒蘑菇识别分类器的应用中认识了高斯朴素贝叶斯算法的调用方法，检测了算法的效果，归纳了算法的优势和不足。不难看出，相比起线性模型算法来说，贝叶斯算法毫不逊色，在很多场合其性能甚至可以超越神经网络等算法。

第三部分 回归

第二部分我们学习了监督学习中的分类算法，分类算法的目的是为一个数据做出一个判断，最终得到一个“是”或“否”的结果。本部分内容围绕回归算法展开，回归算法也是监督学习的一种，它的结果是得到一个具体的值，对数据发展趋向的预测有非凡的作用。回归这一概念最早是人类学家高尔顿提出的，他发现父代与子代身高大致呈现线性关系，但是子代的身高最终趋于平均值，也就是对于身材过高的父母，他们的后代并不会非常高，而是更加趋于子代孩子们的平均身高。同样身材过矮的父母并不会生出更矮的后代，相反这些后代还有可能比自己的父母高很多从而趋向子代的平均身高。高尔顿把这种子代身高向平均值靠拢的现象称为回归现象。后来，回归这一思想被越来越广泛地应用于统计学中，通过一个或者几个变量的变化去推测另一个变量的变化。

对于喜欢买衣服的女孩子们来说，腰围既是挑选衣服的重要指标，又是一个大家平时不会刻意关注的量。所以很多电商就使用人工智能技术通过询问身高体重来推测这个买家的腰围。他们是怎么做到的呢?

以下图为例，人工智能通过对已有数据中的身高、体重和腰围的关系进行学习后，就可以预测一个身高168cm、体重51kg的女生腰围大约是多少了。其中，身高、体重是特征变量，相对应的腰围就是目标变量。当然，无论多好的回归算法模型都不可能完全准确地预测所有的值，所以在后面的学习中，我们将模型预测的值叫作预测值，所对应的实际值叫作真实值。

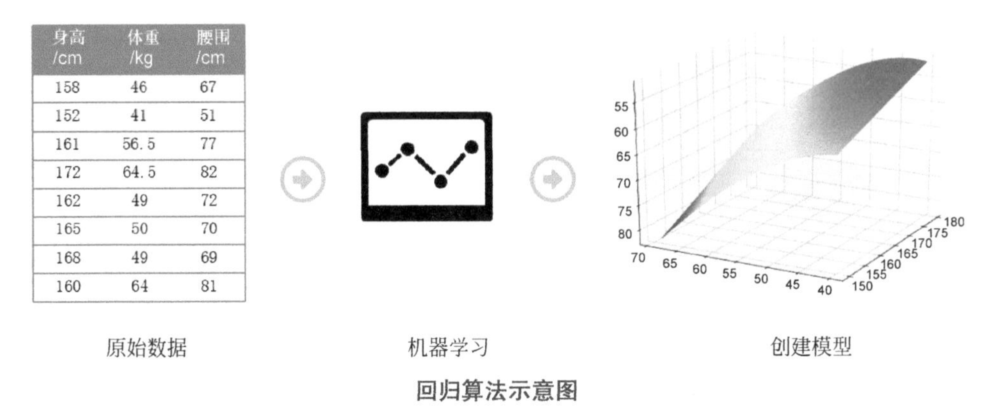

身高/cm	体重/kg	腰围/cm
158	46	67
152	41	51
161	56.5	77
172	64.5	82
162	49	72
165	50	70
168	49	69
160	64	81

回归算法示意图

回归模型的构建可以分为如图所示的 3 个步骤。

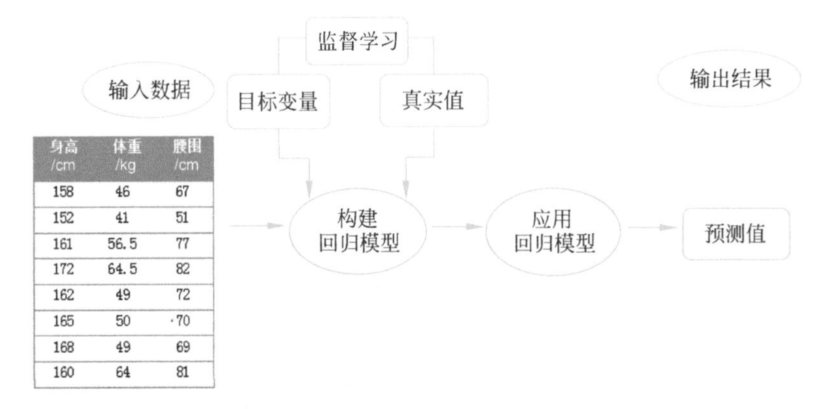

身高/cm	体重/kg	腰围/cm
158	46	67
152	41	51
161	56.5	77
172	64.5	82
162	49	72
165	50	·70
168	49	69
160	64	81

人工智能回归模型工作过程

同其他机器学习算法一样，所有回归算法的流程虽然也是一致的，但是也有形形色色的回归算法供不同问题、不同需求使用。比如线性回归、多项式回归、SVM 支持向量回归等。面对不同的问题，我们应尽量选取最合适的回归算法。在接下来的学习中，我们将带领大家认识并应用几种常用的回归算法——线性回归、多项式回归、岭回归等，进而明晰回归算法的基本原理和应用过程。

第8章 线性回归

近年来，我国经济与居民收入都高速增长，人民生活水平稳步提升，人们对住房环境的要求也日渐提高，不少家庭都会在居住一段时间后通过装修来提高舒适度和幸福感，改善生活品质。老屋翻修和旧房改造一直都是人们关注的课题，与之相关的各类电视节目也层出不穷，足见房屋翻修是劳心又费神的一件大事，于是很多网络科技公司开发出了众多家装类 APP，不仅可以帮你收集家装信息，还能够帮你直接预测出装修成本。其实，正在学习人工智能的我们也完全可以利用即将学习的线性回归算法拥有我们自己的家装报价系统：通过收集一个地区内各种房屋的翻修成本，根据其数据趋势，运用回归分析来预测某套房屋的翻修价格。现在我们收集了某城区一些房屋进行简装翻修的成本数据，如表 8.1 所示。

表 8.1 部分房屋翻修成本

面积 /m^2	翻修成本 / 万元
126	13.9
109	13.2
88	10.7
101	11.9
182	15.8
193	17
158	14.9

现在想知道该城区中一套 152m^2 的房子进行简装翻修需要多少钱，我们可以根据已有的这部分数据画出如图 8.1 所示的趋势图，用一条直线 $y = ax + b$ 尽可能地穿过所有的样本点，那么在这条线上我们就能对 152m^2 房子的翻修成本做出估价。图 8.1 中的绿色点就是我们预测的数值：152m^2 房子的翻修成本大约为 14.7 万元。

本章要点

1. 一元线性回归的原理
2. 一元线性回归的应用
3. 多元线性回归的原理
4. 多元线性回归的应用
5. 线性回归算法的特点

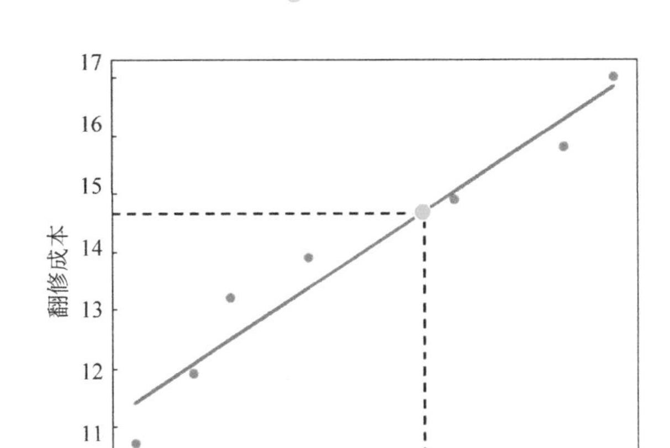

图 8.1 房屋翻修成本预测图

8.1 一元线性回归的原理

上面的散点图在分类算法中也很常见，但是分类算法的样本点往往比较分散，倾向于形成聚集群落。而回归问题的样本点往往遵循某种规律，形成一种发展的趋势，这个趋势就是我们机器学习需要求解的目标。

线性回归包括一元线性回归和多元线性回归，它可以用一根直线或一个平面较为精准地描述数据的趋势，从而对未知的数据进行预测。其中一元线性回归因为仅包括一个自变量和一个因变量，且二者的关系可用一条直线近似表示，故又称为简单线性回归。如果回归分析中包括两个或两个以上的自变量，且因变量和自变量之间是线性关系，则称为多元线性回归。

在房屋翻修这个案例中，因为装修成本只与面积有关，所以我们可以用一元线性回归算法解决。

求解的目标是在众多直线中寻找一条最拟合数据点的直线：

$$\hat{y}^{(i)}=ax^{(i)}+b,\quad (i\subset(1,m))$$

其中，$x^{(i)}$ 表示输入变量（自变量），$\hat{y}^{(i)}$ 表示输出变量（因变量），一对（$x^{(i)}, \hat{y}^{(i)}$）表示一组训练样本，m 个训练样本（$x^{(i)}, \hat{y}^{(i)}$）称为训练集，式子中的 i 代表 m 个训练样本中的第 i 个样本。

该线性回归的目标是：求得最合适的模型参数 a 和 b，使得模型效果最好。

在现实生活中我们会发现，线性回归的直线永远无法完全拟合所有的数据点，它只能代表数据发展的趋势，它所得的预测值总会与数据样本（单个样本）存在误差 d，如图 8.2 所示。

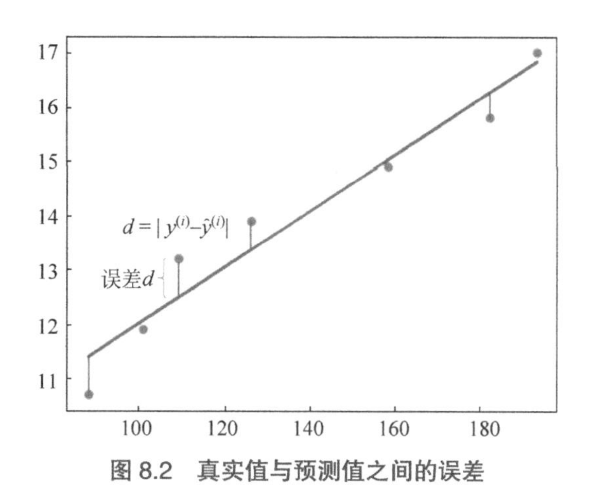

图 8.2　真实值与预测值之间的误差

我们要做的就是将回归直线与所有已知数据样本之间的总误差 D 减少到最小，那么我们就需要找到一种优化技术寻找数据点最佳的函数匹配，即找到直线方程 $y=ax+b$ 中，a 和 b 最适合的取值，使得这条直线尽可能地与所有已知数据样本之间的总误差 D 缩到最小。最简单的方法就是使用最小二乘法，它通过最小化误差的平方和来寻找数据的最佳拟合线，从而确定模型参数。

在这里我们会发现，不同机器学习算法的核心思想不同，有的机器学习算法需要建立规则适应数据，如决策树、随机森林等。而有的算法则是建立公式，通过参数的调整来拟合数据，线性回归就是这样的一个例子，包括后期我们将要学习的多项式回归、逻辑回归等，它们的本质其实都是在调整相应的参数来最优化它们的目标函数，也就是让损失函数最小或者效率函数最大。这一思想就是在计算机算法领域发挥着非常重要作用的最优化原理。

知识窗

最小二乘法

我们用线性回归可以估计出一个值，在上一个案例中我们可以用拟合方程 $\hat{y}^{(i)}=ax^{(i)}+b$ 估计出一个值 $\hat{y}$，读作“Y hat”代表 y 的估计值，当然，预测值和真值之间会有一个差距 d。

我们想要寻找最佳拟合的直线方程 $\hat{y}^{(i)}=ax^{(i)}+b$，应该使得数据样本中的真值 y 和我们预测出来的 $\hat{y}$ 之间的差距 $d=|y^{(i)}-\hat{y}^{(i)}|$ 尽量小。为了后期求导方便，我们运用一个数学小技巧让 $d=(y^{(i)}-\hat{y}^{(i)})^2$，对于所有样本而言，它们的差距之和

$$D=\sum_{i=1}^{m}\left(y^{(i)}-\hat{y}^{(i)}\right)^2$$

由于 $\hat{y}^{(i)}=ax^{(i)}+b$，所以可以推导出

$$J(a,b)=\sum_{i=1}^{m}(y^{(i)}-ax^{(i)}-b)^2$$

这就是损失函数，它所计算的就是线性回归模型与已知数据之间的总误差，也就是所有样本点损失部分的总和。

接下来的目标就是最优化损失函数，让它的值尽可能地小，当它达到最小时，就会唯一确定一组参数 a 和 b，得到线性回归模型，这就是机器学习的过程。那么如何求出参数 a 和 b 呢，这就需要用到高中所学到的最小二乘法公式，具体如下：

$$\begin{cases} a=\dfrac{\sum_{i=1}^{m}(x^{(i)}-\bar{x})(y^{(i)}-\bar{y})}{\sum_{i=1}^{m}(x^{(i)}-\bar{x})^2} \\ b=\bar{y}-a\bar{x} \end{cases}$$

公式 $b=\bar{y}-a\bar{x}$ 中的 $\bar{x}$，读作“x bar”，表示 x 的平均数，也就是当我们知道了需要预测的样本数据后，我们就可以求出参数 a 和 b，得到最终的简单线性回归模型。

8.2 一元线性回归的应用

8.1 节我们详细地讲解了一元线性回归的原理，下面我们尝试使用一元线性回归模型解决章前提出的房屋翻修成本预测问题。

8.2.1 LinearRegression 类的常用参数

scikit-learn 中通过 LinearRegression 类来实现线性回归算法，常用参数如表 8.2 所示。

表 8.2 LinearRegression 常用参数

参　数	类　型	描　述
fit_intercept	是否计算截距	布尔型，默认为 True，表示是否计算截距（即 $y=wx+b$ 中的 b），除非数据已经中心化，否则不推荐设置为 False
normalize	是否进行标准化	布尔型，默认为 False，表示是否对各个特征进行标准化，推荐设置为 True。如果设置为 False，则建议在输入模型之前，手动进行标准化
copy_X	是否覆盖原始数据	布尔型，默认为 True，表示原始数据将被复制；如果设置为 False，则直接对原数据进行覆盖
random_state	随机数种子	整型，多用于模型训练结果的复现，可以设置为任意整数
n_jobs	计算时启动的任务个数（number of jobs），可以理解为计算时使用的 CPU 核数	整型，默认为 1。如果选择 -1，则代表使用所有的 CPU

8.2.2　应用案例：房屋翻修成本预测

在章前的房屋翻修成本问题中，我们已经展示了部分数据，如表 8.1 所示，为了预测更加精准，我们收集了更多的价格数据，并整理到一个 Excel 文件中。接下来就要尝试根据收集到的装修报价建立预测模型，用这个模型来预估一套 124m^2 房子的装修成本大约是多少。

源码屋

1. 程序源码

```
import pandas as pd
import matplotlib.pyplot as plt
from pandas import DataFrame
from sklearn.model_selection import train_test_split
from sklearn.linear_model import LinearRegression
# 读取文件
file = 'quotation1.xlsx'
datafile = pd.read_excel(file, encoding='UTF-8')
Data = DataFrame(datafile)
# 拆分训练集和测试集（train 为训练数据，test 为测试数据，Data 为源数据，train_size
规定了训练数据的占比，设置随机种子为一个常数值，以确保每次运算结果相同）
X_train, X_test, Y_train, Y_test = train_test_split(Data.Area, Data.
Cost, train_size=0.7,random_state=0)
# 调用线性回归类，将模型设置为线性回归
model = LinearRegression()
# 将数据转换为 n 行 1 列的二维数组
X_train = X_train.values.reshape(-1, 1)
X_test = X_test.values.reshape(-1, 1)
model.fit(X_train, Y_train) # 训练模型
a = model.intercept_ # 截距
b = model.coef_ # 回归系数
# 训练数据的预测值
y_train_pred = model.predict(X_train)
plt.rcParams['font.sans-serif'] = ['SimHei'] # 指定中文字体：否则 plot 不能
显示中文，可根据实际字体安装情况选择合适的字体
plt.plot(X_train, y_train_pred, color='green', linewidth=2, label=" 最佳
拟合线 ")
# 测试数据散点图
plt.scatter(X_train, Y_train, color='blue', label=" 训练数据 ")
plt.scatter(X_test, Y_test, color='red', label=" 测试数据 ")
# 添加图标标签
plt.legend(loc=2) # loc=2 表示图标在左上角，1 为右上角，3 为左下角，4 为右下角
plt.xlabel(" 房屋面积 ") # 添加 X 轴名称
plt.ylabel(" 翻修成本 ") # 添加 Y 轴名称
plt.show() # 显示图像
print(" 拟合参数：截距 ", a, ", 回归系数：", b)
# 显示线性方程，并限制参数的小数位为两位
print(" 最佳拟合线： Y = ", round(b[0], 2), "* X","+", round(a, 2))
```

2. 运行结果（见图 8.3 和图 8.4）

```
拟合参数:截距 5.945980569975195 ,回归系数:  [0.05728209]
最佳拟合线: Y =  0.06 * X + 5.95
```

图 8.3　运行结果图

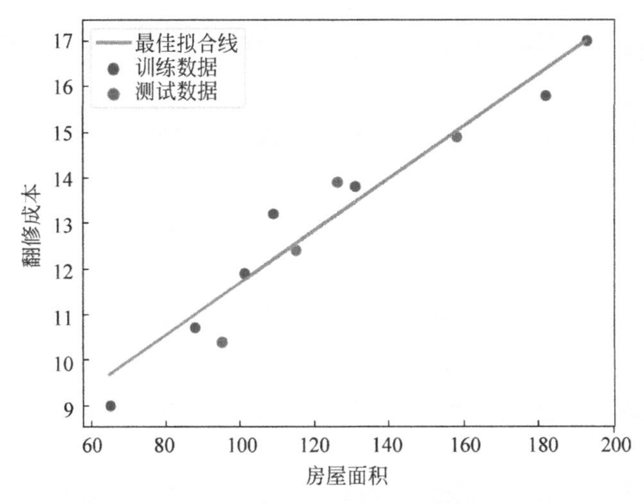

图 8.4　一元线性回归拟合图

3. 结果解读

由程序运行结果可见，本片段代码的作用是根据收集到的翻修成本数据训练模型，并将模型可视化。然而，我们只是为了读者在学习这部分内容的时候更加直观，才会选择将数据与模型可视化，在实际应用中，数据量往往有多个维度，通常无法对数据和模型进行可视化。观察代码可以发现，在训练模型前，程序语句 values.reshape（-1，1）对数据做了转换，这是因为模型输入的特征需要是二维数组，而一元线性回归的数据中只有一个特征，也就是一维数组，所以要对数据做二维转换。

4. 补充代码

上面的代码已经将线性回归模型训练完毕，现在利用训练的模型来预测一套 124m^2 的房屋的翻修成本吧！

```
# 预测翻修成本
x = 124
Cost = model.predict([[x]])
print(" 面积为 ", x, " 平方米的房屋翻修预估成本是：", Cost)
```

5. 运行结果（见图 8.5）

```
面积为 124 平方米的房屋翻修预估成本是:  [13.0489597]
```

图 8.5　运行结果

8.3　多元线性回归的原理

8.2 节我们使用一元线性回归解决了翻修成本预测问题，但是模型十分简单，无法满足所有用户的需求。因为该模型针对的案例中只使用了一个面积特征变量，而事实上我们在现实生活中不可能仅凭面积这一个指标来预测翻修成本，肯定会综合考虑房间数量、装修风格等多个因素。面对属性更加全面的数据样本，一元线性回归算法显然力不从心，如果我们仍然要用线性回归的思想来解决问题，多元线性回归算法无疑是最佳的选择。算法的公式如下：

$$\hat{y}^{(i)} = \theta_0 + \theta_1 x_1^{(i)} + \theta_2 x_2^{(i)} + \cdots + \theta_n x_n^{(i)}$$

每一个 x 对应一个特征，换句话说，我们的数据有多少个特征，就有多少个 x，而每一个特征 x 的前面的系数 θ 就是我们在多元线性回归中要求解的目标。我们求解这个问题的思路与简单线性回归是一致的，就是使预测值 $\hat{y}$ 与 y 的误差总量 D 尽可能小。

$$D = \sum_{i=1}^{m} \left(y^{(i)} - \hat{y}^{(i)} \right)^2$$

在此，为了后期计算的方便，我们需要了解线性代数中向量和矩阵的概念。

知识窗

向量

在数学中，向量是一个有大小、有方向的量。在计算机编程语言中，向量通常按行存储，被表示成一个一维数组，比如（1,5,8）就是一个行向量，这个数组中的每一个数是这个向量的一个分量，数组中数字的个数是这个向量的维数。

例如：（1,5,8）这个行向量的维数是 3，其中第 2 个分量是 5。如果写成列的形式，则称为列向量：

$$\begin{pmatrix} 1 \\ 5 \\ 8 \end{pmatrix}$$

行向量与列向量可以通过转置符号 T 相互转换，即

$$(1 \quad 5 \quad 8)^{\mathrm{T}} = \begin{pmatrix} 1 \\ 5 \\ 8 \end{pmatrix},\quad \begin{pmatrix} 1 \\ 5 \\ 8 \end{pmatrix}^{\mathrm{T}} = (1 \quad 5 \quad 8)$$

除此之外，向量还可以进行简单的运算，例如本节中我们就使用了向量的内积。向量的内积是具有相同维数的两个向量中每一个对应分量的乘积之和，具体运算如下：

$$(1 \quad 5 \quad 8) \cdot \begin{pmatrix} 2 \\ 3 \\ 6 \end{pmatrix} = 1 \times 2 + 5 \times 3 + 8 \times 6 = 65$$

我们将 $\hat{y}^{(i)}=\theta_0+\theta_1x_1^{(i)}+\theta_2x_2^{(i)}+\cdots+\theta_nx_n^{(i)}$ 中所有要求解的 $\theta_{(n)}$ 表示成一个列向量 θ，即

$$\theta=(\theta_0,\theta_1,\theta_2,\cdots,\theta_n)^{\mathrm{T}}$$

将所有的样本数据的特征值 x 表示成一个行向量

$$X^{(i)}=(x_1^{(i)},x_2^{(i)},\cdots,x_n^{(i)})$$

此时我们发现，$X^{(i)}$ 比 θ 少一个元素。为了能够进行矩阵的乘法运算，可以人为地在 $X^{(i)}$ 中加入一个元素 $x_0\equiv1$，使其变成

$$X_b^{(i)}=(x_0^{(i)},x_1^{(i)},x_2^{(i)},\cdots,x_n^{(i)}),\quad x_0\equiv1$$

这样，我们的多元线性回归方程就会简化成

$$\hat{y}^{(i)}=X_b^{(i)}\cdot\theta$$

知识窗

矩阵运算

矩阵是一个长方阵列排列的二维数组，一个 $m\times n$ 的矩阵有 m 行 n 列。

$$\begin{bmatrix} a_{11} & \cdots & a_{1n} \\ \cdots & \cdots & \cdots \\ a_{m1} & \cdots & a_{mn} \end{bmatrix}$$

矩阵可以和向量进行运算，规则如下：

$$\begin{bmatrix} a & b \\ c & d \end{bmatrix}\times\begin{bmatrix} e \\ f \end{bmatrix}=\begin{bmatrix} ae+bf \\ ce+df \end{bmatrix}$$

例如，一个 2×2 的矩阵与一个 2 维列向量相乘：

$$\begin{bmatrix} 1 & 2 \\ 3 & 4 \end{bmatrix}\times\begin{bmatrix} 5 \\ 6 \end{bmatrix}=\begin{bmatrix} 1\times5+2\times6 \\ 3\times5+4\times6 \end{bmatrix}=\begin{bmatrix} 17 \\ 39 \end{bmatrix}$$

那么将刚才的 $X_b^{(i)}$ 推广到所有的样本特征值，则

$$X_b^{(i)}=\begin{pmatrix} X_0^{(1)} & X_1^{(1)} & X_2^{(1)} & \cdots & X_n^{(1)} \\ X_0^{(2)} & X_1^{(2)} & X_2^{(2)} & \cdots & X_n^{(2)} \\ \cdots & \cdots & \cdots & & \cdots \\ X_0^{(m)} & X_1^{(m)} & X_2^{(m)} & \cdots & X_n^{(m)} \end{pmatrix}$$

这里的矩阵 X_b 每一行都多出来一个元素 X_0，与上文一样，这里的所有 X_0 都等于 1，于是有了下面的这个式子：

$$X_b^{(i)}=\begin{pmatrix} 1 & X_1^{(1)} & X_2^{(1)} & \cdots & X_n^{(1)} \\ 1 & X_1^{(2)} & X_2^{(2)} & \cdots & X_n^{(2)} \\ \cdots & \cdots & \cdots & & \cdots \\ 1 & X_1^{(m)} & X_2^{(m)} & \cdots & X_n^{(m)} \end{pmatrix}$$

$$\theta=(\theta_0,\theta_1,\theta_2,\cdots,\theta_n)^{\mathrm{T}}$$

我们可以进一步推导出

$$\hat{y}=X_b\cdot\theta$$

这样 $D=\sum_{i=1}^{m}\left(y^{(i)}-\hat{y}^{(i)}\right)^2$就可以表示为：

$$D=(y-X_b\cdot\theta)^2$$

我们可以将它理解为两个向量求点积的形式，即 $(y-X_b\cdot\theta)^{\mathrm{T}}(y-X_b\cdot\theta)$，最后通过最小二乘法最终可以求出多元线性回归的正规方程解（Normal Equation）：

$$\theta=(X^{\mathrm{T}}_bX_b)^{-1}X^{\mathrm{T}}_by$$

看到这里，如果仍然不能理解多元线性回归原理的数学公式，那也不必焦虑，因为在实际的使用中，这里的推导过程完全在黑箱状态，我们可以不必理会具体的推导步骤，只需要知道实现回归的逻辑方法即可。同时，这里的推导使用了大量高等数学中的知识，在机器学习的入门阶段不必苛求自己理解全部的推导过程，只需了解方法即可。

8.4 多元线性回归的应用

在 8.3 节中，我们使用一元线性回归算法简单建立了根据房屋面积预测装修成本的模型。在本节的实验中，我们可以使预测算法更加智能，更加贴近生活。我们将尝试用房屋面积和房间数两个特征变量来建立模型，以便更加精准地预测装修成本。首先，我们将收集来的房屋翻修成本数据整理到 CSV 文件中，部分数据如表 8.3 所示。

表 8.3 部分房屋翻修数据

面积（Area）/m^2	房间数（Rooms）/ 间	成本（Cost）/ 万元
87	6	9.6
90	7	11.3
126	9	13.6
130	10	13.8
95	7	10.7

接下来，根据收集到的房屋装修报价，一起应用多元线性回归算法来尝试预测 124m^2、三室两厅一厨一卫一阳台（Rooms=8）的房屋翻修成本。

源码屋

1. 程序源码

```
import pandas as pd
import csv
from sklearn.model_selection import train_test_split  #这里引用了交叉验证
from sklearn.linear_model import LinearRegression  #线性回归
```

```
from sklearn import preprocessing

# 读取原始文件
datafile2 = 'quotation2.csv'
pd_data2 = pd.read_csv(datafile2,encoding='UTF-8')
sam=[]
a=['Area','Rooms','Cost']
# 对数据样本进行标准化
scaler1=preprocessing.StandardScaler().fit(pd_data2)
print(" 归一化数表 :{}".format(X_scaled1))
# 将标准化后的数据写入 quotation3 文件
with open('quotation3.csv', 'w') as file:
    writer =csv.writer(file)
    writer.writerow(['Area','Rooms','Cost'])
    for i in range(len(X_scaled1)):
        writer.writerow([X_scaled1[i][0],X_scaled1[i][1],X_scaled1[i][2]])
pd_data = pd.read_csv('quotation3.csv')  # 读取归一化后的数据

#loc：根据 DataFrame 的具体标签选取列
X = pd_data.loc[:, ('Area','Rooms')]
y = pd_data.loc[:, 'Cost']
X_train, X_test, y_train, y_test = train_test_split(X, y, test_
size=0.2, random_state=10)
# 训练多元线性回归模型
model = LinearRegression()
model.fit(X_train, y_train)
a=model.intercept_  # 获取训练后模型的截距
b=model.coef_  # 获取训练后模型的回归系数

# 训练后模型截距
print(' 模型截距 :',a)
# 训练后模型各特征的权重
print(' 回归系数 :',b)
print(" 最佳拟合线 : Y = ", round(b[0], 2), "* X1+", round(b[1], 2),
"*X2","+",round(a, 2) )

# 真实预测 124 平米、三室两厅一厨一卫一阳台（Rooms=8）的房屋翻修成本
X_pred=[[124,8,0]]
X_scaled1_pred = scaler1.transform(X_pred) # 归一化
# 提取前两个数值作为预测值
X_pred=[[X_scaled1_pred[0,0],X_scaled1_pred[0,1]]]
Y_pred = model.predict(X_pred)
Y_scaled1_pred=[[X_scaled1_pred[0,0],X_scaled1_pred[0,1],Y_pred]]
# 逆归一化将数据还原
TargetCost = scaler1.inverse_transform(Y_scaled1_pred)
print(TargetCost)
```

2. 运行结果（见图 8.6）

```
模型截距: 0.0547807971163987
回归系数: [0.26779249 0.78361992]
最佳拟合线: Y =  0.27 * X1+ 0.78 *X2 + 0.05
[0.77287404]
[[124.0 8.0 array([12.65968442])]]
```

图 8.6　运行结果图

3. 结果解读

对比一元线性回归可以发现，这里的回归系数变成了 [0.27,0.78]，比一元线性回归多出一个系数，这就刚好匹配（'Area', 'Rooms'）这两个特征值。更加不同的是，这段程序对翻修成本数据进行了归一化处理。归一化处理是机器学习中统一量纲、提高模型精确度的一种方式，也是绝大多数情况下必不可少的一个环节。在回归分析中使用归一化数据训练模型所带来的一个问题就是，我们必须对预测数据 [124,8,0] 也进行归一化，才能套入模型进行预测，同时我们也没有办法从所得的预测值 [0.77] 中读出它的现实含义，必须进行逆归一化将数据还原得到 array([12.66])，这就是我们的预测目标：124m^2 的三室两厅一厨一卫一阳台（Rooms=8）的房屋进行翻修大约需要 12.66 万元。我们通过本实验更加接地气地揭示了多元线性回归的预测过程，同时真正展示出如何使用多元线性回归预测现实的数据。

8.5　线性回归算法的特点

通过本章的学习可以发现，线性回归的本质是构造一个拟合数据的线性模型来预测未知的数据。线性回归的原理和实现都比较简单，而且是后续多项式回归、LASSO 回归等许多基于统计理论的回归算法的重要逻辑基础，虽然它对数据集的要求比较苛刻，看起来似乎不太实用，但仍然值得我们认真学习，因为充分理解线性回归的原理可以为学习其他回归算法奠定理论基础。那么我们结合算法应用，归纳一下线性回归算法的优势与不足。

线性回归算法的优点如下。

（1）线性回归算法是机器学习算法中少数几个能用数理公式计算的算法，所以它不需要很复杂的计算，建模速度快，即使数据量很大，运行速度依然很快。

（2）线性回归模型中的每一个系数都可以对特征变量做出理解和解释，是一种非常直观的模型。

线性回归算法的缺点如下。

（1）线性回归模型非常容易受到异常值的影响，在模型训练前需要对数据样本进行清洗。

（2）线性回归模型不能很好地拟合非线性数据，在使用前需要先判断样本之间是否是线性关系。

本章小结

本章我们系统地了解了一元线性回归和多元线性回归的概念及使用方法，并应用线性回归算法完成了房屋装修估价的实战。在学习中我们可以发现，线性回归算法是一种非常直观并且容易解释的模型。

本章仅仅是用线性回归对线性模型做了一个简单的入门，希望通过这个简单线性回归帮助大家建立起对线性模型学习的兴趣和信心。其实，通过算法的推导我们也可以发现线性回归模型存在着很显著的局限性——由于它可以通过数据运算直接求出系数值，所以很容易受到异常值的干扰，且无法对非线性问题进行求解。在接下来的学习中，我们将会针对这两个问题分别进行深入探讨。

第 9 章　多项式回归

前面我们介绍的线性回归算法有一个很大的局限性，它只有在数据存在线性关系的前提下才能够较为精准地进行预测。但是，在实际生活中，具有线性关系这么理想假设的数据相对来说较少，更多的数据之间是非线性关系。就比如第 8 章中我们使用的房屋翻修成本数据，它其实也是非线性的数据，如表 9.1 所示。

表 9.1　房屋翻修成本

面积 /m^2	翻修成本 / 万元
126	13.9
109	13.2
88	10.7
101	11.9
182	15.8
193	17
158	14.9

上表中的数据可生成如图 9.1 所示的图像，不难看出该图像更像是一条曲线。

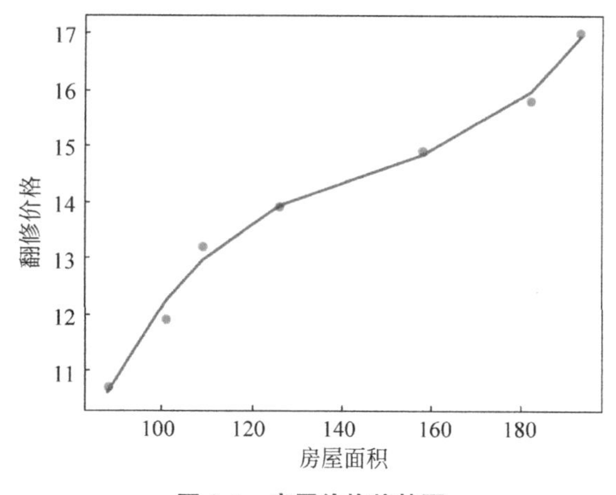

图 9.1　房屋价格趋势图

本章要点

1. 一元多项式回归的原理
2. 一元多项式回归的应用
3. 多元多项式回归的原理
4. 多元多项式回归的应用
5. 多项式回归的特点

9.1 一元多项式回归的原理

在学习线性回归时，我们总是想要寻找一条直线，让这条直线能够尽可能地拟合所有数据样本。但其实对于非线性的数据，如果我们用曲线来拟合这些数据样本的话，效果会更好。

在线性代数里面，要产生形状比较丰富的曲线，一个很容易的方法就是使用一元高次方程，也就是多项式。

知识窗

多项式

多项式是由常数与自变量 x 经过有限次乘法与加法运算得到的。显然，当 n=1 时，其为一次函数 $y=w_0+w_1x$；当 n=2 时，其为二次函数 $y=w_0+w_1x+w_2x^2$。多项式函数的图像具有一定的特点，我们可以看看表 9.2 中的对比。

表 9.2 多项式函数图像

一元二次多项式	一元三次多项式	一元四次多项式
$y=w_0+w_1x+w_2x^2$	$y=w_0+w_1x+w_2x^2+w_3x^3$	$y=w_0+w_1x+w_2x^2+w_3x^3+w_4x^4$

观察图像或者通过对多项式求导可以发现，一元三次多项式方程最多可以有两个弯曲和两个极值点，而一元四次多项式最多可以有三个弯曲和两个极值点。我们可以推测，多项式函数图像中的极值和弯曲随着自变量 x 幂的升高而变多。多项式方程的一般形式 $\hat{y}=w_0+w_1x+w_2x^2+\cdots+w_kx^k$ 具有 k−1 个弯曲（k−1 个极值）和 k−2 个弯曲的曲线。

表象上，利用多项式方程的这种特性可以在不改变数据样本特征的前提下人为地创造曲线来拟合数据样本，甚至可以根据数据样本的分布情况，大致推算出模型中所需要的项数和特征值的最高次幂。但是究其内在，它真正的原理是数学中的升维，将数据样本投射在更高的维度空间中，让它们在某一个角度下呈现线性分布的状态。而具体投射到多高的维度，我们可以通过 scikit-learn 中的 PolynomialFeatures 类来实现，通过调整该类中的 degree 参数控制多项式的变换情况。

下面通过一组数据，看看多项式具体是如何在不改变原始数据样本特征变量的情况下实现升维的。

假设有一组只有一个特征变量的数据样本集 X：

$$X = [3,4,5]^{\mathrm{T}}$$

当 degree=2 时，

$$X_{(1)} = \begin{pmatrix} [1 & 3 & 9] \\ [1 & 4 & 16] \\ [1 & 5 & 25] \end{pmatrix}$$

当 degree=3 时，

$$X_{(1)} = \begin{pmatrix} [1 & 3 & 9 & 27] \\ [1 & 4 & 16 & 64] \\ [1 & 5 & 25 & 125] \end{pmatrix}$$

当 degree=n 时，

$$X_{(1)} = \begin{pmatrix} [x_1^0 & x_1^1 & \cdots & x_1^n] \\ [x_2^0 & x_2^1 & \cdots & x_2^n] \\ [x_3^0 & x_3^1 & \cdots & x_3^n] \end{pmatrix}$$

多项式回归在机器学习中的适用性很广，并且在后续的算法学习中会成为一个非常重要的基础。

下面，我们举一个简单的例子来说明多项式：

$$X = (5, 8, 16, 26, 33, 42, 59, 62, 70, 88)^{\mathrm{T}}$$

$$Y = (152, 168, 183, 211, 349, 539, 869, 1252, 1816, 2425)^{\mathrm{T}}$$

在这组数据中，X, Y 是一组相对应的特征变量。假如我们用一元线性回归进行拟合，可以得到如图 9.2 所示模型。

显然，图 9.2 中的直线虽然可以大致拟合数据的发展趋势，但是，误差大到让人难以接受。其实，从数据的趋势上看，这组数据更像是一条曲线。那么，根据前面知识窗中提到的关于多项式的推论，可以猜测出这组数据最好使用多项式回归，且 X 的最高次幂达到 2 次就已经可以得到效果很好的拟合曲线，即用二次多项式进行建模。接下来，我们编写程序试一试效果。

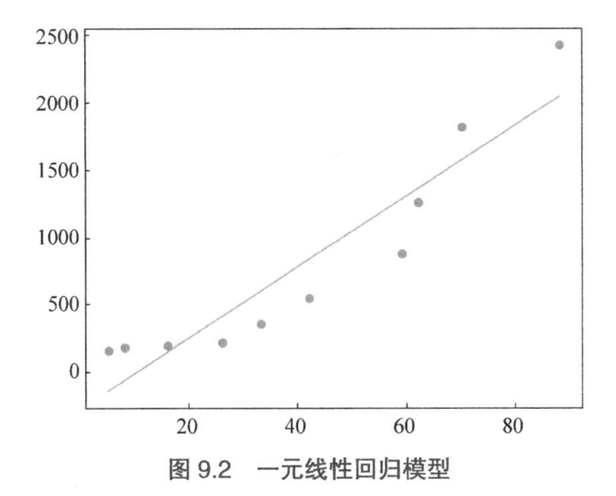

图 9.2 一元线性回归模型

源码屋

1. 程序源码

```
import numpy as np
import matplotlib.pyplot as plt
from sklearn.linear_model import LinearRegression
from sklearn.preprocessing import PolynomialFeatures
from sklearn.metrics import mean_squared_error
# 拟合数据集
x = [5, 8, 16, 26, 33, 42, 59, 62, 70, 88]
y = [152, 168, 183, 211, 349, 539, 869, 1252, 1816, 2425]
x1=np.array(x).reshape(-1,1)
# 首先用线性回归的方式看看效果
Linear = LinearRegression()
Linear.fit(x1,y)
y_predict = Linear.predict(x1)
plt.scatter(x,y)
plt.plot(x,y_predict,color='g')
plt.show()
a=Linear.intercept_  # 截距
b=Linear.coef_  # 回归系数
print(" 拟合参数：截距 ", a, ", 回归系数：", b)
print(" 最佳拟合线： Y = ", round(b[0], 2), "* X","+",round(a, 2) )
print(" 一元一次方程的均方根误差 (MSE)： ",
mean_squared_error(y,y_predict),"\n")

# 变换成二项式
poly = PolynomialFeatures(degree=2,include_bias=True)  # 设置最多添加几次幂
的特征项
poly.fit(x1)
x2 = poly.transform(x1)  #x2.shape 这个时候 x2 有三个特征项，因为在第 1 列加入 1
列 1，并加入了 x^2 项
lin_reg2 = LinearRegression()
lin_reg2.fit(x2,y)
```

```
    y_predict2 = lin_reg2.predict(x2)
    plt.scatter(x,y)
    plt.plot(x,y_predict2,color='r')
    plt.plot(x,y_predict,color='g')
    plt.show()
    a2=lin_reg2.intercept_ # 截距
    b2=lin_reg2.coef_  # 回归系数
    print("拟合参数：截距", a2, ",回归系数：", b2)
    print("最佳拟合线：Y = ", round(b2[1], 2), "* X+", round(b2[2], 2),
"*X^2","+",round(a2, 2) )
    print("{} 次多项式均方根误差(MSE)：".format(2),
    mean_squared_error(y,y_predict2),"\n")
```

2. 运行结果（见图 9.3 和图 9.4）

```
拟合参数:截距 -286.38968924369954 ,回归系数: [26.47407553]
最佳拟合线: Y =  26.47 * X + -286.39
一元一次方程的均方根误差(MSE):  71360.89432318095

拟合参数:截距 182.59915946579451 ,回归系数: [ 0.          -7.57966761  0.38745512]
最佳拟合线: Y =  -7.58 * X+ 0.39 X^2 + 182.6
2 次多项式均方根误差(MSE):  12992.434368063354
```

图 9.3　运行结果

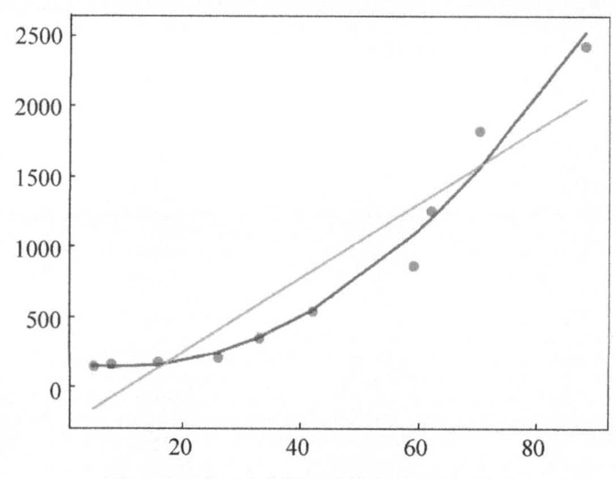

图 9.4　多项式回归与线性回归对比

3. 结果解读

从图 9.4 不难发现，这条红色的拟合曲线 $Y = -7.58X + 0.39X^2 + 182.6$ 比起之前的绿色直线 $Y = 26.47X - 286.39$ 看起来精确多了！接下来详细学习这个程序：

```
poly = PolynomialFeatures(degree=2,include_bias=True)
```

这里的 degree 参数就是模型中 X 的最高次幂。如果 degree=2，那么 X 的最高次幂就是 2。观察程序，我们惊讶地发现了熟悉的 LinearRegression 模型，原来多项式回归使用的居然是 LinearRegression 线性回归模型。因此不难理解，所谓的多项式，仅仅只

是对特征变量 X 做了多项式转换。

对于这个二次方程 $Y = -7.58X + 0.39X^2 + 182.6$，我们还可以用上一章的线性回归算法进行理解，将 X^2 不看作是特征 X 的平方，而是理解成一个新的特征 X_2。换句话说，本来的样本只有一个特征 X，现在我们把它看作是有两个特征（$X_1=X$，$X_2=X^2$）的一个数据集，列出方程就是：$Y = -7.58X_1 + 0.39X_2 + 182.6$，此时就会惊喜地发现，这不就是多元线性回归嘛！相当于我们为数据样本多添加了一些特征，而这些特征就是多项式项，我们似乎一下打开了多项式回归的大门。没错，多项式回归的本质就是线性回归。

通过上述例子的分析可以看出，多项式回归的本质是一个线性回归的式子，但是从原始的未经变换的特征变量 X 的角度来看，却呈现了一个非线性的效果。

9.2 一元多项式回归的应用

上节我们通过虚构出的数据集，直观地看到了一元多项式回归的模型效果。下面让我们从实际案例出发，以红酒生产年代与其收藏价值的关系为例，编写一段完整的用一元多项式回归算法进行预测的代码。

9.2.1 PolynomialFeatures 类的常用参数

scikit-learn 中通过 PolynomialFeatures 类来实现多项式回归算法，常用参数如表 9.3 所示。

表 9.3 PolynomialFeatures 类的常用参数

参　数	功　能	描　述
degree	控制多项式的次数	整型，默认为 2，用于决定多项式的阶数
interaction_only	是否控制交叉相乘，缺省状态下为 False，即允许交叉相乘	布尔型，默认为 False。如果指定为 True，那么就不会有特征量自己和自己结合的项，比如 a^2，b^2
include_bias	是否包含截距	布尔型，默认为 True，截距项将作为回归模型中的一项，即增加一列值为 1 的列，False 表示不添加
n_jobs	计算时启动的任务个数（number of jobs），可以理解为计算时使用的 CPU 核数	整型，默认为 1。如果选择 -1，则代表使用所有的 CPU

9.2.2 应用案例：红酒价值预测

众所周知，红酒收藏具有文化和商业双重价值，一直以来都被称作是“最浪漫的投资”。具有收藏价值的红酒产量很少，每一瓶都是不可复制与再生的。现在，我们已将收集来的红酒年份和对应的价格整理到表格中，部分数据如表 9.4 所示。

表 9.4　红酒年代与价格（部分）

年份（Year）	价格（Price）/ 万元
1985	8.01
1991	9.00
1997	8.27
2003	3.29
2015	6.38

接下来，我们将使用线性回归、二次多项式回归和三次、四次、五次多项式回归方法分别对数据进行拟合，基于这些红酒数据建立几个不同的预测模型，计算不同模型的误差及对 1982 年的红酒价格的预测值。

首先，我们利用上一节中学过的线性回归算法进行建模并预测数据。

源码屋

1. 程序源码（片段一）：尝试使用线性回归算法预测

```
import pandas as pd
from sklearn.linear_model import LinearRegression
from sklearn.metrics import mean_squared_error
from sklearn.preprocessing import PolynomialFeatures
from sklearn.pipeline import make_pipeline
from sklearn.model_selection import train_test_split
# 读取数据
df = pd.read_csv("RedwinePrice.csv", header=0)
# 划分训练集和测试集
X = df.loc[:, 'Year']
y = df.loc[:, 'Price']
X_train, X_test, y_train, y_test = train_test_split(X, y, test_size=
0.2, random_state=532)
# 设置需要预测的红酒年份
N = [[1982]]
#1. 尝试使用线性回归模型预测
model = LinearRegression()
X_train = X_train.values.reshape(-1, 1)
X_test = X_test.values.reshape(-1, 1)
model.fit(X_train, y_train)
result_N = model.predict(N)  # 对 1982 年的红酒做出预测
print('1982 年的红酒价值约为: ', result_N, "\n")
results = model.predict(X_test)  # 线性回归模型在测试集上的预测结果
print(" 线性回归均方误差 : ", mean_squared_error(y_test, results), "\n")
```

2. 运行结果（见图 9.5）

```
1982年的红酒价值约为:  [8.26011458]

线性回归均方误差:  1.8340354980805187
```

图 9.5　运行结果图

3. 结果解读

线性回归模型预测 1982 年的红酒价值约为 8.26 万元，由于数据集数值偏小，整个模型的均方根误差也很小，为 1.83。仅有这一组预测和均方根误差数据，我们无法判断这个预测是否准确，为了进一步确认，我们继续尝试使用二次多项式进行预测。

4. 程序源码（片段二）：使用二次多项式预测有颜色

```
poly_X = PolynomialFeatures(degree=2, include_bias=False)
poly_X_train = poly_X.fit_transform(X_train)
poly_X_test = poly_X.fit_transform(X_test)
model.fit(poly_X_train, y_train)
poly_N = poly_X.fit_transform(N)
results_poly_N = model.predict(poly_N) # 对 1982 年的红酒做出预测
print('1982 年的红酒价值约为: ', results_poly_N, "\n")
results_2 = model.predict(poly_X_test) # 预测结果
results_2.flatten() # 打印扁平化后的预测结果
print("二次多项式均方根误差：", mean_squared_error(y_test, results_2.flat-
ten()), "\n")
```

5. 运行结果（见图 9.6）

```
1982年的红酒价值约为:  [8.72664572]

2 次多项式均方根误差:  1.5866924995131164
```

图 9.6　运行结果图

6. 结果解读

二次多项式回归模型预测 1982 年的红酒价值约为 8.72 万元，整个模型的均方误差为 1.59。从均方根误差上来看，这一次的预测精确度更高一些。但是，我们是否可以猜测更高的多项式维度会带来更好的预测效果呢？接下来我们使用更高次的多项式模型做实际尝试。

7. 程序源码（片段三）：使用更高次的多项式对数据进行拟合

```
for m in [3, 4, 5]:
    model = make_pipeline(PolynomialFeatures(m, include_bias=False),
LinearRegression())
    model.fit(X_train, y_train)
    pre_y = model.predict(X_test)
    results_3 = model.predict(N) # 对 1982 年的红酒做出预测
    print('1982 年的红酒价值约为: ', results_3, "\n")
    print("{} 次多项式均方根误差：".format(m), mean_squared_error(y_test,
pre_y.flatten()), "\n")
```

8. 运行结果（见图 9.7）

```
1982年的红酒价值约为: [6.49995845]
3 次多项式均方根误差: 4.762963263098007
1982年的红酒价值约为: [6.51186077]
4 次多项式均方根误差: 4.774981437414963
1982年的红酒价值约为: [6.5244116]
5 次多项式均方根误差: 4.78584186732587
```

图 9.7　运行结果图

9. 结果解读

这次预测的结果出人意料，三次、四次、五次多项式回归模型预测 1982 年的红酒价值均在 6.5 万元左右，模型的均方根误差均达到了 4.7 以上。与前两组预测和均方根误差数据相比，我们几乎可以确定，模型预测精度不高、可信度很差，这就是过拟合。

通过源码实验我们可以发现，使用多项式回归时，并不能一味地追求高次多项式，过高的次幂会让模型产生过拟合。

思考台

上一节我们讲了一元多项式回归的情况，当特征变量从一个变成两个甚至多个之后，多元多项式回归会变成什么样呢？

9.3　多元多项式回归的原理

对于多个特征变量的 n 次多项式转换，会得到由 1 次开始直到 n 次结束的所有特征变量的组合。例如，当原始数据集中的特征变量为 2 个时，即 $X=[X_1, X_2]$，假设 degree=2，则

$$poly\_X=[X_0, X_1, X_2, X_1X_2, X_1^2, X_2^2]$$

假设 degree=3，则

$$poly\_X=[X_0, X_1, X_2, X_1^2\ X_1X_2, X_2^2, X_1^3, X_1^2X_2, X_1X_2^2, X_2^3]$$

观察之后我们发现，多个特征变量经过多项式转换后和一元多项式相比，只是项数更多了，乘法关系更复杂了。幸好这个复杂的乘法关系并不需要我们来计算，算法模型已经帮我们全都算好了。在我们的视野中，所看到的只是多项式的项数变得更多了而已，它的

本质还是多元线性回归。如果各位小伙伴看到这里，对整个升维的过程产生了浓厚的兴趣，那么我们可以编程看一下两个特征变量下经过多项式转换前后的数据状态。

假设原始的 X 有两个特征变量，共三组数据，X=[[3,4]，[5,6]，[7,8]]，通过多项式转换后会是什么样结果呢，下面我们通过编程试一试。

源码屋

1. 程序源码

```
import numpy as np
from sklearn.preprocessing import PolynomialFeatures
X = [3, 4, 5, 6, 7, 8]
X = np.array(X).reshape(3, 2)
print('原始数据：')
print(X)
poly_X = PolynomialFeatures(degree=2).fit_transform(X)  #设置最多添加二次幂的特征项
print('多项式转换后：')
print(poly_X)
```

2. 运行结果（见图 9.8 和图 9.9）

图 9.8　运行结果图

```
多项式转换后：
[[ 1.  3.  4.  9. 12. 16.]
 [ 1.  5.  6. 25. 30. 36.]
 [ 1.  7.  8. 49. 56. 64.]]
```

图 9.9　运行结果图

3. 结果解读

为了让大家看得更清楚，我们将这个结果整理成表格，就可以一目了然地看出多项式转换发生的过程，具体如表 9.5 所示。

表 9.5　元数据转换为二次多项式的过程

原始数据		→	degree=2					
X_1	X_2		X_0	X_1	X_2	X_1^2	X_1X_2	X_2^2
3	4	→	1	3	4	9	12	16
5	6		1	5	6	25	30	36
7	8		1	7	8	49	56	64

第一组数据 [X1, X2]=[3,4]

当 degree=2 时，$poly\_X = [X_0, X_1, X_2, X_1X_2, X_1^2, X_2^2]$，将数据代入，则可以得到 $poly\_X_1X_2 = [1, 3, 4, 9, 12, 16]$。以此类推就形成了一个项数更多的矩阵，达到了升维的目的。

9.4 多元多项式回归的应用

再回到本单元的核心问题装修成本的预测上，如果我们还想让我们的装修估价程序更加智能，满足更多用户更多样化的需求，我们可以在我们的程序中增加装修等级（Grade）这一特征，特征值取值范围为 [1,3]，分别对应：简装（Grade=1）、精装（Grade=2）、豪华装（Grade=3）。用户可以根据自己的经济实力，选择从 1 到 3 不同的等级进行预测。那么在本案例中我们尝试使用多项式回归看看这套面积 124m^2、三室两厅一厨一卫一阳台（Rooms=8）的房屋进行简装、精装、豪华装分别需要多少钱？由于增加了新的特征，为了更精准地预测，我们也要收集更多的房屋装修信息，其中部分房屋装修成本如下表 9.6 所示。

表 9.6 部分房屋信息

面积（Area）/m^2	房间数（Rooms）/ 间	装修等级（Grade）	成本（Price）/ 万元
87	6	1	9.6
87	7	3	11.3
126	9	1	13.6
130	10	2	13.8
95	7	2	10.7

源码屋

1. 程序源码

```
import pandas as pd
from sklearn.model_selection import train_test_split
from sklearn.linear_model import LinearRegression #线性回归
from sklearn.preprocessing import PolynomialFeatures
datafile2 = u'houseprice3.csv'
pd_data= pd.read_csv(datafile2,encoding='UTF-8')
x=pd_data.loc[:,('Area','Rooms','Grade')]
y=pd_data.loc[:,'Cost']
x_train,x_test,y_train,y_test=train_test_split(x,y,random_state=0)
poly= PolynomialFeatures(degree=2,include_bias=True)
poly.fit(x_train)
x_poly = poly.transform(x_train)
lrp = LinearRegression()
lrp.fit(x_poly,y_train)
```

```
for grade in range(1,4):
    real=[[124,8,grade]]  #要预测的真实房屋信息
    real2 = poly.transform(real)  #进行多项式变换
    print('\n 面积：124 平方米，房型：三室两厅一厨一卫一阳台，装修等级：',grade)
    print('装修成本约为：',lrp.predict(real2),'万元')  #预测值
```

2. 运行结果（见图 9.10）

```
面积：124平方米，房型：三室两厅一厨一卫一阳台，装修等级： 1
装修成本约为： [10.5034994] 万元

面积：124平方米，房型：三室两厅一厨一卫一阳台，装修等级： 2
装修成本约为： [11.06780147] 万元

面积：124平方米，房型：三室两厅一厨一卫一阳台，装修等级： 3
装修成本约为： [13.87793219] 万元
```

图 9.10　运行结果图

3. 结果解读

从结果中可以看出，模型针对同一套房屋不同的装修等级运算出了不同的装修价格，随着装修等级的上升，装修成本也逐步递增，分别对应 10.5 万元、11.1 万元和 13.9 万元。在源代码中，因为我们在建构模型的时候对特征进行了多项式转换，模型中的特征数量已经不是原始的 3 个，那么我们在预测时，也必须使用 poly.transform(real) 对预测的数据进行多项式转换，不能直接使用 [[110,3,3]] 这个数据进行预测。最后使用 lrp.predict(real2) 预测出来的就是该房屋在不同装修等级下的成本估价。

9.5　多项式回归的特点

与前面章节所讲的线性回归相比，多项式回归更灵活，应用范围也更广，优缺点也非常明显。

优点：多项式回归能够拟合非线性分布的数据，可以模拟一些相当复杂的数据关系，这是线性回归做不到的。

缺点：它完全依赖于编程者设置的模型超参数（degree）进行建模，模型的优劣、拟合程度的高低都与编程者设置的超参数有关。编程者需要一些数据的先验知识才能选择最佳指数，如果超参数选择不当，容易出现过拟合的情况。

本章小结

在本章中，我们基于第 8 章线性回归的知识引出了多项式回归，并介绍了多项式回归的概念和使用方法。在学习中我们可以发现，多项式回归算法是一种特殊的线性

回归模型，它是通过对自变量X进行运算实现升维，使非线性的数据样本在更高维的空间中实现线性分布。其实，通过多项式对数据升维的这种理念充满着智慧，在机器学习算法中扮演着非常重要的角色，在前面学习过的支持向量机中也得到了充分的应用。

第 10 章　LASSO 回归与岭回归

学习完第 9 章的内容后，小伙伴们可能会发现，以多项式回归为代表的线性回归模型非常容易出现过拟合的情况。所谓过拟合可以直观地理解为：回归模型为了尽可能地贴合数据点，减少与样本数据间的误差，而产生非常多的曲线和陡峭的线条，如图 10.1 所示。事实上，过分的拟合训练集并不能帮助我们对未知的数据进行预测，反而有可能得不偿失。因为我们需要预测的只是数据发展的趋势，并不需要模型完全贴合训练集。过拟合不仅会增加模型的计算负担，同时还会降低预测的准确率，是必须要避免的情况。那么本章我们就从如何消除过拟合入手，介绍两种新的回归算法。

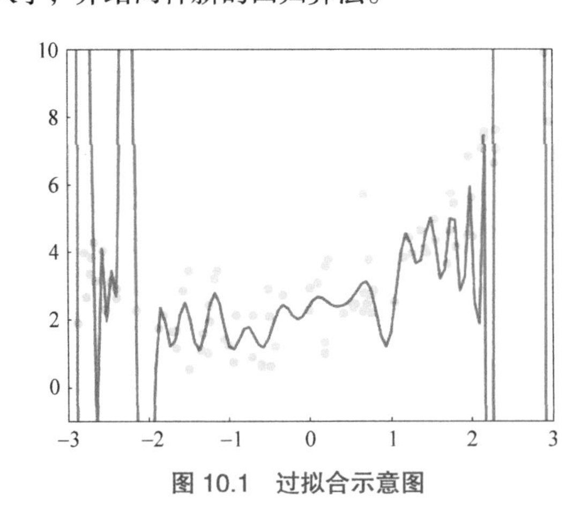

图 10.1　过拟合示意图

产生过拟合的原因有很多，其中一个是回归方程的系数相差过大。如果我们让方程中的所有系数无论正负都统统向 0 靠近，就能大幅度地减小模型摆动，所以模型正则化的思路是：改变线性模型的求解目标。原本在传统的线性回归算法中，我们是期望让线性模型的均方误差（MSE）尽可能小。现在我们改变这个想法，即让线性模型的均方误差和该模型的所有系数到原点的距离之和都尽可能的小。

用数学语言表示如下：

$$H(\theta)=MSE(y,\hat{y};\theta)+\alpha\sum_{i=1}^{n}|\theta_i|$$

这里的$\alpha\sum_{i=1}^{n}|\theta_i|$是一个用来控制模型系数的惩罚项，所谓惩罚是指对损失函数中的参

数做一些限制。其中 α 是一个参数，叫作正则系数，它可以决定系数 θ 的绝对值之和对整个模型正则化的影响程度。假如它等于 0，那么这个模型就相当于没有进行正则化；如果 α 非常大的话，就相当于这个模型不再关心损失函数的大小，转而开始以系数绝对值的和最小为目标。所以，在模型正则化中 α 的取值会极大地影响模型的正则化效果。

提到惩罚项，我们不得不联想到范数的概念。范数有很多类型，不同的范数具有不同的性质，其中 L1 范数的形式与我们新的求解思路中的惩罚项几乎是一样的。那么能否猜测，当使用不同的范数作为惩罚项时，模型会达到不同的效果呢？这就是我们本章要讲的岭回归与 LASSO 回归的基本原理。

知识窗

范数

范数（norm）是一个数学概念，常常被用来度量某个向量空间（或矩阵）中的每个向量的长度或大小。范数根据其计算方式的不同有不同的含义，其中 P 范数的定义是

$$\|x\|_p=(|x_1|^p+|x_2|^p+\cdots+|x_n|^p)^{\frac{1}{p}}=\sqrt[p]{\sum_{i=1}^{n}|x_i|^p}$$

当 P 取 0，1，2 的时候 P 范数就变成了以下三种简单的情况：

L0 范数：$\|x\|_0=x_i(x_i\neq 0)$，表示向量集 x 中非 0 元素的个数。

例如：$x=(-2,-1,0,2,5)$，则 $\|x\|_0=4$。

L1 范数：$\|x\|_1=\sum_{i=1}^{n}|x_i|$，表示 x 与 0 之间的曼哈顿距离，也就是向量中各个元素的绝对值之和。

例如：$x=(-2,-1,0,2,5)$，则 $\|x\|_1=|-2|+|-1|+|0|+|2|+|5|=10$。

L2 范数：$\|x\|_2=\sqrt{\sum_{i=1}^{n}|x_i|^2}$，表示 x 与 0 之间的欧氏距离。

例如：$x=(-2,-1,0,2,5)$，则 $\|x\|_1=\sqrt{|-2|^2+|-1|^2+|0|^2+|2|^2+|5|^2}=\sqrt{34}$。

本章要点

1. L1 范数正则化——LASSO 回归
2. L2 范数正则化——岭回归
3. LASSO 回归与岭回归的异同

10.1　L1 范数正则化——LASSO 回归

采用 L1 范数进行模型正则化的 LASSO 回归（Least absolute shrinkage and selection operator），因其英文首字母缩写简称与套索的英文拼写一致，所以又被称为套索回归，本

书中统一称为 LASSO 回归。它是在损失函数 $MSE(y,\hat{y};\theta)$ 的后面添加 L1 范数作为惩罚项，也就是使用 L1 范数进行正则化。它求解的目标由原来的寻找最小二乘解使得损失函数最小，变为找到一组参数 θ 使得损失函数中的 MSE（均方误差）和 L1 范数（也就是 θ 的绝对值之和）同时最小，其数学表达式如下。

$$H(\theta)=MSE(y,\hat{y};\theta)+\alpha\sum_{i=1}^{n}|\theta_i|$$

为了更形象地解释 LASSO 回归是如何减少过拟合的，我们假设数据样本集 X 只有两个特征（x_1,x_2），在训练模型的过程中只产生两个系数 θ_1,θ_2，那么在这两个系数的作用下，MSE 的图像会是一个漏斗形，如图 10.2 所示。这个数据集的最小二乘解就在漏斗的最底部。如果我们从顶部俯视这个图像，就会看到如图 10.3 所示的情形，一圈圈的同心椭圆就是等值线（可以用地图上的等高线类比理解）。

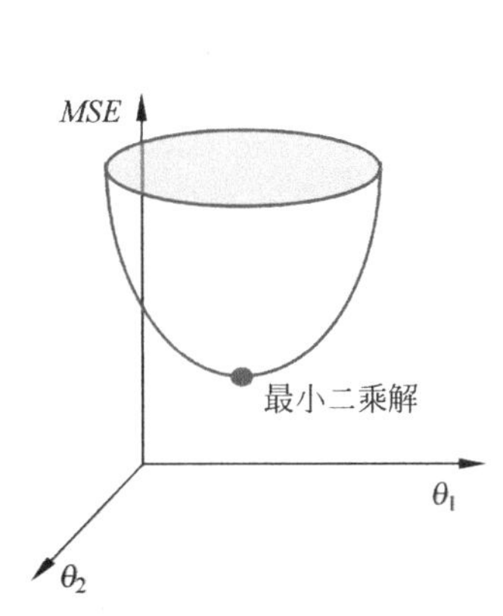

图 10.2　均方误差示意图

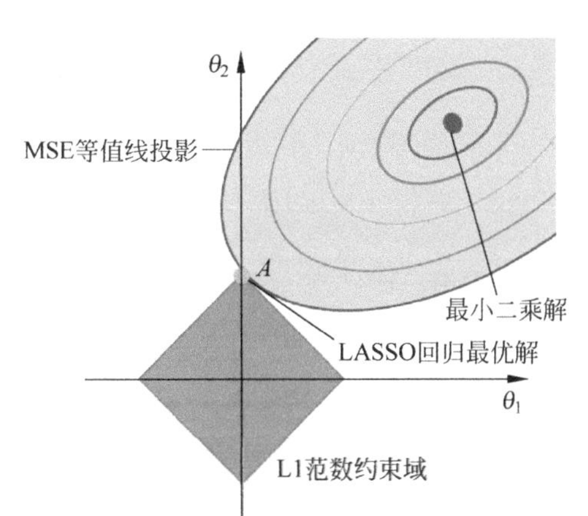

图 10.3　LASSO 回归权重系数取值示意图

图 10.2 只画出了 θ_1，θ_2 的不同取值下的 MSE 的大小，没有体现出对参数 θ_1，θ_2 的约束。LASSO 回归要求 $\|\theta\|_1=\sum_{i=1}^{n}|\theta_i|$ 尽可能的小，也就是 θ_1，θ_2 的绝对值之和至少小于某一个实数 N，并尽可能逼近于 0。我们可以简单地理解为：$|\theta_1|+|\theta_2|\leqslant N$，你可以动手画一画，是否得到了如图 10.3 所示的一个正方形？此时 θ_1，θ_2 的值域就是一个约束域，可以清晰地看到，求解的目标不再是最小二乘的最小值（红点），而变成了求一组 θ 值，它们既在约束域内，又能使 MSE 的值最小，也就是求正则项约束域与 MSE 的第一交点（黄点）。这说明了 LASSO 回归是一种有偏估计，而最小二乘是一种无偏估计，LASSO 回归所得的模型并不是损失函数值最小的模型。仔细看图会发现，在交点 A 处，θ_1 归零了，也就是说此时训练出的模型中舍弃了特征 X_1。这是 LASSO 回归的一个重要特性：进行特征筛选，达到模型的稀疏化，从而解决过拟合的问题。

由于 L1 范数的性质，LASSO 回归中的正则化图形总是有棱角的，有角的地方说明有 θ 为 0，也就有稀疏性（这种角在二维情况下是四个，多维情况下则会更多，甚至多维情况下的棱边也有稀疏性）。所以绝大多数情况下，MSE 等值线与约束域的交点可以很好地落在某一个突角上。这就意味着 LASSO 回归可以用于特征选择（让特征权重 θ 变为 0，从而筛选掉特征）。

LASSO 回归中 L1 范数前面的参数 α 的大小如何影响 L1 范数的图像？又会对整个模型产生怎样的影响？

10.1.1　LASSO 回归中的 alpha 参数调节

上面的思考题，你是否已经有了猜想了呢？下面，我们从理论和模型的实际应用两个方面一起来探索答案，验证你的猜想是否准确。

LASSO 回归中有很多参数，我们着重讲讲 α 参数。在 $MSE(y,\hat{y};\theta)+\alpha\sum_{i=1}^{n}|\theta_i|$ 中，如果 α 非常小，相当于 L1 范数的权重非常小，θ 的取值很难对函数产生决定性的影响，此时约等于做了一次线性回归。

用二维函数图像更直观的理解就是，α 越小，θ 的取值范围就越广，正方形面积越大，MSE 等值线越有可能在坐标轴以外的地方与其相交，如图 10.4 所示。

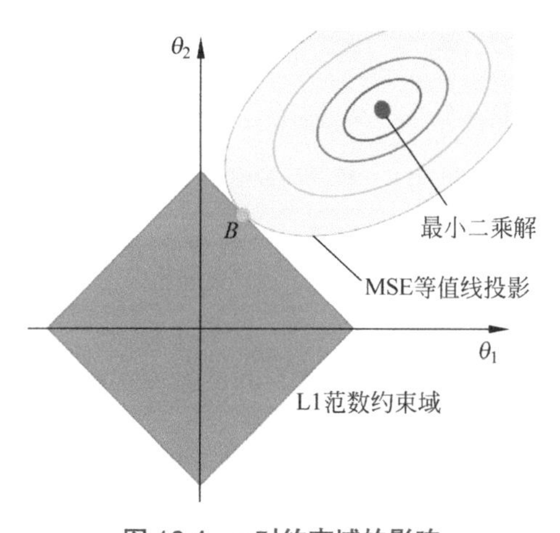

图 10.4　α 对约束域的影响

此时交点 B 没有落在任何一个坐标轴上，相当于所有的 θ 都存在，没有一个被压缩至 0，也就相当于保留了所有的特征。这就说明 α 越小，保留的特征就越多。反之，保留的特征就越少。

10.1.2　LASSO 类的常用参数

虽然 LASSO 回归的本质是对线性回归的一种优化，但是在 scikit-learn 中仍然将 LASSO 作为一个单独的类，以方便用户的使用。其常用参数如表 10.1 所示。

表 10.1 LASSO 类的常用参数

参　数	类　型	描　述
alpha	正则系数	浮点型，正则项系数，初始值为 1，数值越大，则对复杂模型的惩罚力度越大
fit_intercept	是否计算截距	布尔型，表示是否计算截距（即 $y = wx + b$ 中的 b），默认为 True，除非数据已经中心化，否则不推荐设置为 False
normalize	是否进行标准化	布尔型，表示是否对各个特征进行标准化，默认为 False，推荐设置为 True。如果设置为 False，则建议在输入模型之前，手动进行标准化
copy_X	是否覆盖原始数据	布尔型，默认为 True，如果是 True，原始数据将被复制；如果选择 False，则直接对原数据进行覆盖
max_iter	最大循环次数	整型，部分求解器需要通过迭代实现，这个参数指定了模型优化的最大迭代次数，推荐保持默认值 None
random_state	随机数种子	整型，多用于模型训练结果的复现，可以设置为任意整数

10.1.3 应用案例：对糖尿病数据集进行拟合

在本应用案例中，我们尝试使用 LASSO 回归对糖尿病数据集进行拟合，通过三个部分的代码了解 LASSO 回归的使用方法，并通过改变 α 的值来验证我们的猜想，感受并体验 LASSO 回归对特征的选择。

本案例使用的糖尿病数据集是由 scikit-learn 集成的第三方提供的数据集，该数据集一共包含 442 个样本，其中每个样本包括年龄、性别、体重指数等 10 个特征，部分内容见表 10.2。为了便于实操，datasets.load_diabetes() 中所使用是已经经过标准化处理的数据。

表 10.2 糖尿病数据信息（部分）

年龄	性别	BMI 指数	平均血压	S1 血清总胆固醇	S2 低密度脂蛋白	S3 高密度脂蛋白	S4 总胆固醇 / 高密度脂蛋白	S5 可能是血清甘油三酯水平的对数	S6 血糖水平
59	2	32.1	101	157	93.2	38	4	4.8598	87
48	1	21.6	87	183	103.2	70	3	3.8918	69
72	2	30.5	93	156	93.6	41	4	4.6728	85
24	1	25.3	84	198	131.4	40	5	4.8903	89
50	1	23.0	101	192	125.4	52	4	4.2905	80

源码屋

1. 程序源码（片段一）

```
# 导入模块
import numpy as np
import matplotlib.pyplot as plt
from sklearn import datasets
from sklearn.linear_model import LinearRegression
```

```
from sklearn.linear_model import Lasso
from sklearn.model_selection import train_test_split
# 导入并查看数据集
diabetes = datasets.load_diabetes()
train = diabetes.data
target = diabetes.target
print(" 查看特征值的名字 :\n",diabetes.feature_names)
print(" 查看数据描述 :\n",diabetes.data.shape)
```

2. 运行结果（见图 10.5）

```
查看特征值的名字:
 ['age', 'sex', 'bmi', 'bp', 's1', 's2', 's3', 's4', 's5', 's6']
查看数据描述:
 (442, 10)
```

图 10.5　数据描述

3. 结果解读

这 10 个特征分别是 ['age', 'sex', 'bmi', 'bp', 's1', 's2', 's3', 's4', 's5', 's6']。可以发现特征的标签都是缩写和简写，如果读不懂这些标签，我们可以多加一条指令，要求显示数据集的描述，查看数据集的描述可以帮助我们更好地理解程序。

```
print(" 查看数据集描述 :\n", diabetes["DESCR"])
```

运行结果如图 10.6 所示。

图 10.6　特征标签

接下来，我们将数据样本划分为测试集、训练集，并查看参数默认状态下的 LASSO 回归性能。

4. 程序源码（片段二）

```
    X_train, X_test, y_train, y_test = train_test_split(train, target,
test_size=0.25, random_state=0)
    # 设置 random_state 随机种子为 0，以确保每一次运行划分出的测试集和训练集与上一次的相
同，保证输出稳定，当然，也可以设置为任何数值
    linear= LinearRegression()  # 设置线性回归作为性能的参照
    lasso= Lasso()
```

```
    linear.fit(X_train,y_train)
    lasso.fit(X_train, y_train)
    print("线性回归在训练集的得分:{:.2f}".format(linear.score(X_train, y_
train)))
    print("线性回归在测试集的得分:{:.2f}".format(linear.score(X_test, y_
test)))
    print("LASSO回归在训练集的得分:{:.2f}".format(lasso.score(X_train, y_
train)))
    print("LASSO回归在测试集的得分:{:.2f}".format(lasso.score(X_test, y_
test)))
    print("权重向量:{}" .format( lasso.coef_))
    print("LASSO回归使用的特征数:{}"".format(np.sum(lasso.coef_ != 0)))
```

5. 片段二运行结果（见图 10.7）

```
线性回归在训练集的得分: 0.56
线性回归在测试集的得分: 0.36
LASSO回归在训练集的得分: 0.41
LASSO回归在测试集的得分: 0.28
权重向量: [ 0.          -0.          442.67992538  0.          0.
  0.          -0.          0.          330.76014648  0.          ]
LASSO回归使用的特征数: 2
```

图 10.7 运行结果图

对比可以发现在参数默认状态下的 LASSO 回归的性能非常不理想，只有 0.28，甚至比不上线性回归的测试成绩。但是观察权重向量，发现 10 个特征中有 8 个的权重都被压缩至 0，仅剩两个特征权重占比非常大，这也就是 LASSO 回归筛选出来了两个特征值：bmi 和 S5。接下来我们尝试调整 α 参数的值来提高 LASSO 回归的性能，并测试不同的 alpha 值对模型预测性能的影响。

6. 程序源码（片段三）

```
    alphas = [0.01, 0.02, 0.05, 0.1, 0.2, 0.5,1, 2, 5, 10, 20, 50, 100,
200, 500, 1000]
    scores = []
    for i, alpha in enumerate(alphas):
        lasso = Lasso(alpha=alpha)
        lasso.fit(X_train, y_train)
        scores.append(lasso.score(X_test, y_test))
        print("============================================================")
        print("alpha={}时的LASSO回归模型".format(alpha))
        print("权重向量:{}" .format(lasso.coef_))
        print("训练集得分:{:.2f}".format(lasso.score(X_train, y_train)))
        print("测试集得分:{:.2f}".format(lasso.score(X_test, y_test)))
        print("alpha={}时LASSO回归使用的特征数:{}".format(alpha, np.sum(lasso.
coef_ != 0)))
```

7. 片段三运行结果（见图 10.8）

```
==================================================================
alpha=0.01时的LASSO回归模型
权重向量: [ -33.79352021 -197.9025794   599.15347078  291.94888784 -221.41590139
    0.         -160.36811376   79.23177224  579.14982729   25.45472915]
训练集得分: 0.55
测试集得分: 0.35
alpha=0.01时LASSO回归使用的特征数: 9
==================================================================
alpha=0.02时的LASSO回归模型
权重向量: [ -27.41911088 -189.88587082  597.83829784  284.86382518 -194.39271133
   -0.         -182.73081306   46.94924008  574.3639034    21.92372629]
训练集得分: 0.55
测试集得分: 0.35
alpha=0.02时LASSO回归使用的特征数: 9
==================================================================
alpha=0.05时的LASSO回归模型
权重向量: [  -8.22962841 -166.97273938  595.12958838  265.43248075 -141.70937759
   -0.         -211.73112514    0.          558.75308393    9.77417192]
训练集得分: 0.55
测试集得分: 0.36
alpha=0.05时LASSO回归使用的特征数: 8
==================================================================
alpha=0.1时的LASSO回归模型
权重向量: [  -0.         -129.78400011  592.20328049  240.12404875  -41.64058526
  -47.62797321 -219.10436344    0.          507.36252305    0.        ]
训练集得分: 0.55
测试集得分: 0.36
alpha=0.1时LASSO回归使用的特征数: 7
==================================================================
alpha=0.2时的LASSO回归模型
权重向量: [  -0.          -56.88609021  580.89784711  191.92700146   -0.
  -14.0618109  -173.77680187    0.          466.7303595     0.        ]
训练集得分: 0.53
测试集得分: 0.35
alpha=0.2时LASSO回归使用的特征数: 6
==================================================================
alpha=0.5时的LASSO回归模型
权重向量: [  0.          -0.         542.73728051  97.70896034  -0.
  -0.         -70.98316966   0.         426.00692875   0.        ]
训练集得分: 0.50
测试集得分: 0.33
alpha=0.5时LASSO回归使用的特征数: 4
==================================================================
alpha=1时的LASSO回归模型
权重向量: [  0.          -0.         442.67992538   0.           0.
   0.          -0.           0.         330.76014648   0.        ]
训练集得分: 0.41
测试集得分: 0.28
alpha=1时LASSO回归使用的特征数: 2
==================================================================
alpha=2时的LASSO回归模型
权重向量: [  0.           0.         149.97107313   0.           0.
   0.          -0.           0.          46.16046743   0.        ]
训练集得分: 0.14
测试集得分: 0.10
alpha=2时LASSO回归使用的特征数: 2
==================================================================
```

图 10.8　运行结果图

```
========================================================================
alpha=5时的LASSO回归模型
权重向量：[ 0.  0.  0.  0.  0.  0. -0.  0.  0.  0.]
训练集得分：0.00
测试集得分：-0.00
alpha=5时LASSO回归使用的特征数：0
========================================================================
alpha=10时的LASSO回归模型
权重向量：[ 0.  0.  0.  0.  0.  0. -0.  0.  0.  0.]
训练集得分：0.00
测试集得分：-0.00
alpha=10时LASSO回归使用的特征数：0
========================================================================
alpha=20时的LASSO回归模型
权重向量：[ 0.  0.  0.  0.  0.  0. -0.  0.  0.  0.]
训练集得分：0.00
测试集得分：-0.00
alpha=20时LASSO回归使用的特征数：0
========================================================================
alpha=50时的LASSO回归模型
权重向量：[ 0.  0.  0.  0.  0.  0. -0.  0.  0.  0.]
训练集得分：0.00
测试集得分：-0.00
alpha=50时LASSO回归使用的特征数：0
========================================================================
```

图 10.8（续）

通过观察可以发现，当 α 参数的值为 0.1 时，模型的性能最高达到了 0.36，此时模型使用了 7 个特征，剩下的特征系数都被压缩至 0，也就是抛弃了该特征。随着 α 值的增加，模型的拟合度迅速降低，开始呈现出欠拟合的状态，直到 α=2 时，所有的特征系数都被压缩至 0，此时模型已经完全放弃了对数据进行拟合，开始不知道自己要做什么了。由此可以推断，LASSO 回归是以抛弃特征变量和精确度来换取模型的简洁和运算效率。

10.2 L2 范数正则化——岭回归

如果你能理解 LASSO 回归的原理，那么恭喜你，你可以非常迅速地掌握本节岭回归的内容。因为岭回归的本质就是将 LASSO 回归中的 L1 范数替换为 L2 范数，它的工作原理与 LASSO 回归非常相似。

采用 L2 范数进行模型正则化的岭回归（Ridge Regression）又被称为脊回归，本书中统一称为岭回归。它是在损失函数 $MSE(y,\hat{y};\theta)$ 的后面添加 L2 范数作为惩罚项，即使用 L2 范数进行正则化，其数学表达式如下：

$$H(\theta)=MSE(y,\hat{y};\theta)+\alpha\frac{1}{2}\sum_{i=1}^{n}\theta_i^{2}$$

岭回归求解的目标由原来的寻找最小二乘解使得损失函数最小，变为找到一组参数 θ 使得 MSE 和 L2 范数（也就是 θ 的平方和）同时最小。听起来是不是与 LASSO 很相似？虽然它们用来降低过拟合的手段很相似，但由于使用了不同的范数，最终也会达成不一样的效果。沿用 10.1 节的假设，数据集 X 只有两个属性（x_1，x_2），在训练模型的过程中只产生两个系数 θ_1，θ_2，它的取值在二维平面上画出来，如图 10.9 所示。

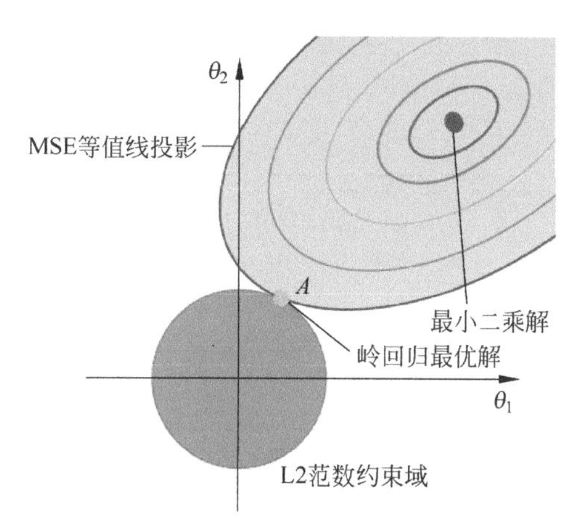

图 10.9　岭回归权重系数取值示意图

由于范数选择的不同导致了约束域形状的不同，二维平面下 L2 正则化的函数图形是个圆，与正方形相比，没有了突出的角，这使得约束域与 MSE 等值线的相交点很难准确地落在坐标轴上，因此让参数 θ 等于 0 的概率小了很多，相当于没有舍弃任何特征值。这就意味着岭回归极大概率上会使用到数据集的所有特征，并不会对特征进行筛选，也就不具有稀疏性。

对于岭回归而言，L2 范数前面的参数的大小又会对整个模型产生怎样的影响？

10.2.1　岭回归中的 alpha 参数调节

参考 10.1 节 LASSO 回归中 α 参数的作用机制，你能否推测出 α 对岭回归的影响吗？机智的你一定想到了由于岭回归不会对参数进行筛选，所以 α 的大小会对所有参数产生影响。使用岭回归的目的很明确，就是为了对所有参数进行压缩，构造一个比较简单的模型，也就是泛化程度比较高的模型，在一定程度上避免过拟合现象。理论上可以做如下推演：如果 α 很大，它会使特征值的系数更加趋于 0，而不是变成 0，那么每一个特征值的参数都很小，此时如果数据集中偶尔有一两个错误的离群值，对整个模型不会造成很大的影响，即抗扰动能力强。也就是说，α 越大，模型泛化能力越强。这就说明岭回归可以通过调节 α 来调整自己对病态数据的适应性。相反的，α 越小，与 LASSO 回归原理一样，L2 范数

对 θ 的控制也就越小，特征的权重就会越大。当 α 小到一定程度时，L2 范数对 θ 的约束变得微乎其微，此时就约等于做了一次线性回归。

10.2.2 Ridge 类的常用参数

scikit-learn 中提供了 Ridge 类来实现岭回归算法，该类的常用参数如表 10.3 所示。

表 10.3 Ridge 类常用参数

参　数	类　型	描　述
alpha	正则系数	浮点型，正则项系数，初始值为 1，数值越大，对复杂模型的惩罚力度越大
fit_intercept	是否计算截距	布尔型，表示是否计算截距（即 $y = wx + b$ 中的 b），默认为 True，除非数据已经中心化，否则不推荐设置为 False
normalize	是否进行标准化	布尔型，表示是否对各个特征进行标准化，默认为 False，推荐设置为 True。如果设置为 False，则建议在输入模型之前，手动进行标准化
copy_X	是否覆盖原始数据	布尔型，默认为 True，如果是 True，原始数据将被复制；如果选择 False，则直接对原数据进行覆盖
max_iter	最大循环次数	整型，部分求解器需要通过迭代实现，这个参数指定了模型优化的最大迭代次数，推荐保持默认值 None
random_state	随机数种子	整型，多用于模型训练结果的复现，可以设置为任意整数

10.2.3 应用案例：对糖尿病数据集进行拟合

在本案例中，我们尝试使用岭回归继续对 10.1 节中提到的糖尿病数据集进行预测，并通过改变参数 alpha 的值来验证我们的猜想。另外，我们也期望通过三个部分的代码来了解岭回归的使用方法，观察岭回归与 LASSO 回归的异同。

1. 程序源码（片段一）

```
# 导入模块
import numpy as np
import matplotlib.pyplot as plt
from sklearn import datasets
from sklearn.linear_model import LinearRegression
from sklearn.linear_model import Lasso
from sklearn.linear_model import Ridge
from sklearn.model_selection import train_test_split
# 导入数据集
diabetes = datasets.load_diabetes()
train = diabetes.data
target = diabetes.target
# 划分测试集、训练集，并对比参数默认状态下的岭回归与线性回归和 LASSO 回归的性能
```

```
    X_train, X_test, y_train, y_test = train_test_split(train, target,
test_size=0.25, random_state=0)
    linear= LinearRegression()
    lasso= Lasso()
    ridge= Ridge()
    linear.fit(X_train,y_train)
    lasso.fit(X_train, y_train)
    ridge.fit(X_train, y_train)
    print("线性回归在训练集的得分:{:.2f}".format(linear.score(X_train, y_
train)))
    print("线性回归在测试集的得分:{:.2f}".format(linear.score(X_test, y_
test)))
    print("LASSO回归在训练集的得分:{:.2f}".format(lasso.score(X_train, y_
train)))
    print("LASSO回归在测试集的得分:{:.2f}".format(lasso.score(X_test, y_
test)))
    print("岭回归在训练集的得分:{:.2f}".format(ridge.score(X_train, y_train)))
    print("岭回归在测试集的得分:{:.2f}".format(ridge.score(X_test, y_test)))
    print("线性回归的权重向量:{}" .format(linear.coef_))
    print("岭回归的权重向量:{}" .format(ridge.coef_))
    print("岭回归使用的特征数:{}".format(np.sum(ridge.coef_ != 0)))
```

2. 运行结果（见图 10.10）

```
线性回归在训练集的得分: 0.56
线性回归在测试集的得分: 0.36
LASSO回归在训练集的得分: 0.41
LASSO回归在测试集的得分: 0.28
岭回归在训练集的得分: 0.46
岭回归在测试集的得分: 0.36
线性回归的权重向量: [ -43.26774487 -208.67053951  593.39797213  302.89814903 -560.27689824
  261.47657106   -8.83343952  135.93715156  703.22658427   28.34844354]
岭回归的权重向量: [  21.19927911  -60.47711393  302.87575204  179.41206395    8.90911449
  -28.8080548  -149.30722541  112.67185758  250.53760873   99.57749017]
岭回归使用的特征数: 10
```

图 10.10　运行结果图

3. 结果解读

通过对比可以发现，在参数默认状态下岭回归性能远高于 LASSO 回归，与它的老本家线性回归差不多，但是岭回归模型中的绝大多数权重参数都被压缩了，所以它的好处是得到了一个较为简单的模型。接下来我们尝试调整参数 alpha 的值来提高 LASSO 回归的性能。

为了使结果更加直观，下面的程序将线性回归和岭回归的权重系数绘制成图进行对比，具体代码如下。

4. 程序源码（片段二）

```
# 绘制图像可视化的展示岭回归的权重向量与线性回归的权重向量
plt.plot(linear.coef_, label='linear')
plt.plot(ridge.coef_, label='ridge')
plt.plot(LASSO.coef_, label='lasso')
plt.legend()
plt.show()
```

5. 运行结果（见图 10.11）

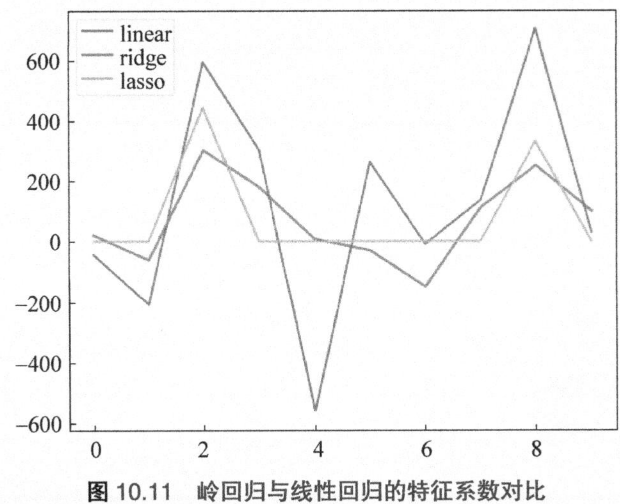

图 10.11　岭回归与线性回归的特征系数对比

6. 结果解读

可以发现相比较于线性回归中各个特征值的权重系数在坐标轴上下大起大落，其中，岭回归中的所有系数都在向 0 靠近。

与上节内容一样，我们通过程序来测试一下不同的 alpha 值对岭回归模型预测性能的影响程度。

7. 程序源码（片段三）

```
alphas = [0.01, 0.02, 0.05, 0.1, 0.2, 0.5, 1, 2, 5, 10, 20, 50, 100, 200, 500, 1000]
scores = []
for i, alpha in enumerate(alphas):
    ridge = Ridge(alpha=alpha)
    ridge.fit(X_train, y_train)
    scores.append(ridge.score(X_test, y_test))
    print("===========================================================")
    print ("alpha={}时的岭回归模型 ".format(alpha))
    print(" 权重向量：{}" .format( ridge.coef_))
    print(" 训练集得分：{:.2f}".format(ridge.score(X_train, y_train)))
    print(" 测试集得分：{:.2f}".format(ridge.score(X_test, y_test)))
```

8. 运行结果（见图 10.12）

```
==================================================================
alpha=0.01时的岭回归模型
权重向量：[ -39.10301115 -203.435885    592.25342919  297.25810373 -252.42469968
   20.90559566 -145.19575989   97.03282049  580.07806371   32.94492155]
训练集得分：0.55
测试集得分：0.36
==================================================================
alpha=0.02时的岭回归模型
权重向量：[ -36.82460379 -199.87924571  587.23694354  294.48245438 -172.08094586
  -40.99771685 -177.19360291   91.97074943  542.36481158   36.51819269]
训练集得分：0.55
测试集得分：0.36
==================================================================
alpha=0.05时的岭回归模型
权重向量：[ -31.64230816 -190.66872159  569.91488112  288.13487109  -98.45177752
  -92.79586563 -199.9932799    95.45127766  494.89425245   45.67581401]
训练集得分：0.55
测试集得分：0.36
==================================================================
alpha=0.1时的岭回归模型
权重向量：[ -24.58112097 -176.85826907  542.06560954  278.6835639   -64.29865927
 -106.35897966 -203.48234996  103.46110928  455.4820832    57.8681161 ]
训练集得分：0.55
测试集得分：0.37
==================================================================
alpha=0.2时的岭回归模型
权重向量：[ -13.36817898 -152.97982419  494.37495044  261.55799821  -39.77844831
  -99.01133727 -197.88878884  111.91493502  406.37865972   74.63849006]
训练集得分：0.54
测试集得分：0.38
==================================================================
alpha=0.5时的岭回归模型
权重向量：[   7.03985813 -103.39883352  395.75041778  221.82381907  -11.05976733
  -63.47228621 -176.69319135  117.47659262  322.6281052    95.59478639]
训练集得分：0.51
测试集得分：0.38
==================================================================
alpha=1时的岭回归模型
权重向量：[  21.19927911  -60.47711393  302.87575204  179.41206395    8.90911449
  -28.8080548  -149.30722541  112.67185758  250.53760873   99.57749017]
训练集得分：0.46
测试集得分：0.36
==================================================================
alpha=2时的岭回归模型
权重向量：[  27.78038386  -26.38571773  211.33800559  132.46363239   21.86021466
   -1.63310342 -114.76179396   97.19826892  180.11472458   88.43010378]
训练集得分：0.39
测试集得分：0.31
==================================================================
alpha=5时的岭回归模型
权重向量：[ 23.5661202   -3.97971323 114.77515165  76.40166565  23.18783805
  12.33424447 -68.76692837  65.12998797 102.22210156  59.23624409]
训练集得分：0.26
测试集得分：0.22
==================================================================
alpha=10时的岭回归模型
权重向量：[ 16.17060747   0.82949183  66.1908676   45.36791724  17.0565142
  11.36660566 -41.53254055  41.38060887  60.44422047  37.39215781]
训练集得分：0.17
测试集得分：0.14
==================================================================
```

图 10.12　运行结果图

```
==================================================================
alpha=20时的岭回归模型
权重向量：[  9.67622465   1.49900303  36.04573679  25.13930659  10.57031667
   7.66099083 -23.23660821  23.83462341  33.44110333  21.42799678]
训练集得分：0.10
测试集得分：0.09
==================================================================
alpha=50时的岭回归模型
权重向量：[  4.35033651   0.93579316  15.27100526  10.77408601   4.85451393
   3.67600561 -10.0206895   10.47455829  14.32230076   9.38152922]
训练集得分：0.05
测试集得分：0.04
==================================================================
alpha=100时的岭回归模型
权重向量：[ 2.26561635  0.53207543  7.79287608  5.52043416  2.54632716  1.95469991
 -5.1454621   5.41392211  7.33719328  4.84225807]
训练集得分：0.02
测试集得分：0.02
==================================================================
alpha=200时的岭回归模型
权重向量：[ 1.15654248  0.28295679  3.9374059   2.79502246  1.30450916  1.00811279
 -2.60801616  2.75324857  3.71457306  2.46075933]
训练集得分：0.01
测试集得分：0.01
==================================================================
alpha=500时的岭回归模型
权重向量：[ 0.46846517  0.11736174  1.58501403  1.12655925  0.52954056  0.41084363
 -1.05187842  1.1126963   1.49712937  0.99405262]
训练集得分：0.00
测试集得分：0.00
==================================================================
alpha=1000时的岭回归模型
权重向量：[ 0.23522031  0.05938753  0.79420108  0.56472155  0.26607812  0.20670672
 -0.52740197  0.55827231  0.75047082  0.49867149]
训练集得分：0.00
测试集得分：0.00
```

图　10.12（续）

9. 结果解读

这个结果很有意思，当 alpha 为 0.5 时，岭回归取得了最好的成绩，测试集得分超过了线性回归，同时各项系数也都压缩到了较低的程度，我们得到了一个泛化能力不错的模型。但是不能说这个模型适合用来预测糖尿病，毕竟 0.38 的准确率并不高，仅以此为例获得三种回归算法的对比。而当 alpha 大于 200 之后，测试集的得分才渐渐趋于 0，这说明与 LASSO 回归相比，岭回归的收敛较为平和，对 alpha 取值的包容度较好。

10.3　LASSO 回归与岭回归的异同

10.3.1　LASSO 回归与岭回归的共同点

通过原理解析和源码实验可以发现 LASSO 回归与岭回归的共同点十分明显：两者均将特征变量的权重系数以范数的形式加入损失函数中，并对其进行最小化，本质上是限制参数的数量或大小。算法中的 alpha 是重要的超参数，它控制了惩罚的严厉程度，如果取值过大，模型参数将均归于 0 或趋于 0，造成欠拟合。如果取值过小，又会造成过拟合。

10.3.2　LASSO 回归与岭回归的区别

LASSO 回归与岭回归的本质区别是正则项的不同。

LASSO 回归：L1 正则项倾向于得到稀疏特征变量，各特征变量的权重差距较大，也就是更离散，所以 LASSO 回归可以同时选择和缩减参数让模型稀疏化。

岭回归：L2 正则项通过限制所有的权重系数，使得权重分布均匀，实现了对模型空间的限制，在一定程度上排除了病态数据对模型的影响，有较强的抗干扰性。

本章小结

本章引入了一个新的知识点“范数”，介绍了两种可以用来代替线性回归的优化解决方案。无论是岭回归还是 LASSO 回归，其本质都是线性回归，也就是在最小二乘解的基础上得到更优化的解，只是由于选取了不同的范数作为惩罚项才产生了两种不同的收敛效果。其中，LASSO 回归更善于对特征进行筛选，达到稀疏化的目的，而岭回归是最常用的一种可以代替线性回归的模型，它有更优越的抗干扰性。

第11章 逻辑回归

本章我们将继续在线性回归的基础上，学习一个新的监督学习算法模型——逻辑回归（logistics regression，LR），这是一个走错了家门的分类模型，它虽然叫作“回归”，但却是一个货真价实的分类器。为了后续能更好地理解本章内容，我们先来聊聊分类器和回归器。

通常，按照变量的类型将输入变量与输出变量均为连续变量的预测问题称为回归问题；输出变量为有限个离散变量的预测问题称为分类问题。例如：某天的气温可能在15～23℃，这是一个连续的区间，在该区间中有无限多个数字，每个数都有可能是我们要预测的结果，称为连续型变量。这时候我们会训练出一个回归模型，传入待测数据后得到一个确定的数值结果，这类问题我们称为回归问题。

当我们需要预测一朵花是什么品种，肿瘤是良性还是恶性，这种结果只有两个值或者有限个值的问题，称为分类问题。我们可以把每个值都当作一类，训练一个分类模型，将待测数据输入后得到一个标签数据的输出变量，从而判断预测对象到底属于哪一类。这一个一个相互孤立的输出变量称为离散型变量，如图11.1所示。

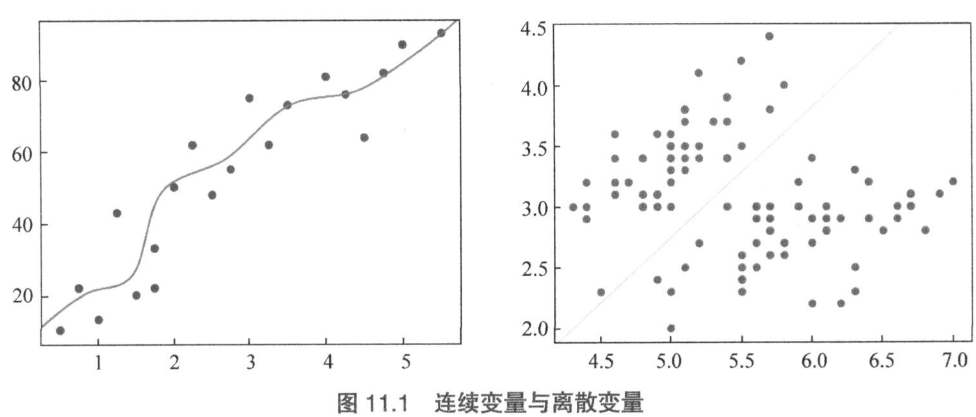

图11.1 连续变量与离散变量

在逻辑回归中，逻辑一词是logistics [lə'dʒɪstɪks] 的音译，并不是因为这个算法提出了什么独特的逻辑思想。逻辑回归虽然被称为回归，但其实际上是使用线性回归模型得出预测值之后，利用Sigmoid函数将预测值进行非线性变换操作，转换为一个类概率值（我们

知道所谓概率是指一个事件发生的可能性大小。这里通过 Sigmoid 函数对线性回归的预测值进行转换得到的值并不是被预测事件真正发生的概率，仅仅是一个与概率性质相似的数值而已，我们将其称之为类概率值。为了描述方便，在后文中我们相沿成习将其称为概率)，通过预测值概率的大小实现分类的目的，常用于二分类。但是经过改造也可以用来进行多分类问题。逻辑回归因为其可并行化、可解释强的特点深受业界喜爱。

本章要点

1. 逻辑回归的原理
2. 逻辑回归的应用
3. 逻辑回归实现多分类的原理
4. 多分类逻辑回归的应用
5. 逻辑回归的特点

11.1 逻辑回归的原理

在学习逻辑回归之前，必须要了解一个与逻辑回归密切相关的重要函数——Sigmoid 函数。它是逻辑回归实现分类效果的奥秘所在。

Sigmoid 函数形式为$\sigma(t)=\dfrac{1}{1+e^{-t}}$。函数图像如图 11.2 所示。

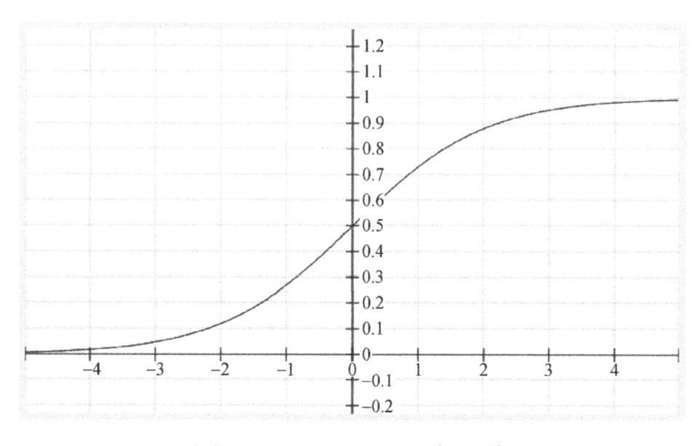

图 11.2 Sigmoid 函数图像

可以看出，Sigmoid 函数是一个 S 型的函数，当自变量 t 趋近正无穷时，因变量 $\sigma(t)$ 趋近于 1，而当 t 趋近负无穷时，$\sigma(t)$ 趋近于 0，它能够将任何实数映射到（0,1）区间，使其可用于将任意值函数转换为更适合二分类的函数。

因为这个性质，Sigmoid 函数也被当作归一化的一种方法，可以将数据压缩到（0, 1）之内，并且无限趋近于 0 和 1。现在回到线性回归算法中，看看 Sigmoid 函数与线性回归算法结合会发生什么奇妙的事情。

线性回归表达如下：

$$\hat{y}^{(i)} = \theta_0 + \theta_1 x_1^{(i)} + \theta_2 x_2^{(i)} + \cdots + \theta_n x_n^{(i)}$$

采用向量形式表达如下：

$$\hat{y} = X_b \cdot \theta^{\mathrm{T}}$$

对于样本集 X，线性回归方程 $\hat{y} = X_b \cdot \theta^{\mathrm{T}}$ 得到的 $\hat{y}$ 是一个值域为负无穷到正无穷的连续型预测值。我们将这个预测值传递到 Sigmoid 函数 $\sigma(t) = \frac{1}{1 + \mathrm{e}^{-t}}$ 中去，能够运算得出一个在 0 到 1 之间的数值，这个数值其实是在这个预测值的置信度，可以近似地理解为该预测值处于某个分类中的概率 $\hat{p}$：

$$\hat{p} = \sigma(\theta^{\mathrm{T}} \cdot x_b)$$

将 $\hat{y}$ 带入 Sigmoid 函数中可以得到以下表达式：

$$\hat{p} = \sigma(\theta^{\mathrm{T}} \cdot x_b) = \frac{1}{1 + \mathrm{e}^{-\theta^{\mathrm{T}} \cdot x_b}}$$

并且我们设定：

$$\hat{y} = \begin{cases} 1, & \hat{p} > 0.5 \\ 0, & \hat{p} \leqslant 0.5 \end{cases}$$

也就是当某一个预测样例的估计概率大于 0.5 时，我们把这个预测样例分类为 1，反之分类为 0。那么，结合之前学习线性回归时我们寻求损失函数最小的思路，现在对逻辑回归中系数 θ 的求解目标也就很明确了，同样是让损失函数最小，但是这里的损失函数的计算方式有些不一样。

因为这个是一个分类问题，所以损失函数分成两种情况：假如预测样本的真实分类是 1（即 y=1），那么预测概率 p 越小，则损失函数 *cost* 越大。反之，如果预测样本的真实分类是 0（即 y=0），那么预测概率 p 越大，则损失函数 *cost* 越大。它的函数图像应当“大概”长成图 11.3 这个样子。

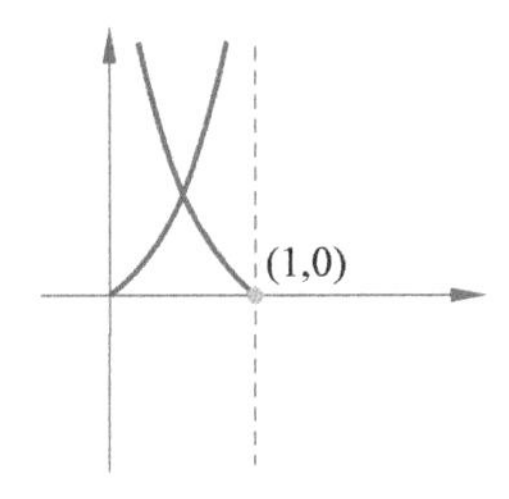

图 11.3　损失函数的表达图像

图 11.3 是一个典型的分段函数图像，我们该如何将它用一个数学公式表达出来呢？算法工程师们利用高中所学的“对数函数”实现了这一效果，因为对数函数在 [0,1] 区间中的身段形状长得跟图 11.3 中的分段很像，如图 11.4 所示。

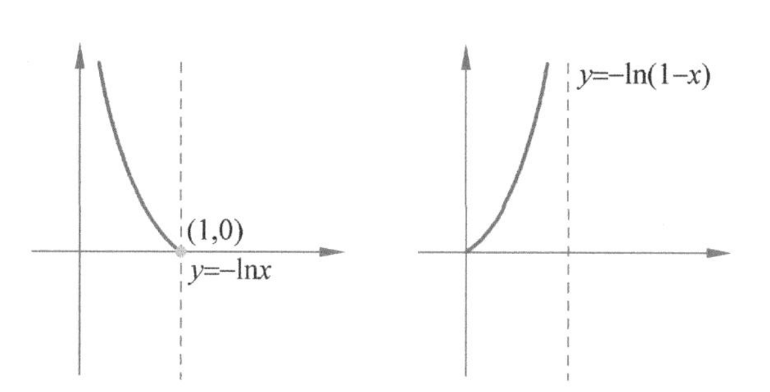

图 11.4 −ln$x$ 与 −ln(1−x) 的函数图像

有了对数函数的加持，我们的损失函数可以整理成一个能够有分段效果的函数：

$$cost = -y\ln\hat{p} - (1-y)\ln(1-\hat{p})$$

虽然看起来很复杂，而且似乎和我们的损失函数毫不相关，但是，我们把它的函数图像画出来，就会发现这个$-y\ln\hat{p}-(1-y)\ln(1-\hat{p})$损失函数的精妙之处，如图 11.5 所示。

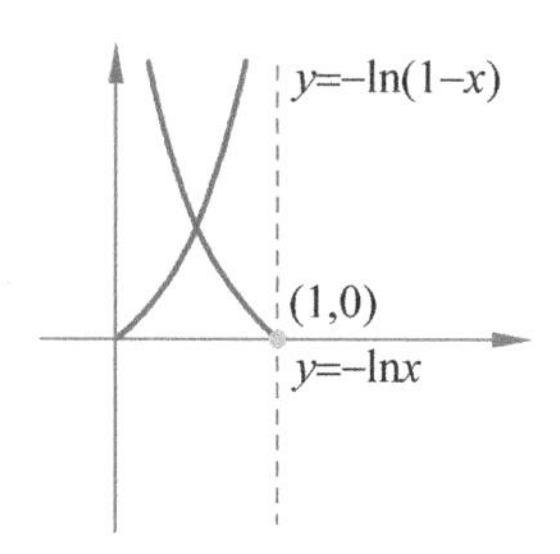

图 11.5 $cost=-y\ln\hat{p}-(1-y)\ln(1-\hat{p})$ 函数图像

当样本分类为 1（即 $y=1$）时，函数的后半段$(1-y)\ln(1-\hat{p})=0$，相当于损失函数 $cost$ 只剩下前半段了，此时概率 p 越小，损失函数 $cost$ 的值越大。当样本分类为 0（即 $y=0$）时，函数的前半段$-y\ln\hat{p}=0$，相当于损失函数 $cost$ 只剩下后半段了，此时概率 p 越大，损失函数 $cost$ 的值越大。

所以，对于单个样本而言，它的损失函数是：

$$cost = -y\ln\hat{p} - (1-y)\ln(1-\hat{p})$$

全体样本的损失函数是对 m 个样本的损失函数求平均值，描述为：

$$cost(\theta) = \frac{1}{m}\sum_{i=1}^{m}\left[-y\ln\hat{p} - (1-y)\ln(1-\hat{p})\right]$$

现在我们的终极目标就是让$cost(\theta) = \frac{1}{m}\sum_{i=1}^{m}\left[-y\ln\hat{p} - (1-y)\ln(1-\hat{p})\right]$这个损失函数最小，将$\hat{p}$的求解表达式代进来，得到损失函数最终的样子，如下式所示。

$$J(\theta) = -\frac{1}{m}\sum_{i=1}^{m} y^{(i)}\ln\left[\sigma(x_b^{(i)}\theta)\right] + (1-y^{(i)})\ln\left[1-\sigma(x_b^{(i)}\theta)\right]$$

对于这个复杂的式子，我们没有办法像线性回归那样求出数学的解析解，只能使用梯度下降法求出相对最优解。

知识窗

梯度下降法

• 梯度下降法的逻辑思路

在学习机器学习的过程中，我们发现许多算法都是基于损失函数得到最优解的，不同算法的损失函数不尽相同，它们的图像也千变万化，但是大体上都有类似于图 11.6 这个连绵如山峦丘壑一般的山体型趋势。现在，我们寻求的是损失函数的最小值，也就是图像的最低点（即深蓝色区域的最低处），一旦我们获取了图像在最低点的取值，在我们的损失函数公式中，参数向量也就被唯一确定了，这组参数向量也就是损失函数的最优解。

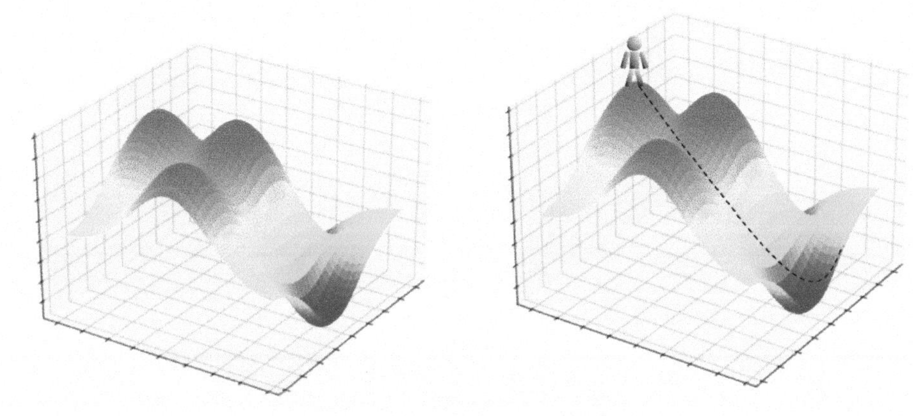

图 11.6 梯度下降法示意图

梯度下降法中的梯度可以简单地理解为函数的值在某个方向上变化最快，那么该方向就可以称为梯度，它可以通过求导、求微分得到。直观上，我们可以想象一个人要从山体的高处走到最低处。显而易见，在理想情况下这个人最好的办法就是沿着图 11.6 中的黑色虚线一步一步地走下去，此时这个人每一步所迈出的步长太短，则损失函数收敛的效率就低，时间代价就很高。如果脚步迈得太大，虽然收敛的速度快了，但是极其容易“一步”跨过了山谷的最低处，导致函数无法收敛，徒增运算成本。可见这里的这个步长是梯度下降法中的一个重要参数，我们称之为学习率，表示为 α。

• 梯度下降法的数学原理

梯度下降的算法已经被集成在了相关的机器学习开源算法框架中，所以并不需要我们手动编写代码，在这里我们仅仅简单了解其原理就好。

我们将损失函数抽象成最简单的形式函数：

$$cost=(\hat{Y}-Y)^2=(\theta\cdot X-Y)^2$$

在图 11.7 中的某一点处想要找到梯度下降的方向，我们应该在这个点对整个曲线求导，也就是求函数在该点处的切线。简单来说，一个函数在某一点的导数描述了这个函数在这一点附近的变化趋势。

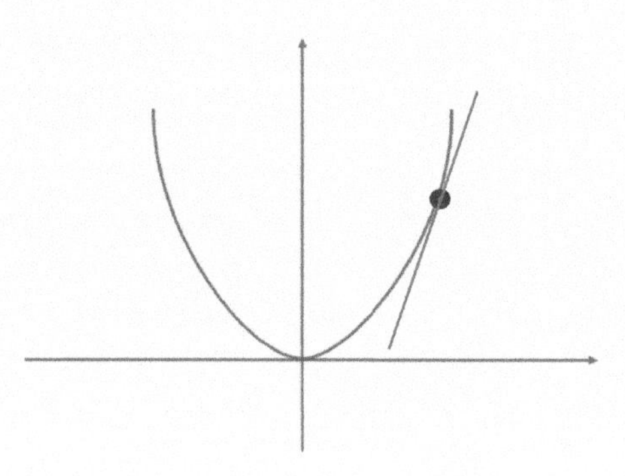

图 11.7 损失函数抽象图

梯度下降的数学表达式如下：

$$\nabla J(\theta)=\lim_{\Delta\theta\to 0}\frac{\Delta(\theta X-Y)^2}{\Delta\theta}$$

从图像上可以看出，损失最小的点就是函数的最低点，也就是导数为零的点。求导的结果大于零就表示函数正在上升，下一步要向 θ 小的方向走，求导的结果小于零就表示函数正在下降，下一步要向 θ 大的方向走。用公式表达就是：

$$\theta_{n+1}=\theta_n-\alpha\cdot\nabla J(\theta)$$

如果 α 大，那么每一个 θ_{n+1} 的变化就大，算法模型的学习效率就高。但是就像前面所举的下山的样子一样，假如 α 太大了，则有可能直接越过最优解，所以在使用梯度下降法时，要注意学习率 α 的设置，这一部分内容在“第 18 章 自主学习——MLP 算法”中还会有更加详细的讲解。

11.2 逻辑回归的应用

其实，11.1 节中我们讨论的 $p \leqslant 0.5$ 和 $p > 0.5$ 两种情况，所涉及的分类问题也一直是非 0 即 1 的二分类问题。归根结底是因为 Sigmoid 函数的特性导致只有 p=0.5 这个分界，使它只能处理二分类问题，但是在后续的章节中，我们会采取其他的办法让逻辑回归来解决多分类问题。本节我们先来学习经典逻辑回归的二分类问题解决。

11.2.1 逻辑回归算法的常用参数

scikit-learn 中通过 LogisticRegression 类来实现逻辑回归算法，常用参数如表 11.1 所示。

表 11.1 LogisticRegression 算法的常用参数

参 数	类 型	描 述
penalty	正则化项的选择	字符串型。可选值为 l1 和 l2，也就是 l1 范数和 l2 范数，默认为 l2

续表

参　数	类　型	描　述
C	正则化强度	大于 0 的浮点型，默认为 1，值越小正则化越强
fit_intercept	是否计算截距	布尔型，默认为 True，表示是否计算截距（即 $y = wx + b$ 中的 b），除非数据已经中心化，否则不推荐设置为 False
max_iter	最大循环次数	整型，部分求解器需要通过迭代实现，这个参数指定了模型优化的最大迭代次数，推荐保持默认值 None
n_jobs	计算时启动的任务个数（number of jobs），可以理解为计算时使用的 CPU 核数	整型，默认为 1。如果选择 -1，则代表使用所有的 CPU

11.2.2　应用案例：鸢尾花分类

本案例使用的鸢尾花数据集是机器学习领域常常使用的一个经典数据集，该数据集一共包含山鸢尾（Iris-setosa）、变色鸢尾（Iris-versicolor）和维吉尼亚鸢尾（Iris-virginica）3 类鸢尾花，每一类别包含 50 个样本，共 150 个样本。其中每个样本包括花萼长度、花萼宽度、花瓣长度和花瓣宽度 4 个特征变量和 1 个类别变量。在类别变量中，0 代表山鸢尾，1 代表变色鸢尾，2 代表维吉尼亚鸢尾，部分样本数据见表 11.2。可以访问“UCI 机器学习数据库”网站，进一步了解鸢尾花数据集的详细内容，获取完整的数据。

表 11.2　鸢尾花数据集信息（部分）

花萼长度 /cm	花萼宽度 /cm	花瓣长度 /cm	花瓣宽度 /cm	分　类
5.1	3.5	1.4	0.2	0
4.9	3.0	1.4	0.2	0
7.0	3.2	4.7	1.4	1
6.4	3.2	4.5	1.5	1
6.2	3.4	5.4	2.3	2

接下来，我们尝试使用逻辑回归对鸢尾花数据集进行预测，通过代码了解逻辑回归的使用方法。

1. 程序源码

```
import numpy as np
import matplotlib.pyplot as plt
from sklearn import datasets
from sklearn.model_selection import train_test_split
from sklearn.linear_model import LogisticRegression
# 利用 iris 数据集进行原理代码的验证
d=datasets.load_iris ()
X=d.data
```

```
y=d.target
x=X[y<2,:2]  # 为了方便展示我们只取前两个特征值
y=y[y<2]  # 逻辑回归适用于二元分类数据
# 使数据集可视化，方便观察
plt.figure ()
plt.scatter (x[y==0,0],x[y==0,1],color="r")
plt.scatter (x[y==1,0],x[y==1,1],color="g")
plt.show ()
# 划分数据集并训练模型，输出测试成绩
x_train,x_test,y_train,y_test=train_test_split (x,y,random_state=225)
log=LogisticRegression ()
log.fit (x_train,y_train)
print (log.score (x_test,y_test))
```

2. 运行结果（见图 11.8 和图 11.9）

图 11.8　运行结果图

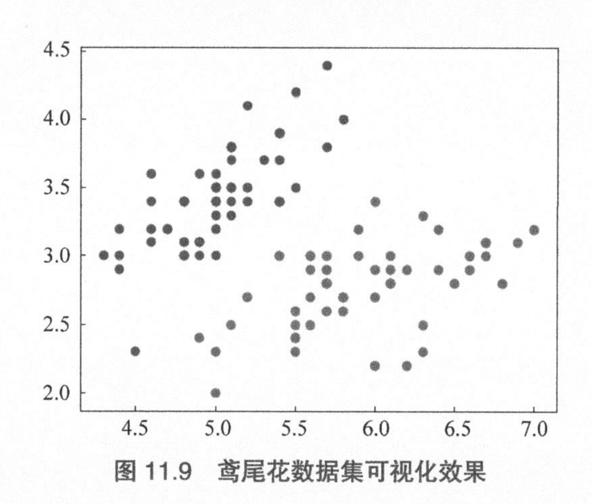

图 11.9　鸢尾花数据集可视化效果

3. 结果解读

可以发现我们选择的这两种鸢尾花可以被很好地区分，逻辑回归模型经过训练后对测试集的划分也取得了 100% 正确的惊人成绩。这就是逻辑回归的简单应用。

11.3　逻辑回归实现多分类的原理

如果逻辑回归只能用于解决二分类问题的话，那岂不是显得很“无用”？我们能不能使用逻辑回归解决多分类的问题呢？下面提供两种策略：OVR/A（One Vs Rest/All）和 OVO（One Vs One）。

11.3.1 OVR/A（One Vs Rest/All）

假设我们的训练数据集有 A、B、C 三种类别，如图 11.10 所示。

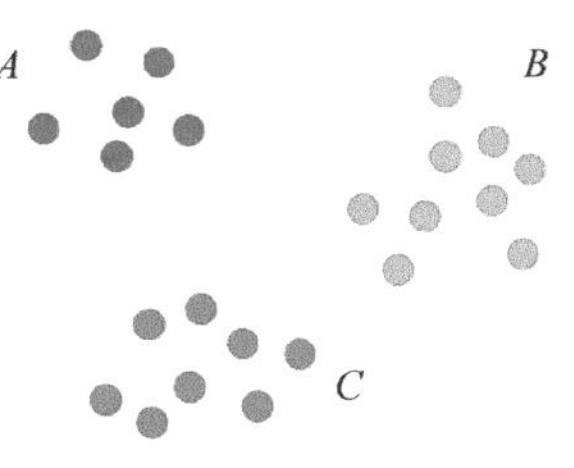

图 11.10 训练数据集

OVR 字面的意思是一对剩余，也就是当要对 n 种类别的数据样本进行分类时，分别取其中一种样本作为一类，将其余的所有样本看作另一类，这样就形成了 n 个二分类问题，如图 11.11 所示。

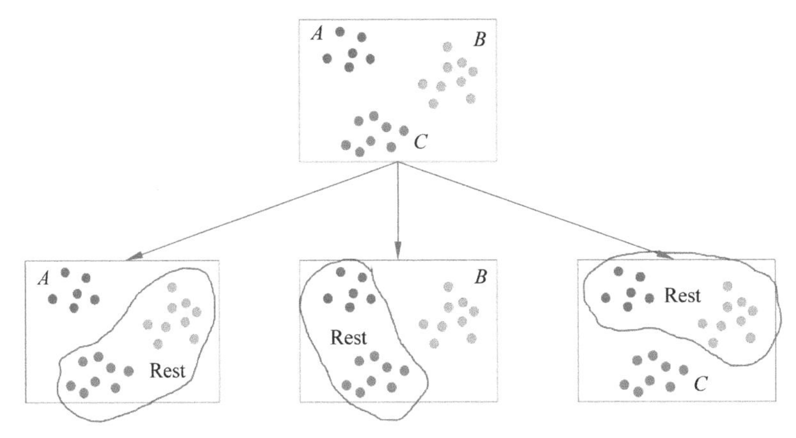

图 11.11 OVR 分类原理示意图

使用逻辑回归分别对这 n 个二分类问题进行训练，就能得到 3 个分类器，如图 11.12 所示。

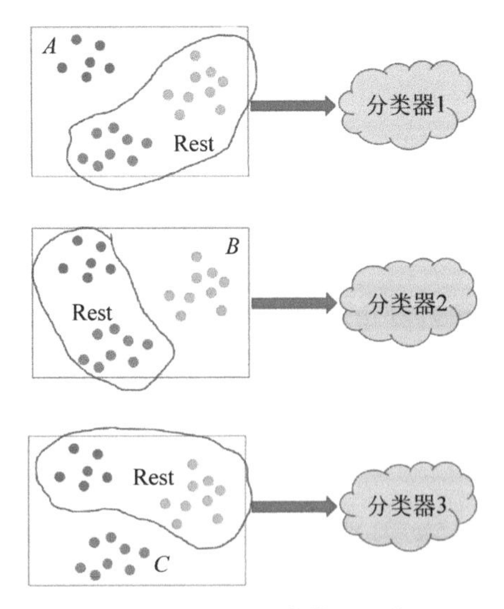

图 11.12 OVR 分类模型示意图

接下对未知数据样本的预测，只需要将测试样本分别扔给训练好的 3 个分类器进行分类，最后选概率最高的类别作为最终结果，具体如图 11.13 所示。

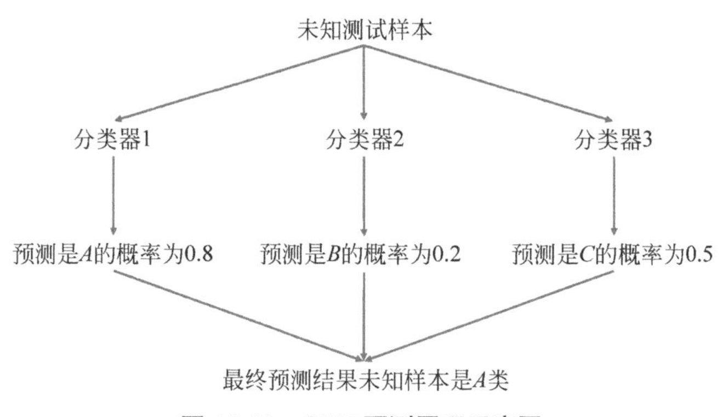

图 11.13　OVR 预测原理示意图

可以发现用 OVR 的方式进行多分类，其实就是将 n 个分类中的每一类分别与其他类进行比较。样本中有 n 类，就要对 n 种分类的模型进行训练，得到 n 个分类器，所以它的训练时间是普通二分类的 n 倍。

11.3.2　OVO（One Vs One）

同样，假设我们的训练数据集依然是 A、B、C 三个分类，如图 11.14 所示。

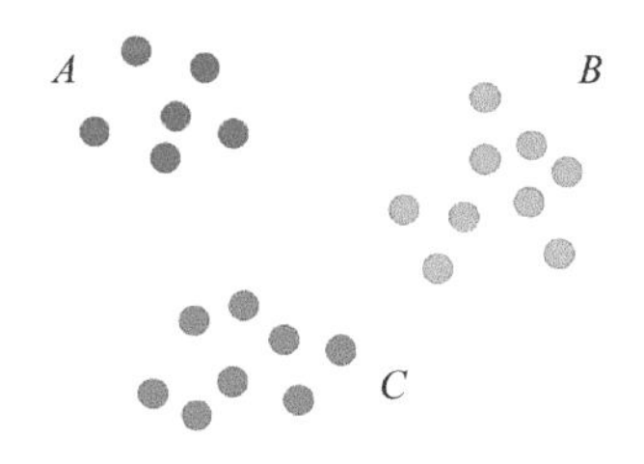

图 11.14　训练数据集

OVO 是采用一对一的方式进行分类。也就是说，每一次从 n 个类中抽取两个类别进行分类，抽取的规则是 C_n^2（其中 n 表示训练集中类别的数量，在这个例子中有三类）。在本案例中我们就能形成 AB、AC、BC 三种组合，如图 11.15 所示。

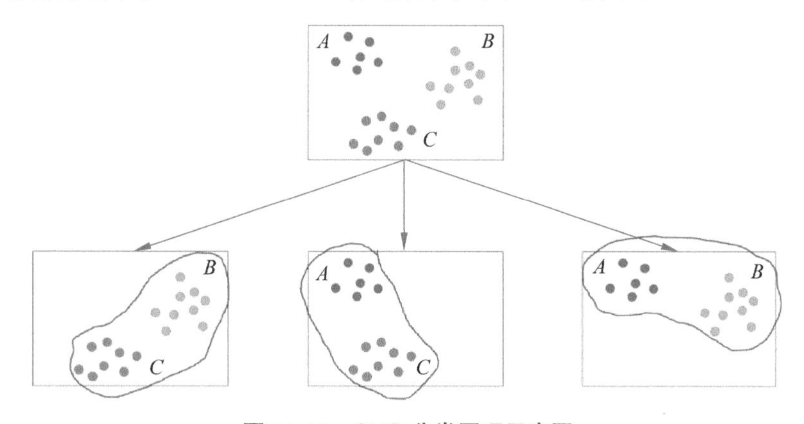

图 11.15　OVO 分类原理示意图

分别用这 3 种划分来训练分类器，就能得到 3 个分类器，如图 11.16 所示。

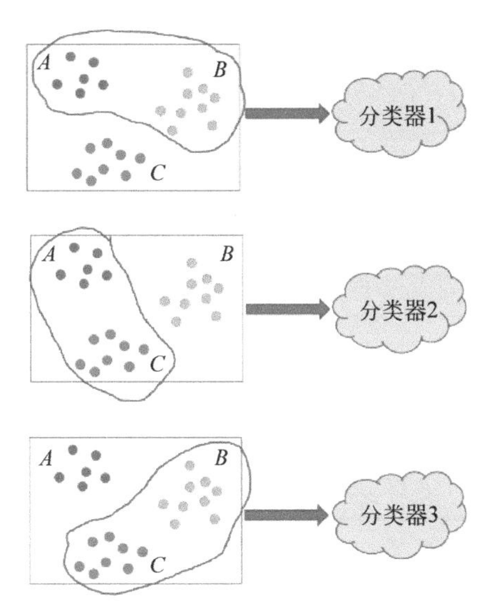

图 11.16　OVO 分类模型示意图

接下对未知数据样本的预测，只需要将测试样本分别扔给训练好的 3 个分类器进行分类，最后将 3 个分类器预测出的结果进行统计，得票数最高的结果就是测试样本的最终分类结果，具体如图 11.17 和图 11.18 所示。

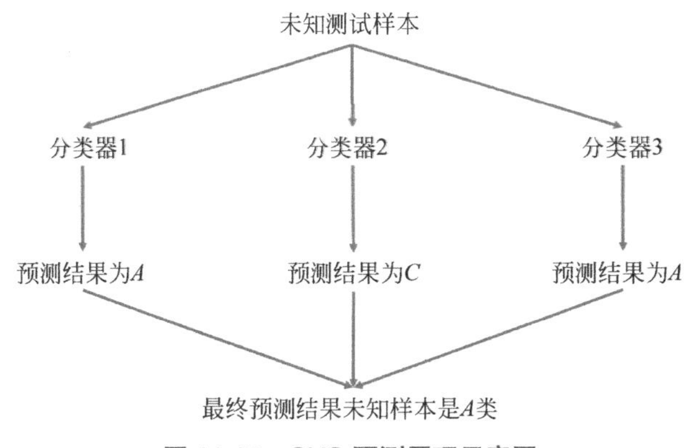

图 11.17　OVO 预测原理示意图

OVO 的方式，主要是将 n 个分类任意进行两两组合，然后对组合进行单独训练，形成 $n(n-1)/2$ 个分类器。对于未知的测试数据，也是扔进所有的分类器中进行预测，在所有的预测结果中比较其统计数最高的即为分类结果。可见 OVO 的运算成本和时间成本都高于 OVR 方式，不过这样的方式每次训练各个种类之间不混淆也不影响，因此比较准确。

11.4　多分类逻辑回归的应用

在本案例中，我们依然使用鸢尾花的数据集，但是尝试分别使用 OVR 和 OVO 的方式实现对三种鸢尾花的分类。

1. 程序源码

```
from sklearn.multiclass import OneVsRestClassifier
from sklearn.multiclass import OneVsOneClassifier
from sklearn.model_selection import train_test_split
from sklearn.linear_model import LogisticRegression
from sklearn import datasets
# 导入iris数据集
d = datasets.load_iris()
x = d.data
y = d.target
x_train, x_test, y_train, y_test = train_test_split(x, y, random_state=10)
print("===采用iris数据的所有特征数据===")
#OVR，时间短，但准确度较低
log_reg = LogisticRegression()  # 不输入参数时，默认情况下是OVR方式
log_reg.fit(x_train, y_train)
print("OVR方式、逻辑回归的测试集的测试结果：", log_reg.score(x_test, y_test))
# 修改默认参数，'multinomial'：指 OVO 方法，准确度更高一点，时间更长
log_reg1 = LogisticRegression(multi_class="multinomial", solver="newton-cg")
log_reg1.fit(x_train, y_train)
print("OVO方式、逻辑回归的测试集的测试结果：", log_reg1.score(x_test, y_test))
```

2. 运行结果（见图11.18）

```
===采用iris数据的所有特征数据===
OVR方式、逻辑回归的测试集的测试结果： 1.0
OVO方式、逻辑回归的测试集的测试结果： 1.0
```

图11.18　运行结果图

3. 结果解读

由于鸢尾花的数据集比较简单，所以我们得到了一个非常完美的测试结果，在逻辑回归的框架下，无论是OVR还是OVO方式的所有分类都是正确的。

scikit-learn中对于所有的二分类算法提供了统一的OVR和OVO的分类器函数，可以方便调用实现所有二分类算法的多分类实现，下面我们使用scikit-learn中封装的OVO和OVR进行试验，看看效果如何。

4. 程序源码

```
log_reg = LogisticRegression()  # 使用逻辑回归
OVR = OneVsRestClassifier(log_reg)  # OVR
OVO = OneVsOneClassifier(log_reg)  # OVO
OVR.fit(x_train, y_train)
print("sklearn中的OVR方式在测试集上的测试结果：", OVR.score(x_test, y_
```

```
test))
    OVO.fit (x_train, y_train)
    print ("sklearn 中的 OVO 方式在测试集上的测试结果：", OVO.score (x_test, y_
test))
```

5. 运行结果（见图 11.19）

```
sklearn中的OVR方式在测试集上的测试结果： 0.9736842105263158
sklearn中的OVO方式在测试集上的测试结果： 1.0
```

图 11.19 运行结果图

6. 结果解读

对比可以发现使用逻辑回归中的 OVR 和 OVO 方式的预测效果略好于 Scikit-learn 中的 OVR 方式和 OVO 方式。同时，横向比较 OVR 和 OVO 方式可以发现 OVO 的预测结果要比 OVR 好那么一点点，当然这是建立在 OVO 方式在运算成本和时间成本都要多于 OVR 方式的基础上换来的。

11.5 逻辑回归的特点

逻辑回归的优点如下。

逻辑回归非常容易实现，且训练高效，所以在实际应用中常常作为二分类任务的首选方法，因此也可以作为衡量其他更复杂的算法性能的基准。

逻辑回归的缺点如下。

（1）逻辑回归在不引入其他方法的情况下，只能处理线性可分的数据，因为它的决策面是线性的，容易欠拟合。

（2）与支持向量机和决策树算法相比，逻辑回归很难应对数据不平衡的情况。比如，当某数据样本集中正负数据的样本比为 99 : 1 时，逻辑回归模型很可能把所有的数据样本都预测为正，但即使这样，它也能得到 99% 的正确率。这种情况下，我们就必须对样本进行权重设置。

本章小结

本章我们为了学习逻辑回归，引入了 Sigmoid 函数，由于它具有可以将任何数据映射在 (0,1) 的范围内的特性，使得它在机器学习领域中有着举足轻重的地位。这种对运算结果进行映射得到新的结果的思路，可以被广泛地应用于机器学习中，甚至它也是支持向量机中的一个核函数。利用 Sigmoid 函数，我们成功地把回归模型改造成了分类模型，与其说是介绍了一种分类算法，不如说是引入了一个新的算法思想。同时，虽然逻辑回归本身只能用来处理二分类问题，但是通过对数据样本进行灵活的划分，我们也用逻辑回归成功解决了多分类问题。我们会发现机器学习其实是一种非常灵活并且充满智慧的领域，感兴趣的同学可以查找资料拓展学习一下。

第 12 章　模型评估与优化

在完成模型训练后，我们还需要对模型的效果进行评估，根据评估结果判断该模型的泛化能力，以此来决定是否继续调整模型的参数、特征或者算法，最终达到令人满意的结果。或者在两个已训练好的模型中判别哪一个模型的泛化能力更好等。对一个模型进行评估时，我们有很多种评估指标可供选择，不同的评估指标可能会得到不同的评估结果。如何选择合适的评估指标，则需要取决于具体任务需求，所以我们应该根据模型预测目标来选择适合的模型评估指标，通过观察评估结果判断模型效果，并对其进行有针对性的优化。

本章要点

1. 交叉验证
2. 分类模型的可信度评估
3. 回归模型的可信度评估
4. 模型超参数调优

12.1　交叉验证

为了确保我们训练出来的模型具有较高的准确性，增强模型对于未知数据的泛化能力，在训练模型之前，我们使用留出法（Hold Out）将数据集划分成训练数据集和测试数据集。用训练数据集进行模型训练，得到模型后再用测试数据集来衡量它的预测表现能力。这种方式在某种程度上可以有效地避免过拟合。

下面我们以鸢尾花数据集为例，通过留出法多次划分数据，并使用 K 近邻算法建立模型，来看看模型的训练效果，示例程序如下所示。

1. 程序源码

```
from sklearn.datasets import load_iris
```

```
from sklearn.model_selection import train_test_split
from sklearn.metrics import accuracy_score
from sklearn.neighbors import KNeighborsClassifier
iris=load_iris()
for i in range(1,10):
X_train,X_test,y_train,y_test=train_test_split(iris.data,iris.target,
test_size=0.8,random_state=i)
reg=KNeighborsClassifier()
reg.fit(X_train,y_train)
y_predict=reg.predict(X_test)
accuracy_score(y_test, y_predict)
print("模型准确率"+str(i)+":",accuracy_score(y_test,y_predict))
```

2. 运行结果（见图 12.1）

图 12.1　使用留出法得到模型训练结果

3. 结果解读

观察图 12.1 的测试准确率可以发现，不同的训练集、测试集分割方法会导致模型准确率不同，最终其评估效果也不尽相同。这说明最终模型优劣及超参数的选取在很大程度依赖于训练集和测试集的划分方法。换句话说，如果训练集和测试集的划分方法不够好，则很有可能无法得到最好的模型与超参数。

显然，通过留出法这种度量方式测试模型的准确度有一个缺点：其样本的准确度是一个高方差估计（High Variance Estimate），即训练集和测试集数据的划分方式在很大程度上决定了模型的准确性。此外，该方法还有一个很大的弊端是：它只用了部分数据进行模型的训练，譬如在上面的例子中，鸢尾花数据集总共包含 150 个样本，通过 test_size=0.8 指定测试集数据占总样本的 80%，那就意味着，用于训练的样本只有 30 个。我们都知道，当用于模型训练的数据集中样本量越大时，训练出来的模型通常效果会越好。使用留出法将部分用于训练集的数据划分给了测试集，意味着我们无法充分将所有已知的数据用于模型训练，所以模型效果会受到一定的影响。

不难看出，通过留出法划分的数据训练出来的模型也具有一定的随机性，该方法无法评估模型性能。因此，我们需要引入一种新的模型验证方法——交叉验证（Cross Validation），它可以解决模型准确性评估的问题，并且可以在一定程度上缓解数据短缺所带来的负面影响。

所谓交叉验证是将原始数据集分割成三个不同的数据集合：训练集（Training Set）、验证集（Validation Set）与测试集（Test Set），三个数据集都有不同的作用，如图 12.2 所示。其中，训练集用于训练模型；验证集用于模型的参数选择配置，即对不同模型参数的结果进行交叉验证，选择模型的最优超参数；测试集对于模型来说是未知数据，不参与模型训练，仅仅用于评估模型的泛化能力，即最终衡量模型的性能。

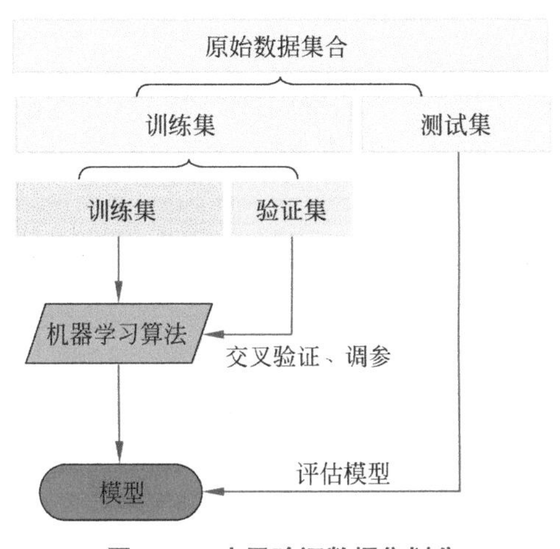

图 12.2　交叉验证数据集划分

在机器学习过程中，数据集往往是有限的，交叉验证能最大化地利用和重复使用数据集去训练、验证、测试模型。看到这里你是否会有疑惑：明明交叉验证是从原有的训练集中又挖走了一块作为验证集，那么用于训练的数据岂不是更少了？这样怎么能够验证模型的准确率呢？如果你有这样的疑惑，请一定要耐心看下去，我们会在下一节中解答这一问题。

常见的交叉验证方法包括简单交叉验证、K 折交叉验证（K-Fold Cross Validation）、留一交叉验证（Leave-One-Out Cross Validation）。下面我们着重讲解 K 折交叉验证法。

想一想：在机器学习模型训练时为什么用交叉验证法？

12.1.1　K 折交叉验证的原理

顾名思义，K 折交叉验证是将样本数据随机分成 K 份，每次随机选择 K−1 份作为训练集，剩下的 1 份作为验证集。当这一轮模型训练完成后，重新随机选择 K−1 份数据作为训练集。这样就可获得 K 组训练 / 验证集，从而可进行 K 次训练和验证，经过 K 轮训练后，

可以建立 K 个模型，最终模型的准确性是 K 个模型准确性的平均值。这个方法的优势在于，同时重复运用随机产生的子样本进行训练和验证，每次的结果验证一次。

具体过程如图 12.3 所示。

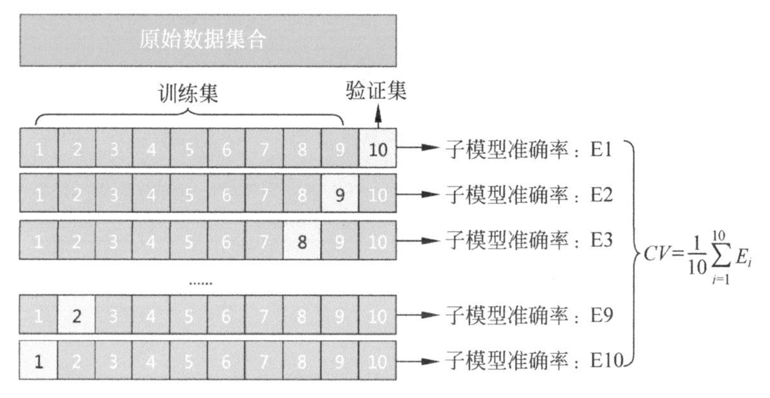

图 12.3　K 折交叉验证过程

图 12.3 中 K=10，也就是将原始数据集分成 10 组子集（一般是均分），每组子集数据分别做一次验证集，其余的 K-1 组子集数据作为训练集，这样会得到 10 个模型的性能指标（模型误差），然后再用这 10 个性能指标（在分类模型中可以用分类准确率）的平均值作为评估模型性能的最终指标，计算公式如下：

$$CV_{(K)}=\frac{1}{K}\sum_{i=1}^{K}E_i$$

其中，E_i 表示第 i 个模型的性能指标。

需要注意的是，K 折交叉验证评估结果的稳定性和保真性在很大程度上取决于 K 的取值。当训练集样本相对较小时，增大 K 的取值，可以减少由于偏差导致的误差。但是，当训练集样本相对较大时，如果增大 K 的取值，反而会增大模型的误差。同时，K 值增大会导致训练模型时间成本增高，因此，K 值的选取非常重要。K 的取值一般大于或等于 2，通常取值从 3 开始，只有在原始数据集合数据量小的时候才会尝试取 2。

12.1.2　交叉验证法的具体应用

通过交叉验证方法我们可以评估模型的性能，并根据性能指标来反复调整超参数，以期获得一组最佳的超参数，简称调参。交叉验证的方法可以帮助我们在训练模型时选择最佳的超参数，使模型在使用测试数据进行模型测试时的准确率和泛化能力表现最佳。下面的例子中，我们依然使用鸢尾花数据集和 K 近邻算法模型，并使用 Scikit-Learn 提供 cross_val_score() 函数来实现它。

1. 调用方法

cross_val_score() 函数常用参数及功能如表 12.1 所示。

表 12.1 cross_val_score() 函数常用参数及功能

参　　数	功能与描述建议
estimator	估计方法对象（分类器），就是自己选定的模型
X	array 类型数据，数据特征（Features）
Y	array 类型数据，数据标签（Labels）
cv	int 类型，设定 cross-validation 的维度，交叉验证生成器或可迭代的次数；cv 参数的默认值为 3，即 k-fold=3
soring	调用方法（包括 accuracy 和 mean_squared_error 等），参数默认值为 None

2. 应用案例：模型评估与寻找超参数

源码屋

1. 程序源码

```
from sklearn.datasets import load_iris
# 划分数据 交叉验证
from sklearn.model_selection import train_test_split,cross_val_score
from sklearn.neighbors import KNeighborsClassifier
import matplotlib.pyplot as plt
iris=load_iris()
X_train,X_test,y_train,y_test = train_test_split(iris.data,iris.tar-
get,random_state=3)  # 这里划分数据以 1/3 的来划分 训练集训练结果 测试集测试结果
cv_scores = []  # 用来放每个模型的结果值
best_score,best_k=0,0  # 记录交叉证验后的最大分数和最佳 K 值
k_range=range(2,11)
for k in k_range:
    knn = KNeighborsClassifier(n_neighbors=k)
    scores = cross_val_score(knn,X_train,y_train,cv=3)  #cv：选择每次测试折
数 accuracy：评价指标是准确度，可以省略使用默认值
    score=scores.mean()
    print("超参数取{}时，".format(k),"交叉验证的评分结果：",scores,"均值：
{:.3f}".format(score))
    cv_scores.append(score)
    if score>best_score:
        best_score=score
        best_k=k
plt.plot(k_range,cv_scores)
plt.xlabel('K')
plt.ylabel('Accuracy')  # 通过图像选择最好的参数
plt.show()
print("最佳的超参数 K 的值为：",best_k)
print("最佳评分为：{:.3f}".format(best_score))
```

2. 运行结果（见图 12.4）

```
控制台
超参数取2时，  交叉验证的评分结果：  [0.94736842 0.97297297 0.89189189] 均值：0.937
超参数取3时，  交叉验证的评分结果：  [0.94736842 1.         0.91891892] 均值：0.955
超参数取4时，  交叉验证的评分结果：  [0.97368421 1.         0.91891892] 均值：0.964
超参数取5时，  交叉验证的评分结果：  [0.94736842 1.         0.94594595] 均值：0.964
超参数取6时，  交叉验证的评分结果：  [0.97368421 1.         0.91891892] 均值：0.964
超参数取7时，  交叉验证的评分结果：  [0.97368421 0.97297297 0.91891892] 均值：0.955
超参数取8时，  交叉验证的评分结果：  [0.94736842 0.97297297 0.91891892] 均值：0.946
超参数取9时，  交叉验证的评分结果：  [0.97368421 0.97297297 0.91891892] 均值：0.955
超参数取10时，  交叉验证的评分结果：  [0.97368421 0.97297297 0.89189189] 均值：0.946
最佳的超参数K的值为：  5
最佳评分为：0.964
程序运行结束
```

图 12.4　交叉验证评均分结果

3. 结果解读

在图 12.4 的结果中，*K* 通过 9 次迭代，每次迭代均使用 3 次交叉验证，并使用 mean() 函数输出每次的模型评分（平均值）。我们看到，在鸢尾花数据集中，当 *K* 取 5 时，交叉验证法的平均值为 0.964，是一个还不错的分数。如果我们希望将验证数据集折成 5 份来评分，只要修改第 13 行 cross_val_score() 函数的 cv 参数就可以了。

如图 12.5 所示，我们进一步将图 12.4 中的评分结果进行可视化表达，可以看到，当 *K* 取 4 时，交叉验证平均分最低，当 *K* 提高至 5 时，交叉验证平均分法给出的模型平均分为 0.964，此时平均分达到最高值，当 *K* 继续上升时，其模型平均分反而稍有下降，说明 *K* 的值并不是越大越好，而是需要取一个合理的值。然而，通过交叉验证法可以有效选出最佳的模型超参数，此时模型针对非样本数据的泛化能力也是最佳的。

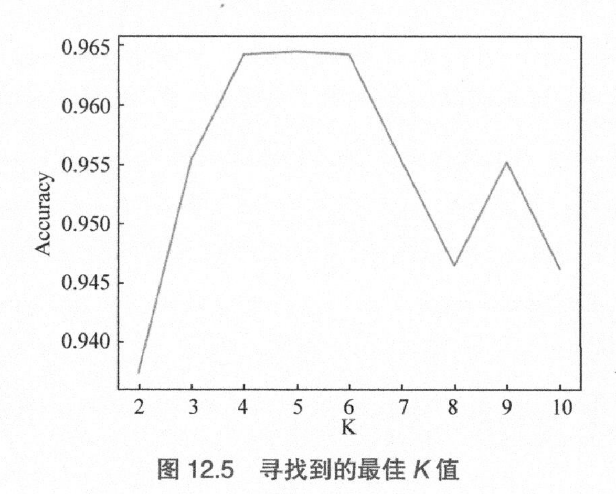

图 12.5　寻找到的最佳 *K* 值

12.1.3　留一交叉验证法

留一交叉验证法（Leave-One-Out Cross Validation，LOO），与 K 折交叉验证很相似，

是 K 折交叉验证的一个特例。不同的是，它把每一个数据点都当成一个测试集，即将数据子集划分的数量等于样本数（$K=N$），每次选择 $N-1$ 个样本来训练数据，留一个样本来验证模型预测的好坏。这样就相当于有 N 个分类器，N 个测试结果，然后用这 N 个测试结果的平均值来衡量模型的性能。下面，我们依然用鸢尾花数据集来进行实验，代码如下。

源码屋

1. 程序源码

```
from sklearn.datasets import load_iris
from sklearn.model_selection import cross_val_score,LeaveOneOut
iris=load_iris()
from sklearn.neighbors import KNeighborsClassifier
knn = KNeighborsClassifier()
cv=LeaveOneOut()
scores=cross_val_score(knn,iris.data,iris.target,cv=cv)
print('K 近邻分类模型准确率：{:.3f}'.format(scores.mean()))
```

2. 运行结果（见图 12.6）

```
控制台
迭代次数： 150
K近邻分类模型评均分：0.967
程序运行结束
```

图 12.6　留一交叉验证法评估的 K 近邻模型准确率

3. 结果解读

从图 12.6 可以看到，使用留一交叉验证法评估的 K 近邻模型准确性为 0.967。由于鸢尾花数据集中一共有 150 个样本，所以使用留一交叉验证法需要迭代 150 次。对于每次迭代，都需要选择一个样本作为验证数据，其余 149 个样本为训练数据。

该方法主要用于数据集的样本量非常少的情况，因为给定的数据集里有 N 个样本，它就需要训练 N 个模型，并做 N 次验证。如果数据量太大的话，就会非常费时。但是该方法不受随机样本划分方式的影响，因为它使用的训练集与原始数据集相比只少了一个样本，这就使得在绝大多数情况下，该方法评估结果被认为比较准确，即评分准确率很高。因此，当数据集所包含样本非常少时，建议用此方法。

12.2　分类模型的可信度评估

回顾我们之前所学的知识，评价一个分类模型最常用的指标就是准确率（Accuracy），但是在没有任何前提的情况下使用准确率作为评价指标，往往不能反映一个分类模型性能的好坏，例如，假设一个数据集极度偏斜（Skewed Data），其中正类样本占总数的 95%，负类样本仅占总数的 5%，分类模型即使把所有样本全部判断为正类，该模型也能达到 95% 的准确率，但是这个模型没有任何的意义。

因此，对于一个模型，我们需要从不同的方面去判断它的性能。在评价一个模型的性能优劣时，使用不同的性能度量会导致不同的评价结果。这意味着模型的好坏是相对的，训练出优秀的模型，不仅取决于算法和数据，还取决于任务需求。例如，医院中检查病人是否有心脏病的模型，这个模型的目标是将所有患病的人给检测出来，即便会有许多的误诊（将没病检测为有病）；警察追捕罪犯的模型的目标是将罪犯准确地识别出来，而不希望有过多的误判（将正常人认为是罪犯）。针对不同的任务需求，模型的训练目标不同，因此评价模型性能的指标也会有所差异。本节将重点介绍在分类模型里常用的几种评价指标。

12.2.1　混淆矩阵

混淆矩阵（Confusion Matrix）是机器学习中总结分类模型预测结果的情形分析表，它把所有类别的真实值和预测值按不同类别放到同一个表中，方便我们清楚地了解每个类别正确识别的数量和错误识别的数量。混淆矩阵能够比较全面地反映模型的性能，同时也能衍生出很多的评价指标。

混淆矩阵的行代表真实值，列代表预测值。下面我们以二分类为例，了解混淆矩阵的表现形式，具体如表 12.2 所示。

表 12.2　二分类的混淆矩阵

混淆矩阵		预测值	
		负例（0）	正例（1）
真实值	负例（0）	TN（真负例）	FP（假正例）
	正例（1）	FN（假负例）	TP（真正例）

TP（True Positive）：将正例预测为正类数，真实为 1，预测也为 1。

FN（False Negative）：将正例预测为负类数，真实为 1，预测为 0。

FP（False Positive）：将负例预测为正类数，真实为 0，预测为 1。

TN（True Negative）：将负例预测为负类数，真实为 0，预测也为 0。

下面我们举个例子进一步说明混淆矩阵。假如水果店门口摆着 10 个瓜，其中有 7 个西瓜、3 个冬瓜。现在有一个分类器将这 10 个瓜进行分类，分类结果为 6 个西瓜、4 个冬瓜，我们得出来的混淆矩阵如表 12.3 所示。

表 12.3　西瓜与冬瓜分类混淆矩阵

混淆矩阵		预测值	
		负例（冬瓜）	正例（西瓜）
真实值	负例（冬瓜）	3	0
	正例（西瓜）	1	6

通过混淆矩阵，我们可以轻松地算出真实的西瓜数量为1+6=7（行数量相加），真实的冬瓜数量为3+0=3，分类预测得出西瓜数量为0+6=6（列数量相加），冬瓜数量为3+1=4。在这个混淆矩阵中，我们可以很容易判断出分类器预测结果存在的问题。本例中实际只有3个冬瓜，但是系统将其中1个西瓜预测成了冬瓜，从混淆矩阵中可以很方便直观地看出哪里有错误。

12.2.2 分类系统的评价指标

基于混淆矩阵衍生出来的分类模型评价指标有以下几种。

1. 准确率

评价一个分类模型最简单、最常用的指标就是准确率（Accuracy），也是我们前面章节中经常用到的分类模型评估指标。准确率是指对于给定的测试集，分类模型预测正确的结果与总样本数之比，其公式如下：

$$\text{准确率(Accuracy)}=\frac{TP+TN}{TP+FP+FN+TN} \tag{12.1}$$

式（12.1）中的分子值就是混淆矩阵对角线上的值（真正例+真负例），分母是矩阵中全部值相加。在一定情况下，准确率可以较好地评估分类模型的效果，但是，前面也提到，在某些情况下，譬如数据集中数据占比不平衡（某类数据的样本数量相差太大），其分类评估效果可能会有很大差异。因此，在没有任何前提的情况下使用准确率作为评价指标，往往不能反映一个模型性能的好坏。

在预测分析中，由TP、TN、FP、FN组成两行两列的混淆表格，允许我们做出更多的分析，而不仅仅局限在准确率。我们还可以从不同需求出发，根据混淆矩阵计算更多评估指标。例如，在一箱瓜中挑出的5个瓜中有多少个是西瓜；所有的西瓜中有多少被挑出来了。

2. 精确率和召回率

精确率（Precision）也称为查准率，指的是分类模型所得到预测值与真实值之间的精确程度，即预测正确的正例数占预测为正例总量的比率。换句话说，就是在预测为正样本的结果中，我们有多少把握可以预测正确。具体公式定义如下：

$$\text{精确率（Precision）}=\frac{TP}{TP+FP} \tag{12.2}$$

这里我们需要注意的是，精确率和前面的准确率很容易被混为一谈。二者的区别是：准确率针对的是所有样本，精确率只是针对预测为正例的样本。

召回率（Recall）也称为查全率，是指分类模型预测正确的正例数占真正的正例数的比率。一般情况下，召回率越高，模型的效果越好，说明有更多的正类样本被模型预测正确。

$$\text{召回率（Recall）}=\frac{TP}{TP+FN} \tag{12.3}$$

精确率（查准率）和召回率（查全率）是一对矛盾的度量。通常情况下，精确率高时，召回率则偏低；而召回率高时，精确率则偏低。

我们仍然用上面的例子进行说明，如果以召回率作为衡量标准，假设我们希望在一堆瓜中尽可能多地将冬瓜挑选出来，则可以通过增加冬瓜的数量来实现，如果将所有瓜都选上了，那么所有的冬瓜也必然挑出来了，同时精确率也就降低了，而召回率是 100%。如果以精确率作为衡量标准，若希望提高选出的瓜中冬瓜的比例，则只选最有把握的瓜，但这样难免会漏掉不少冬瓜，即错判的概率相对会较多，导致召回率降低了。

在不同的使用场景下，对于精确率和召回率各有侧重。例如，我们以某银行信用卡业务为例，银行在给目标客户办理信用卡时，为了降低风险首先需要对目标客户进行信用评级，这时银行希望精确率尽可能大，才能尽可能地将风险最小化。在进行信用卡营销时，银行则希望召回率尽可能大，这样才能获取足够多的目标客户。

3. F1-Score

前面介绍了机器学习中分类模型的精确率和召回率评估指标，在理想情况下，我们希望模型的精确率越高越好，同时召回率也越高越好。但是，现实情况往往事与愿违，在现实情况下，精确率和召回率像是坐在跷跷板的两端，一个值升高，另一个值则降低。很多时候我们需要综合权衡这两个指标，这就引出了一个新的指标 F1-Score（F1 分数），又称为平衡 F 分数（Balanced F Score），它被定义为精确率和召回率的调和平均。

F1-Score 的核心思想：它同时兼顾了分类模型的精确率和召回率，即在尽可能提高精确率和召回率的同时，也希望两者之间的差异尽可能小。F1-Score 常用于二分类问题评估，具体计算公式如下。

$$\text{F1-Score} = 2 \times \frac{\text{Precision} \times \text{Recall}}{\text{Precision} + \text{Recall}} \tag{12.4}$$

可以看到，在式（12.4）里我们认为精确率和召回率是一样重要的（他们的权重一样），当我们的评估更加注重精确率或者召回率的时候，该怎么处理呢？我们引入 β 参数，对于任意的非负 β，F1-Score 定义如下。

$$\text{F1-Score} = (1+\beta^2) \times \frac{\text{Precision} \times \text{Recall}}{\beta^2 \times \text{Precision} + \text{Recall}} \tag{12.5}$$

式（12.5）中的 β 用来平衡精确率、召回率在 F-Score 计算中的权重，其取值情况有以下三种。

如果 β 的取值等于 1，表示精确率与召回率都很重要，权重相同。

如果 β 的取值小于 1，表示精确率比召回率重要。

如果 β 的取值大于 1，表示召回率比精确率重要。

在式（12.5）中，可以通过调整 β 来帮助我们更好地评估结果。不难看出，准确率、精确率、召回率都为 1 时，分类模型性能最佳，但实际场景中几乎是不可能的。因为精确率和召回率往往会相互影响，所以，在实际应用中要根据具体需求做适当平衡。

12.2.3 应用案例：识别乳腺癌

在医疗领域中，一般通过人工分析患者的 CT 报告来判断患者的肿瘤是良性还是恶性，既费时间又费精力。在医疗资源紧缺的情况下，我们是否可以根据患者胸部细胞的大小、形态、细胞膜黏性等特征来判断患者是否患有乳腺癌呢？答案是肯定的。在人工智能领域，通过机器学习算法，我们已经可以编写乳腺癌识别的程序，这种方法既省时又省力，本节中我们将结合 12.1 节所学知识，对其进行评估，确保乳腺癌识别程序的准确性。

本应用案例需要的乳腺癌肿瘤数据集是由美国威斯康星州临床科学中心提供的。该数据集一共包含 569 个样本，其中每个样本包括肿瘤的半径、纹理、面积、光滑度、紧密度等 30 个特征。诊断类型（Diagnosis）是标签，标签值分别为良性、恶性。其中，标签为良性（Benign）的样本数为 357 个，标签为恶性（Malignant）的样本数为 212 个。大家可以访问“UCI 机器学习数据库”网站，进一步了解乳腺癌数据集的详细内容，获取完整的数据。

源 码 屋

1. 程序源码

```
from sklearn.metrics import classification_report
from sklearn.metrics import f1_score,fbeta_score
from sklearn.metrics import accuracy_score,recall_score, precision_
score
from sklearn.metrics import confusion_matrix
from sklearn.model_selection import train_test_split
from sklearn.linear_model import LogisticRegression
import numpy as np
from sklearn import datasets
breast_cancers = datasets.load_breast_cancer()  # 导入乳腺癌数据集
X_train, X_test, y_train, y_test = train_test_split(
breast_cancers.data, breast_cancers.target, random_state=666)
log_reg = LogisticRegression()
log_reg.fit(X_train, y_train)
y_predict = log_reg.predict(X_test)
print(" 混淆矩阵: \n", confusion_matrix(y_test, y_predict))
print(" 模型准确率: {:.3f}".format(accuracy_score(y_test, y_predict)))
print(" 模型精准率: {:.3f}".format(precision_score(y_test, y_predict)))
print(" 模型召回率: {:.3f}".format(recall_score(y_test, y_predict)))
print("F1_Score: {:.3f}".format(f1_score(y_test, y_predict)))
print("Fbata_Score: {:.3f}".format(fbeta_score(y_test, y_predict, aver-
age='weighted', beta=1.5)))
```

2. 运行结果（见图 12.7）

```
混淆矩阵：
 [[51  5]
 [ 5 82]]
模型准确率：0.930
模型精准率：0.943
模型召回率：0.943
F1_Score: 0.943
Fbata_Score: 0.930
```

图 12.7 分类模型评估结果

3. 结果解读

从图 12.7 中可以看出，模型精准率和召回率的值一样，均为 0.943，所以 F1-Score 的值也为 0.943，说明精确率和召回率的权重一样的。通常在疾病预测案例过程中，我们更期望预测模型有较高的召回率，即召回率的权重要高于精准率，以便保证患者不会被漏诊。因此，我们人为地将 β 的值设置为 1.5 时，Fbata_Score 值达到了 0.93，再结合准确率来判断模型效果，说明模型预测效果很好。

12.3 回归模型的可信度评估

前面的章节中我们详细讨论了分类模型评估的问题，分类模型常用的评估测度是准确率，但这种方法不适用于回归问题，那对于一个已经训练好的线性回归模型，我们应该怎样对其进行评估呢？以房价预测为例，假设我们训练得到了如图 12.8 所示的两个模型：h_1（红色）与 h_2（黄色）。应该选哪一个呢，或者说在不能可视化的情况下，我们又该如何来评估以上两个模型的好坏呢？

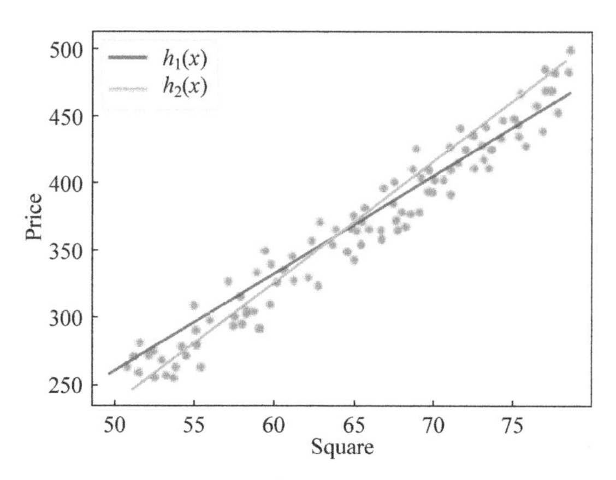

图 12.8 线性回归模型的数据拟合程度

下面我们将介绍三种常用的针对回归问题的评价指标，使用它们衡量回归模型对数据的拟合程度。

12.3.1 平均绝对误差

根据前面章节所学的知识，回归算法的目标是找出一组系数 θ，让损失函数的值最小，那么我们评价回归算法其实就是让$W_{\text{test}}=\sum_{i=1}^{m}\left|y_{\text{test}}^{(i)}-\hat{y}_{\text{test}}^{(i)}\right|$最小，即目标值和预测值之差的绝对值之和最小，以此来衡量线性回归模型对数据的拟合程度。但此时让我们思考一个问题：假如小梅和小明都写了一个房产预测的算法，但是小梅用$W_{\text{test}}=\sum_{i=1}^{m}\left|y_{\text{test}}^{(i)}-\hat{y}_{\text{test}}^{(i)}\right|$衡量标准发现 W 为 1726，而小明衡量后发现 W 为 568。那么是否能说明小明的算法要比小梅的好？聪明的读者一定发现了，这个衡量标准有一个致命的缺点，即没有考虑样本的容量 m，m 越大，它的误差累计就必然越大。

平均绝对误差（Mean Absolute Error，MAE）则可以很好地解决上述问题，我们只需要求取 W 的平均值即可。于是上面的衡量标准变成了：

$$MAE=\frac{1}{m}\sum_{i=1}^{m}\left|y_{\text{test}}^{(i)}-\hat{y}_{\text{test}}^{(i)}\right| \tag{12.6}$$

式中，$\hat{y}_{\text{test}}^{(i)}$ 是预测值，$y_{\text{test}}^{(i)}$ 是真实值，$\left|y_{\text{test}}^{(i)}-\hat{y}_{\text{test}}^{(i)}\right|$ 是绝对误差。

平均绝对误差（MAE）是衡量预测值与真实值之间平均相差多大，MAE 的值越小，说明训练出来的模型预测效果越好，反之则越糟糕。

因此，MAE 的优点是能更好地反映预测值误差的实际情况，很好地避免了样本容量对误差衡量的影响。另外，MAE 对异常值有较好的鲁棒性，在样本数据中有不利于预测结果异常值的情况下也有较好的稳定性。但是其也有天然的缺陷，首先绝对值无法求导，导致很难求解线性方程中的系数值，其次在使用梯度法寻找模型最优解时，若使用 MAE 时，其更新的梯度始终相同，也就是说，即使对于很小的损失值，梯度也很大，这样可能会无法找到最优解，导致训练效果不好，不利于模型的学习。

12.3.2 均方误差

均方误差（Mean Squared Error，MSE）是对于模型预测值与真实值之差进行平方然后求和平均，是衡量平均误差的一种较为方便的方法。MSE 也是线性回归中最常用的损失函数，线性回归过程中要尽量让该损失函数最小。MSE 的值越小，说明预测模型描述实验数据具有更好的精确度，其可以评价数据的变化程度，具体公式如下：

$$MSE=\frac{1}{m}\sum_{i=1}^{m}\left(y_{\text{test}}^{(i)}-\hat{y}_{\text{test}}^{(i)}\right)^2 \tag{12.7}$$

式中，$\hat{y}_{\text{test}}^{(i)}$ 是预测值，$y_{\text{test}}^{(i)}$ 是真实值，$\left(y_{\text{test}}^{(i)}-\hat{y}_{\text{test}}^{(i)}\right)^2$ 是平方误差。

MSE 相比 MAE 而言，使用梯度法寻找模型最优解时，MSE 在这种情况下的表现很好，MSE 损失的梯度随损失增大而增大，而损失趋于 0 时则会减小。这使得在模型训练结束时，使用 MSE 训练出来的模型结果相比 MAE 会更精确。

但是其也有缺陷，从式（12.7）可以看出，MSE 对误差（Error）进行了平方，如果

$(y_{\text{test}}^{(i)}-\hat{y}_{\text{test}}^{(i)})^2$ 大于 1，这个值就会大于 MAE 中的 $|y_{\text{test}}^{(i)}-\hat{y}_{\text{test}}^{(i)}|$。因为我们用 MSE 作为损失函数的目的是找出一组系数 θ 让损失函数的值最小，但是如果出现异常值（Outliers），MSE 会对异常值赋予更大的权重，即会导致误差变得非常大，这就会影响总体的模型效果。

12.3.3 均方根误差

均方根误差（Root Mean Squared Error，RMSE）也叫作标准误差，它是预测值与真实值的误差的平方与预测次数比值（样本量）的平方根。RMSE 是在 MSE 的基础之上开平方而来，同样，RMSE 也是用来衡量预测值同真实值之间的偏差，RMSE 值越小表示模型越好，其定义如下：

$$RMSE=\sqrt{MSE}=\sqrt{\frac{1}{m}\sum_{i=1}^{m}\left(y^{(i)}-\hat{y}^{(i)}\right)^2} \tag{12.8}$$

仔细分析式（12.8），聪明的读者可能会问，这不就是对 MSE 开个平方根吗，这和 MSE 有什么区别呢？其实本质上是一样的，但是这么做有一个好处就是对误差计算结果的量纲和样本点自身原本的量纲进行了统一，以便对数据进行更好的描述。举个例子：我们在进行房价预测时，房屋的价格是以万元为单位的，而我们预测结果也是以万元为单位，但是通过上述公式计算得出的预测值与真实值之间的误差的平方，单位应该是千万或亿级别的。这样我们在进行模型效果描述的时候，其单位与我们房屋价格所用的单位就不处于同一个量纲上，这样就导致我们不太好描述自己训练出来的模型效果。

RMSE 的特点是其对一组测量中的特大或特小误差反应非常敏感，即在模型训练过程如果有一组预测值与真实值相差很大，那么 RMSE 就会很大，所以 RMSE 能够很好地反映出模型测量的精密度，因此，其可以作为评定这一测量过程精度的标准。

知识窗

量纲（Dimension）

量纲也叫因次，是指物理量固有的、可度量的物理属性。一个物理量是由自身的物理属性（量纲）和为度量物理属性而规定的量度单位两个因素构成的。每一个物理量都只有一个量纲，不以人的意志为转移；每一个量纲下的量度单位（量度标准）是人为定义的，因度量衡的标准和尺度而异。如我们本例中讨论的房子的面积是按照平方米来计算的，那么面积的量纲就是长度米的平方。

上面所讲的衡量回归算法的指标（MAE、MSE、RMSE）只是一个可行的思路，但是在实际应用的时候这些指标依然有缺陷。前面章节中我们提到训练一个回归模型时，我们的目标就是要使损失函数达到极小值，虽然以上三个评估指标均能够获得一个评价值，但是并不知道这个值代表模型拟合是优还是劣，只有通过对比才能达到效果，正所谓没有对比就没有伤害，就是这个道理。

在此我们引入实际工作中最常用的衡量方法：R^2（R Squared）又称为拟合度。R^2 的评价方法能够以一个统一的标准来衡量模型的优劣，以此来判断算法模型在解决不同问题时的优劣。

12.3.4 R^2

R^2（R Squared）又称为决定系数（Coefficient of Determination)，它是表征回归模型对观测值的拟合程度如何，判断的是预测模型和真实数据的拟合程度。具体公式如下：

$$R^2 = 1 - \frac{SS_{residual}}{SS_{total}} = 1 - \frac{\sum_{i=1}^{m}(\hat{y}^{(i)} - y^{(i)})^2}{\sum_{i=1}^{m}(\bar{y} - y^{(i)})^2}$$

式中，$SS_{residual}$ 其实就是预测值与真实数据之间的误差，类似于 MSE，SS_{total} 是真实值与其均值之间的误差平方和，也可以理解为真实值的离散程度。二者相除可以消除真实值离散程度的影响，具体内容如下：

$$\begin{cases} SS_{residual} = \sum_{i=1}^{m}(\hat{y}^{(i)} - y^{(i)})^2 \\ SS_{total} = \sum_{i=1}^{m}(\bar{y} - y^{(i)})^2 \end{cases}$$

m 是样本数量，$\hat{y}^{(i)}$ 是预测值，$y^{(i)}$ 是真实值，$\bar{y}$ 是真实值的均值，即：

$$\bar{y} = \frac{1}{m}\sum_{i=1}^{n} y^{(i)}$$

用 R^2 方式来衡量模型的优劣其实就是用模型拟合数据所产生的误差与数据集自身平均值与自己的误差相比较。我们可以根据 R-Squared 的取值，来判断模型的好坏，其取值范围为 [0,1]。

模型对数据的拟合度越高，R^2 值就越大，最大值为 1，当值等于 1 时，说明我们训练出来的模型没有任何错误。

模型对数据的拟合度越低，R^2 值就越小，当值为 0 时，说明我们训练出来的模型非常不可靠，拟合效果很差。

12.3.5 应用案例：波士顿房价预测

本节以线性回归案例讲解，以波士顿房价数据集为线性回归案例数据，进行模型训练。然后，我们将结合前面所学的 4 个回归模型评价指标，对其进行评估，确保波士顿房价预测程序的准确性。

本案例中需要使用的房价数据集来自美国人口普查局收集的美国马萨诸塞州波士顿住房价格的有关信息。该数据集一共包含 506 个样本，其中每个样本包括房屋所在城镇的人均犯罪率、住宅房间数、房产税、环保指数等 13 个特征。房价（Price）是标签。大家可以访问“UCI 机器学习数据库”网站进一步了解波士顿房价数据集的详细内容，获取完整的数据。

源码屋

1. 程序源码

```
import numpy as np
from sklearn.model_selection import train_test_split
from sklearn.linear_model import LinearRegression
from sklearn.metrics import mean_squared_error
from sklearn.metrics import mean_absolute_error
from sklearn.metrics import r2_score
from sklearn.datasets import load_boston
# 加载波士顿房价数据集
boston_data =load_boston()
X = boston_data.data
y = boston_data.target
# 将原始数据划分为训练数据集和测试数据集两部分，其中测试数据集占总数据集的 30%
X_train, X_test, y_train, y_test = train_test_split(X, y, test_size=0.3,random_state=2)
# 建立线性回归模型，并训练
linear = LinearRegression()
linear.fit(X_train, y_train)
# 预测
y_pred = linear.predict(X_test)
# 验证线性回归模型
print("MAE:{:.3f}".format(mean_absolute_error(y_test,y_pred)))
print ("MSE:{:.3f}".format(mean_squared_error(y_test, y_pred)))
print("RMSE:{:.3f}".format(np.sqrt(mean_squared_error(y_test, y_pred))))
print("R2:{:.3f}".format(r2_score(y_test,y_pred)))
```

2. 运行结果（见图 12.9）

```
MAE:3.393
MSE:23.039
RMSE:4.800
R2:0.733
```

图 12.9　线性回归模型评估结果

3. 结果解读

从图 12.9 中可以看出，我们使用 MAE、MSE、RMSE 均得到了相应评估数值，那么我们应该如何根据这三个评估值来衡量这个模型呢？根据我们前面所学知识，得知这三个指标的值均是越小越好。但令人尴尬的是，因为没有常模作为参照，也没有别的模型进行横向对比，那么，数值究竟多少才好，这就不得而知了。在这种情况下，要衡量该模型的优劣，必须得借助 R^2 值，这里的 R^2 值为 0.733，说明我们训练出来的模型勉强合格。

12.4 超参数调优

在前面章节中，我们学习到了各种不同的机器学习算法模型，在训练模型时，大家可能经常遇到这样一个问题：模型的超参数的取值会极大地影响模型的评估效果，如果超参数选择不恰当的话，训练的模型就会出现欠拟合或者过拟合的问题。那我们究竟应该如何选择合适的超参数，使得训练后的模型泛化表现最佳呢？通常不外乎有以下几种做法，根据经验或直觉来直接选择参数，或者让计算机随机挑选一组值，或者人工挨个尝试不同的参数取值，然后对比模型的泛化表现。

挨个选择参数取值这种方法虽然有效，但若遇到有多个参数组合，那就显得有一点笨拙了。下面我们使用一些技巧即通过网格搜索(Grid Search)方式来快速找到更优的超参数。

知识窗

网格搜索

网格搜索（Grid Search）是一项模型超参数优化技术，也可以称为一种超参寻优手段。在所有候选的参数选择中，将各个参数可能的取值进行排列组合，然后通过循环遍历，尝试每一种参数组合，最终选取表现最好的参数组合作为最终的结果。举一个例子：假设某个模型有 a、b 两个参数，参数 a 有 5 种可能的取值，参数 b 有 6 种可能的取值，把所有可能性取值列出来，可以形成一个 5×6 的网格，循环过程就像是在每个网格里遍历搜索，顾名思义我们称其为网格搜索。如果某个模型有多个参数，即有很多排列组合的话，就可以使用网格搜索方法来寻求最优超参数的组合。

12.4.1 简单网格搜索来寻找超参数

仍以 KNN 算法为例来讲解网格搜索方法。我们知道，在 KNN 算法中有三个比较重要的参数，分别是 n_neighbor（K 的取值）、weights（邻近点的计算权重值）和 p（距离公式的取值）。在默认情况下，K 的取值是 5，weights 的取值是“uniform”，而 p 的取值是 2。

在真实环境下，若直接使用 KNN 算法默认值来训练模型，最后得到的模型不一定会获得最高评分。因此，我们可以通过网格搜索方法来择取 KNN 算法最佳的超参数组合，使其训练出来的模型在真实环境中也尽可能地获得最高评分。

源码屋

1. 程序源码

```
from sklearn.datasets import load_wine
from sklearn.model_selection import train_test_split
```

```
from sklearn.neighbors import KNeighborsClassifier
wine = load_wine()# 导入红酒数据集
X_train, X_test, y_train, y_test = train_test_split(
wine.data, wine.target, random_state=333)
best_score, best_k,best_w,best_p = 0,0,0,0
k_range = range(1, 11) # 指定 K 值的取值范围
for k in k_range:
for w in['uniform','distance'] :
    if w=='distance':
      for p in range(1,10):
        knn = KNeighborsClassifier(n_neighbors=k,weights=w,p=p)
        knn.fit(X_train,y_train)
        score = knn.score(X_test,y_test)
        if score > best_score:
           best_score = score
           best_k = k
           best_w=w
           best_p=p
    else:
      knn = KNeighborsClassifier(n_neighbors=k,weights=w)
      knn.fit(X_train,y_train)
      score = knn.score(X_test,y_test)
      if score > best_score:
           best_score = score
           best_k = k
           best_w=w
print(" 最佳的超参数 K 的值为: ", best_k)
print(" 最佳的超参数 weights 的值为: ", best_w)
print(" 最佳的超参数 p 的值为: ", best_p)
print(" 最佳评分为: {:.3f}".format(best_score))
```

2. 运行结果（见图 12.10）

```
最佳的超参数K的值为:  2
最佳的超参数weights的值为:  distance
最佳的超参数p的值为:  1
最佳评分为: 0.867
程序运行结束
```

图 12.10　最佳超参数的取值

3. 结果解读

这段代码中，我们使用了 for 循环嵌套来遍历指定范围内的模型的全部超参数组合，并找出模型最高分及所对应的参数组合。从结果可以看到，通过这种纯手工的网格搜索方式快速找到了模型最高分 0.867；当模型得分最高时，K 的取值为 2，weights 的值为 distance，p 取值为 1。到目前为止，大家可能觉得已经找到了一个很好的寻找超参数的方法，但是这种方法也是有局限性的。

局限性一：从上面的代码中我们可以看出，我们进行多轮迭代所得到的模型评分

都是基于同一个训练集和测试集，在这种情况下所训练出来的模型，其所得的高评分，仅仅只能反映在当前训练集和测试集下的得分情况，并不能表示在新数据样本下也有高评分的表现。例如，我们把上面案例中的 train_test_split 的参数从 333 改成 2，即：

X_train,X_test,y_train,y_test=train_test_split(wine.data,wine.target, random_state=2)，运行代码之后，会得如图 12.11 所示的结果。

```
最佳的超参数K的值为： 7
最佳的超参数weights的值为： distance
最佳的超参数p的值为： 1
最佳评分为：0.800
程序运行结束
```

图 12.11 更换数据样本后的超参数取值

由图 12.11 可知，只要稍对 train_test_split 拆分数据集进行变更，模型的最高评分就降到了 0.8，相对应的超参数集合都发生了变化，K 的取值从变更前的 2 变成了 7。为了降低不同的数据样本对模型效果的影响程度，让训练出来的模型泛化能力更强，我们可以将前面介绍过的交叉验证法和网格搜索结合使用。

局限性二：从上面的案例中我们可以发现，当超参数较多，并且某些超参数之间又存在一定的关联关系时，通过人工方式来组合、调整超参数，直至找到最佳的超参数组合，这种做法会使代码非常冗长、逻辑复杂并且可读性非常差。

幸运的是，scikit-learn 为我们提供了 GridSearchCV 类来进行这项最佳超参数搜索工作。下面我们将使用 GridSearchCV 类所提供的功能寻找最佳超参数。

12.4.2 与交叉验证结合的网格搜索

从名称上看，GridSearchCV 包含两部分功能，即 GridSearch（网格搜索）和 CV（交叉验证）。这非常好理解，就是在指定的参数范围内，通过循环依次调整参数，利用调整后的参数训练模型，从所有的参数中找到在验证集上得分最高的参数，见表 12.4。

表 12.4 GridSearchCV 类的常用参数及功能

参 数	功能与描述建议
estimator	scikit-learn 估计器接口，选择使用的估计器，即自己选定的模型
param_grid	需要最优化的参数的取值，取值为字典或者列表
cv	int 类型。确定交叉验证分割策略，指定 k-fold 数量，默认值为“None”，即默认使用五折交叉验证
n_jobs	int 类型。选择要并行运行的作业数，跟 CPU 核数一致，默认值为 1。当取值为 -1 时，表示使用所有处理器

下面是我们使用 GridSearchCV 对 KNN 算法进行超参数搜索的案例。

1. 程序源码

```
from sklearn.datasets import load_wine
from sklearn.model_selection import train_test_split
from sklearn.neighbors import KNeighborsClassifier
wine = load_wine()  # 导入红酒数据集
X_train, X_test, y_train, y_test = train_test_split(
wine.data, wine.target, random_state=333)
grid_params=[
    {
    'weights':['uniform'],
    'n_neighbors':[i for i in range(1,20)]M# 指定 n_neighbors 的取值范围
    },
    {
    'weights':['distance'],
    'n_neighbors':[i for i in range(1,20)],
    'p':[i for i in range(1,5)]
    }
]
from sklearn.model_selection import GridSearchCV
knn1 = KNeighborsClassifier()
knn1.fit(X_train,y_train)
print(" 未使用网格搜索得到的模型分类准确率 :{:.3f}".format(knn1.score(X_test,
y_test)))
grid_search = GridSearchCV(knn1, grid_params)
grid_search.fit(X_train,y_train)
knn2=grid_search.best_estimator_
print(" 使用网格搜索后得到的模型分类准确率 :{:.3f}".format(knn2.score(X_test,
y_test)))
print(" 最佳的分类器对象 ", grid_search.best_estimator_)
print(" 最佳超参数集合: ", grid_search.best_params_)
```

2. 运行结果（见图 12.12）

```
未使用网格搜索得到的模型分类准确率:0.689
使用网格搜索后得到的模型分类准确率:0.867
最佳的分类器对象 KNeighborsClassifier(n_neighbors=1, p=1, weights='distance')
最佳超参数集合:  {'n_neighbors': 1, 'p': 1, 'weights': 'distance'}
程序运行结束
```

图 12.12　与交叉验证结合的网格搜索结果

3. 结果解读

由图 12.12 可知，未使用网格搜索法，即采用默认值方式对红酒的数据集进行模型训练得到的模型分类准确率为 0.689，而使用网格法并结合交叉验证得到的最优模型的分类准确率为 0.867，使用网络搜索法后模型准确率明显提高了。

另外，我们要获得该模型的最佳超参数集合，案例中使用了 GridSearchCV 类的 best_params_ 属性，并获得了最佳超参数集合，具体如图 12.12 所示。

将 GridSearchCV 与简单网格搜索寻找参超数的案例对比，大家会发现这里得到的最佳超参数集合与前面的案例得到的超参数集合完全一致，这说明 GridSearchCV 在寻找最佳超参数组合时，也是采用穷举搜索的手段，只是其将交叉验证和网格搜索封装在一起，方面我们使用罢了。不过需要注意的是，当超参数过多时，通过 GridSearchCV 搜索超参数的过程耗费的时间会成倍增长，这时候我们可以考虑使用随机搜索，感兴趣的读者可以查阅更多的资料，这里不再深入探讨。

本章小结

模型评估与优化一直都是机器学习领域中一个重要研究内容。在具体分类模型、回归模型评估与优化过程中，可能会有部分小伙伴容易混淆分类模型与回归模型评估指标使用场景，甚至直接省略对训练模型的评估，这是绝对不可取的。模型评估是模型训练过程中一个极其重要的工作环节，只有选择与问题相匹配的评估方法，才能快速地发现模型选择与模型训练过程中出现的问题，有针对性地去优化模型。

在本章中，我们简单探讨了交叉验证、分类模型与回归模型的可信度评估，以及通过网格搜索法进行模型调参。针对分类、回归、排序、序列预测等不同类型的机器学习问题，其评估指标不尽相同，本章只是起到一个抛砖引玉的作用。最后需要强调的是，在真实场景中，绝大多数数据都不会像我们案例所使用的示例数据集那样规范，因此在模型评估和参数调优，首先充分了解读者的数据集是至关重要的。

第四部分
聚　　类

中国有句古话“物以类聚，人以群分”，这句话里有“聚”和“分”两个反义词。但在这里，它们是一个意思，即有相似特点的事物会聚在一起，反之则会分开，从而形成一个个集合。但是聚类不同于分类，聚类是无监督学习的一种。

在第一部分中我们学习了分类的相关知识，它是监督学习的一种，即要对数据进行分类，首先要使用已有标签的训练数据训练模型，然后根据训练后的模型（分类器）进行分类。譬如，将学校学生按照性别进行分类，很明显，这里分类的标注信息为性别，也就是“男、女”。还有很多这样的例子，如鸢尾花、图像、音频和视频的分类，都可以按照标注信息（分类器）进行分类。

但是，如果有一组数据，没有标注分类信息，那该怎么处理呢？答案就是本节要学习的——聚类。聚类与分类的不同在于，聚类所要求划分的类是未知的，不是事先指定的。假设学校操场上有若干个学生，我们可以根据学生的发型、穿着打扮等特征，把他们划分成不同的类别，如图所示。

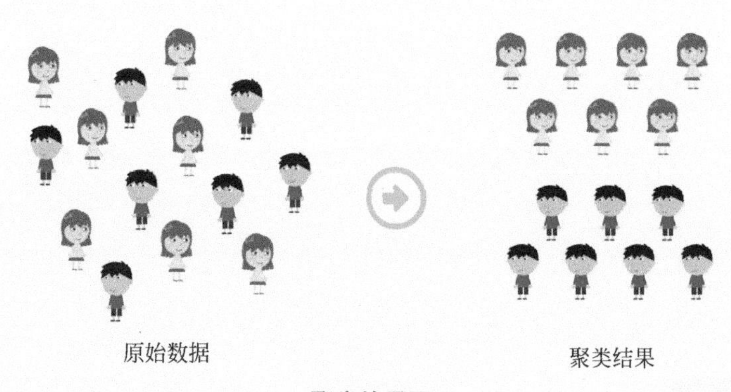

聚类简易图

从图中不难看出，尽管我们没有像分类算法一样，把性别设为标签，但是，根据我们给定的聚类特征，同样也将这些学生聚成了两类：男生和女生。这里，我们可以将聚类理解成对一组没有标签的数据，按照一定的特征，把它们聚合成不同的类，也就是特征相近的聚合成一个类，我们称之为“簇”。

聚类算法在数据挖掘、模式识别、图像识别等方面应用非常广泛。例如，到同一家餐厅就餐的消费者会有不同的消费特点，根据消费者这些不同的消费特点，餐厅可以制定出不同的菜品组合，从而获得最大消费利润；在生物应用上，使用聚类的方法对动植物进行分类，根据动植物的外观、颜色、习性等不同的特点进行分类。

人工智能中关于聚类的算法很多，且各有千秋。面对不同的问题，要选择合适的聚类算法，才能得到更有价值的结果。下面我们就一起来学习两个比较常见的聚类算法：基于划分的K均值聚类算法和基于密度的DBSCAN算法。

第 13 章　物以类聚：K 均值聚类

在聚类算法中，K 均值聚类（K-means）算法是一种使用广泛且高效的聚类算法。其核心逻辑是按照数据样本间的相似度（特征）进行聚合。比如，一个集体在经过较长时间的相互了解和接触后，可以发现在这个集体中会分成几个关系好的小团体。其实我们也可以根据这个集体中个体的一些特征进行聚类，比如性格、爱好等，来预测他们中间哪些人关系更为亲密，这也就是我们常说的“物以类聚，人以群分”。数据样本通过聚类操作后，我们可以利用聚类结果，对每个类单独进行分析和预测，从而得到我们想要的数据。

实践出真知，虽然 K 均值算法使用非常简便，但我们还是要仔细和认真了解它的原理、过程和特点等相关知识，遇到问题时才能做到事半功倍的效果。下面就让我们一起使用 K 均值算法做一个识花大师吧。

本章要点

1. K 均值算法的原理
2. K 均值算法的应用
3. K 均值算法的特点

13.1　K 均值算法的原理

K 均值算法是基于划分的无监督学习算法，它不同于之前我们所学的分类算法。它事先不知道数据样本有多少类别，而是根据数据样本特征或某种相似度聚合成多个类别，如图 13.1 所示。譬如，我们想知道在一所学校中，哪些学生会玩在一起，哪些学生之间的关系比较好，我们就可以根据学生的某些特征或相似度进行聚类，得到多个簇，那么这多个簇就代表学生群体之间的关系远近。在同一个簇里的这些学生关系就比较好，不在同一个簇里的学生可能关系就要差一些。

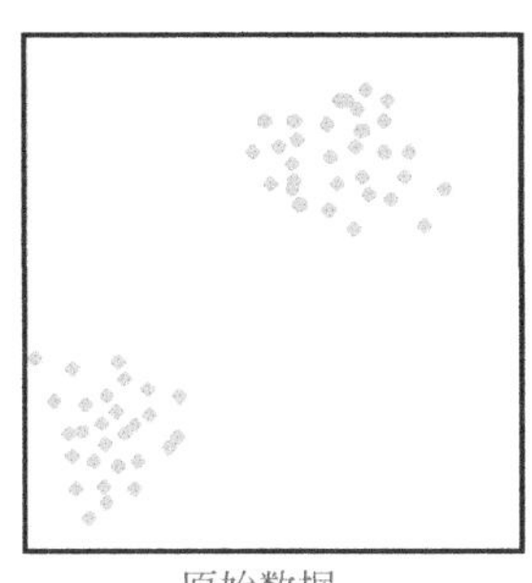

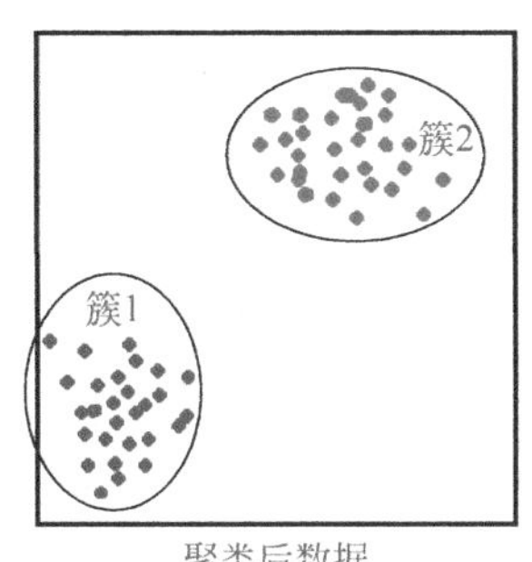

图 13.1 聚类实例图

通过以上描述，我们对 K 均值算法有了大致的了解，若要使用它来解决实际问题，就要了解其内部原理和过程。

13.1.1 K 均值算法的基本思想

对于 K 均值聚类来说，在对数据样本集操作时，我们不知道该数据样本集合中包含多少类别。我们需要做的是，将数据样本集合中相似的数据归纳（聚）在一起。聚类后的结果就是：相同类别内的数据相似度较大，不同类别之间的数据相似度较小。也就是在一组数据样本 N 中，根据一定的特征，样本被划分成了 k（$k \leqslant N$）个簇，这些簇满足以下条件。

（1）每一个簇至少包含一个样本。

（2）每一个样本属于且仅属于一个簇。

将满足上述条件的 k（$k \leqslant N$）个簇称作一个合理划分。一般情况下，我们预先会给出一个指定的簇数目 K，然后按照这个 K，根据样本间的相似度对数据集进行初始的划分。再通过不断的迭代更新簇和其相应的划分，直至达到某一理想的情况，这也是无监督学习中聚类算法的思想。

可以说聚类有以下两个关键问题。

（1）如何确定按什么相似性（标准）进行聚类？

（2）要划分多少类别（簇），也就是聚几个类？

上面讲到，聚类是以样本间的相似度进行划分，那么我们可以将它理解成数学上的距离，即当样本之间离得越近，那么它们就越相似，反之就越不相似。所以我们需要先计算出样本之间的距离。对于样本之间的距离计算，我们常用欧式距离公式。距离计算的原理，我们在前面章节已经进行过详细讲解，在此不再赘述。

K 均值聚类算法中的簇的数量 K 是如何确定的？

13.1.2　算法基本过程

从 13.1.1 小节我们不难看出，K 均值算法的核心是根据数据间的距离进行聚类，从而得到多个类或集合。其聚类流程如图 13.2 所示。

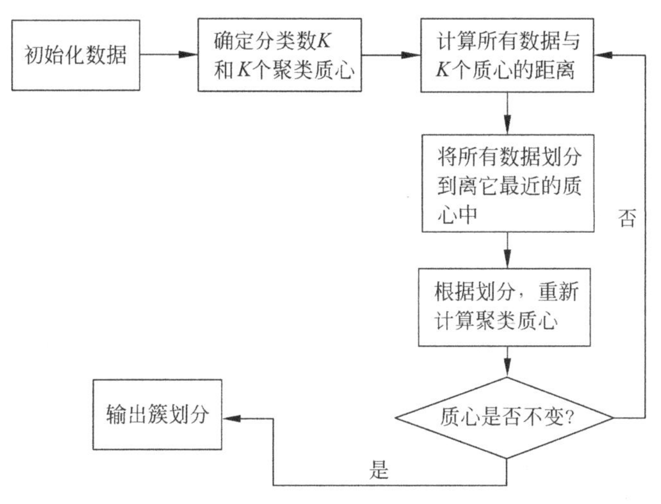

图 13.2　K 均值算法基本流程

第一步：初始化数据。

输入的是数据样本集 $D=\{x_1,x_2,\cdots,x_m\}$，聚类的簇数为 k，最大迭代次数为 N，输出的是簇划分 $C=\{C_1,C_2,\cdots,C_k\}$（初始为 $C=\phi$）。

第二步：确定聚类数 k 和 k 个质心。

从数据集 $D=\{x_1,x_2,\cdots,x_m\}$ 中随机选择 k（$k\in D$）个样本作为初始的质心（聚类中心）：$\{\mu_1,\mu_2,\cdots,\mu_k\}$；初始化簇划分 $C_t=\phi,t=1,2,\cdots,k$。

第三步：计算所有数据样本与 k 个质心的距离。

计算数据集中每个样本 x_1（$i=1,2,\cdots,m$）与这 k 个质心 μ_j（$j=1,2,\cdots,k$）的距离（欧氏距离）：$d_{ij}=\|x_i-\mu_j\|_2^2$。

第四步：将所有数据划分到离它最近的质心中。

将样本 x_1（$i=1,2,\cdots,m$）标记为距离它最近质心 μ_j（$j=1,2,\cdots,k$）中的样本。

第五步：根据划分，重新计算聚类质心。

将每个质心更新为隶属于该质心所有样本的均值：$\mu_j=\frac{1}{|C_j|}\sum_{x_i\in C_j}x_i$。

重复第三～第五步，直到每个质心没有变化或小于某一个阈值抑或达到最大迭代次数 N。

第六步：输出簇划分。

输出簇划分 $C=\{C_1,C_2,\cdots,C_k\}$

以上就是 K 均值算法的详细过程，可能有读者还不太理解，下面用图形化的过程来做解释，如图 13.3 所示。

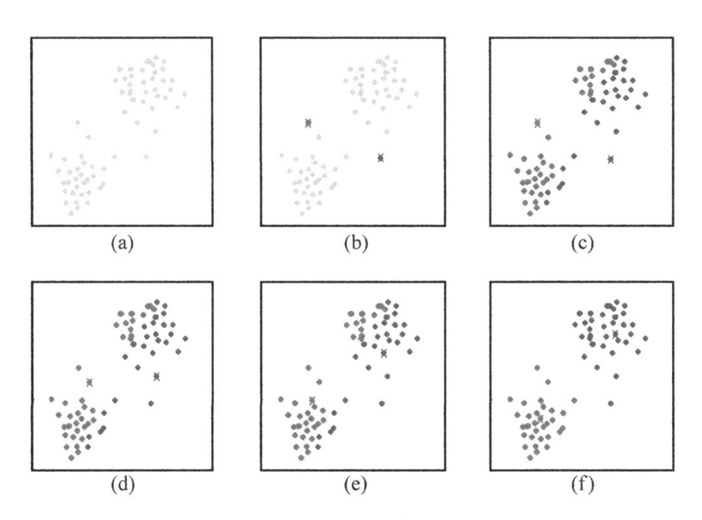

图 13.3　K 均值聚类的图形化展示

图 13.3（a）：某种植物的两种特征集合的数据集。

图 13.3（b）：人为设定聚类的簇数 k=2，即此数据集的质心为 2（图中红色和蓝色 ×），也就是初始化簇为 2。

图 13.3（c）：确定质心后，分别计算所有的样本（图 2 中所有绿色的点）到这两个质心的距离，并将每个样本的类别标记为距该样本最小距离质心的类别，就得到第一次迭代后的聚类情况。

图 13.3（d）：第一次迭代后，对当前标记为红色和蓝色的点，分别求出新的质心。可以看到，图 13.3（c）和图 13.3（d）两个质心的位置发生了明显的变化。

图 13.3（e）和图 13.3（f）重复了图 13.3（c）和图 13.3（d）的过程：将每个样本的类别标记为离该样本最小距离质心的类别后，根据新的类别求出新的质心。

最后，我们得到了图 13.3（f）所显示的结果。当然，需要明确的是图 13.3（c）到图 13.3（d）的过程不止这一两次，往往要进行数十次以上才能得到满意的结果。

以上就是 K 均值算法的全部过程。那么 K 均值算法在生活中怎么用？如何实现相关代码呢？下面我们用一个实例进行讲解。

13.2　K 均值算法的应用

本节我们会向大家展示 K 均值算法在实际中的应用，大家准备好海龟编辑器或 PyCharm 编辑器，和我们一起进行实验吧！

13.2.1　KMeans 类的常用参数

scikit-learn 中通过 KMeans 类来实现 K 均值聚类算法，其常用参数及功能如表 13.1 所示。

表 13.1　KMeans 类常用参数及功能

参数名	功　能	描　述
n_clusters	即 K 的值，也就是聚类的数量	n_clusters=2，表示聚类数为 2
max_iter	最大迭代次数	默认值为 300，对于非凸数据需要指定迭代次数，以保证算法及时结束
n_init	用不同的初始化质心运行算法的次数	KMeans 聚类结果受初始质心影响，利用不同的质心多运行几次算法可以提高聚类效果，默认值为 10，如果 K 值较大，可以适当增大该值
init	初始质心选择的方式	方式有：random（随机）、K-means++（优化后的初始聚类中选取）和自定义一组质心，默认为 K-means++
algorithm	聚类方法	方法有：full（传统的 K-means 算法）、elkan（优化的 K-means 算法）和 auto（自动选择）

13.2.2　应用案例一：鸢尾花的聚类

今天我们跟随小涛来到了鸢尾花农场，这里有丰富的鸢尾花。但在鸢尾花扑鼻的香气中农场主却头疼了。原因是这里的鸢尾花看似都是一样的，但是仔细辨别还是有很多不同的地方。农场主希望找到一种办法来辨别和区分这些鸢尾花，以便提高农场的管理效率。这时，小涛提出，可以用 K 均值算法将鸢尾花划分成不同的类别。下面，我们就跟随小涛来完成鸢尾花的识别。

源码屋

1. 程序源码

```
import matplotlib.pyplot as plt
import numpy as np
from sklearn.cluster import KMeans
from sklearn.datasets import load_iris
# 加载鸢尾花数据集，包括花萼长度、花萼宽度、花瓣长度、花瓣宽度四项特征
iris = load_iris()
X = iris.data[:]
# 根据鸢尾花花萼的长度和宽度，绘制数据分布图
plt.rcParams['font.sans-serif'] = ['KaiTi']  # 设置字体，防止中文乱码
plt.scatter(X[:, 0], X[:, 1], c="red", marker='o', label='鸢尾花')
plt.xlabel('花萼长度')
plt.ylabel('花萼宽度')
plt.legend(loc=2)
plt.show()
# 根据鸢尾花花瓣的长度和宽度，绘制数据分布图
plt.scatter(X[:, 2], X[:, 3], c="red", marker='o', label='鸢尾花')
plt.xlabel('花瓣长度')
plt.ylabel('花瓣宽度')
plt.legend(loc=2)
plt.show()
estimator = KMeans(n_clusters=3)  # 构造聚类器
estimator.fit(X)  # 聚类训练
label_pred = estimator.labels_  # 获取聚类标签
# 绘制 k-means 聚类结果示意图
x0 = X[label_pred == 0]
x1 = X[label_pred == 1]
x2 = X[label_pred == 2]
plt.scatter(x0[:, 0], x0[:, 1], c="red", marker='o', label='种类 1')
plt.scatter(x1[:, 0], x1[:, 1], c="green", marker='*', label='种类 2')
```

```
plt.scatter(x2[:, 0], x2[:, 1], c="blue", marker='+', label='种类3')
plt.xlabel('花萼长度')
plt.ylabel('花萼宽度')
plt.legend(loc=2)
plt.show()
#根据花萼长度和宽度聚类效果其实并不理想，我们选择鸢尾花的花瓣特征来看下效果
X = iris.data[:, 2:4]  #只取特征空间中的后两个维度，即花瓣的长度和宽度
print(X.shape)
#绘制 k-means 聚类结果示意图
x0 = X[label_pred == 0]
x1 = X[label_pred == 1]
x2 = X[label_pred == 2]
plt.scatter(x0[:, 0], x0[:, 1], c="red", marker='o', label='种类1')
plt.scatter(x1[:, 0], x1[:, 1], c="green", marker='*', label='种类2')
plt.scatter(x2[:, 0], x2[:, 1], c="blue", marker='+', label='种类3')
plt.xlabel('花瓣长度')
plt.ylabel('花瓣宽度')
plt.legend(loc=2)
plt.show()
```

2. 运行结果（见图 13.4～图 13.6）

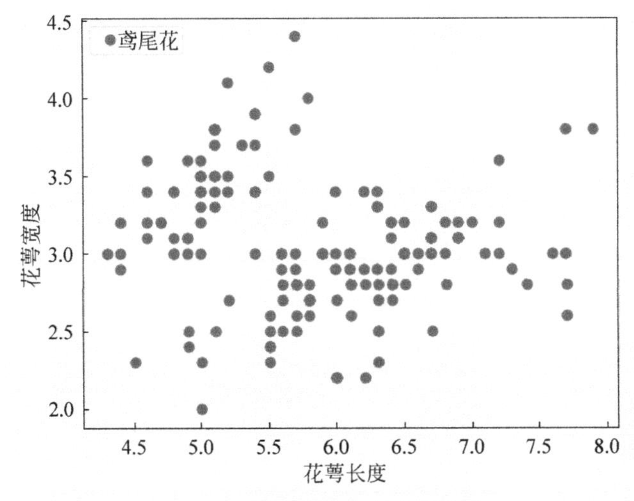

图 13.4 鸢尾花花萼长度特征图

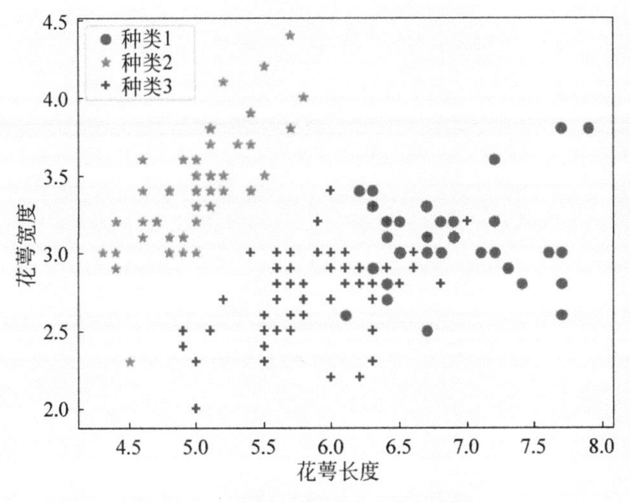

图 13.5 鸢尾花聚类图（花萼特征）

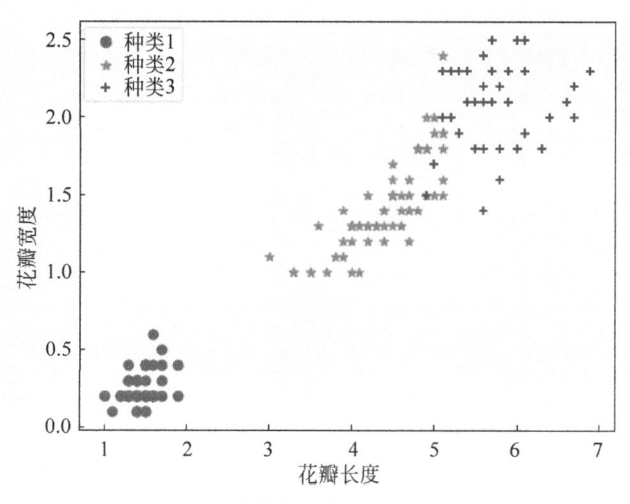

图 13.6　鸢尾花聚类图（花瓣特征）

3. 结果解读

由程序代码和运行结果可见，我们分别利用鸢尾花的花萼和花瓣特征进行了聚类，可以看到使用花瓣特征聚类的效果要好于使用花萼特征聚类的效果。同时，我们也明显看到，在使用聚类算法处理后，得到了我们期待的结果，即在这个农场中鸢尾花有三类，并可以根据其特征分别进行命名和管理。

13.2.3　应用案例二：甜西瓜的由来（一）

小涛和朋友们来到了老伯的西瓜地里，帮老伯干活。西瓜地很大，小涛和朋友们干了大半天，很辛苦。老伯告诉小涛，瓜地里的西瓜只要喜欢就摘下来吃，但是不要浪费。小涛和朋友们非常高兴，就在不同的瓜地里摘了几个瓜来吃，但他们发现有些瓜很甜，有些瓜却很一般，这是什么原因呢？为了弄清原因，小涛从老伯那里得到了判别西瓜质量的相关数据，如表 13.2 所示。

表 13.2　西瓜密度与含糖率数据集

编　号	密度 / (g/cm^3)	含 糖 率	编　号	密度 / (g/cm^3)	含 糖 率
1	0.662	0.442	10	0.243	0.259
2	0.751	0.361	11	0.233	0.057
3	0.602	0.264	12	0.336	0.094
4	0.578	0.302	13	0.639	0.155
5	0.539	0.206	14	0.650	0.192
6	0.387	0.232	15	0.342	0.370
7	0.476	0.143	16	0.581	0.040
8	0.437	0.203	17	0.705	0.099
9	0.666	0.091	18	0.359	0.179

续表

编　号	密度 / (g/cm^3)	含 糖 率	编　号	密度 / (g/cm^3)	含 糖 率
19	0.332	0.231	25	0.515	0.351
20	0.271	0.254	26	0.728	0.469
21	0.711	0.220	27	0.505	0.458
22	0.700	0.329	28	0.464	0.368
23	0.464	0.312	29	0.711	0.427
24	0.473	0.415	30	0.437	0.450

从表 13.2 中可以看出，表中数据给出了衡量西瓜质量的特征值：西瓜密度和含糖率，但没有特定的西瓜分类标签，那么我们就不能使用监督学习中的分类算法来解决了。这时我们可以使用刚刚学习的 K 均值算法来解决。我们以西瓜的密度和含糖率为基本数据集，来找到西瓜密度和含糖率的关系。

首先，明确我们的任务是通过找到西瓜密度和含糖率的关系，指导瓜农种植出更香甜的瓜。其次，我们可以看到，在表中无法找到合适的分类标签。这里我们就需要在没有分类标签的情况下，通过“算法”猜测哪些数据可以“聚”在一起，即我们可以把表中西瓜的密度作为横坐标，把含糖率作为纵坐标，将表中所有数据绘制到这个坐标图中，通过分析，我们就可以找到西瓜密度和含糖率的关系，从而指导瓜农种植出更香甜的瓜了。这也就是我们应用 K 均值聚类的基本思想。

下面，我们将得到的西瓜数据集，根据 K 均值算法原理，通过编码来实现西瓜聚类的过程。

源码屋

1. 程序源码

```
# 引用相关库
import numpy as np
import matplotlib.pyplot as plt
from sklearn.cluster import KMeans
# 第一步：加载数据，并对数据进行处理
dataSet = []
f = open('data.txt')
for v in f:
dataSet.append([float(v.split(',')[0]),
float(v.split(',')[1])])
# 第二步：进行聚类
# 转换成 numpy array
dataSet = np.array(dataSet)
# 设定类簇的数量
n_clusters = 4
# 现在把数据和对应的分类数放入聚类函数中进行聚类
cls = KMeans(n_clusters).fit(dataSet)
```

```
#dataSet 中每项所属分类的一个列表
cls.labels_
# 利用图像显示结果
# 定义标记符号，一个质心标记一个符号
markers = ['^', 'x', 'o', '*', '+']
plt.rcParams['font.sans-serif'] = ['KaiTi']  # 设置字体，防止中文乱码
# 按 K=4 的聚类中心进行画图
for i in range(n_clusters):
members = cls.labels_ == i
plt.scatter(dataSet[members, 0], dataSet[members, 1], s=60,
marker=markers[i], c='b', alpha=1)
plt.title(' 西瓜密度与含糖率 ')
plt.xlabel(" 密度 ")  # 添加 X 轴名称
plt.ylabel(" 含糖率 ")  # 添加 Y 轴名称
plt.show()
```

2. 运行结果（见图 13.7）

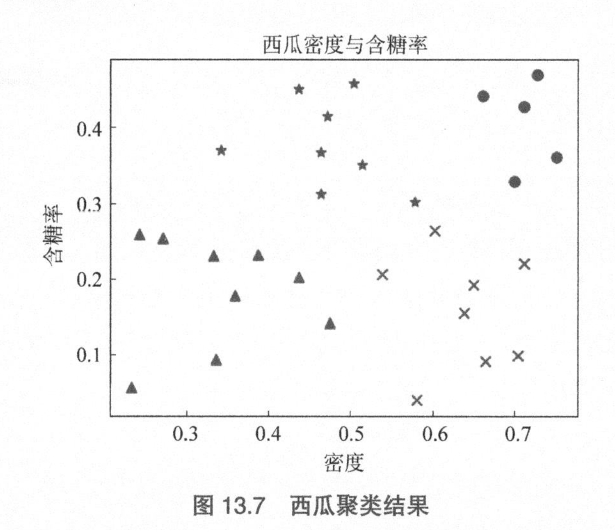

图 13.7　西瓜聚类结果

3. 源码解读

通过图 13.7 我们可以很清楚地了解到西瓜含糖率与密度的关系，并将西瓜数据样本集分成了四类，其中五角星和圆形的西瓜品种含糖率较高。因此，我们可以根据西瓜的种类选择合适的种植条件进行种植，从而提升西瓜的品质。

由上述两个案例我们不难看出，进行数据样本聚类时，需根据样本实际情况来选择合适的特征进行聚类，以期取得更好的效果。这里，还需要注意簇数量的值，即 K 的取值。通常是随机选择 K 个点作为初始的聚类中心。但有些时候，随机选择的效果不好，需要使用一些方法来确定 K 值。主要方法有两种：选择相互距离尽可能远的 K 个点，或者是使用手肘法确定 K 值，有兴趣的小伙伴可以查阅相关资料。

13.3 K 均值算法的特点

通过本章的学习，相信大家已经对 K 均值算法有了一定的了解，它广泛应用于数据挖掘中，概括起来有如下几个优点。

（1）算法原理简单，算法的复杂度较低，也容易理解，对于新手上手较快。

（2）算法使用方便，不需要提前对模型进行训练，需要人为确定的超参数只有 K 的取值。

虽然 K 均值算法有很多优点，但它的缺点也比较突出，有如下几点。

（1）K 值不好选取，特别是对数据样本之间距离相近的情况。

（2）对噪声点（样本异常值）比较敏感，算法是以距离进行聚类，如果异常值过多，就会影响聚类的效果。

（3）对于较离散的数据样本集和非凸形状的数据样本集聚类效果不佳。

本章小结

本章我们一起学习了 K 均值算法的原理及过程，并利用 K 均值算法完成了鸢尾花的种类区分和西瓜质量的判别，帮助农场主更好地管理农场。通过学习，不难看出 K 均值算法是一个比较容易理解的算法，其核心是按照样本间的“相似度”进行聚类。但是该算法还存在较多缺点，那么如何克服这些缺点呢？在接下来的学习中，我们会接触另一个不同的聚类算法——DBSCAN 算法。

第 14 章 DBSCAN 聚类

通过前面章节的学习，我们已经了解到，可以使用 K 均值算法将给定的一组数据样本划分为若干类。但是，如果所给数据样本中有部分噪声数据，并且我们不知道 K 的取值，或者数据分布呈非凸形的不规则形状等该怎么办呢？

下面是小涛获得的一组数据样本，其分布情况如图 14.1 所示，为了分析各数据样本间的关系，他使用了 K 均值算法对其进行处理，得到的聚类结果如图 14.2 所示。

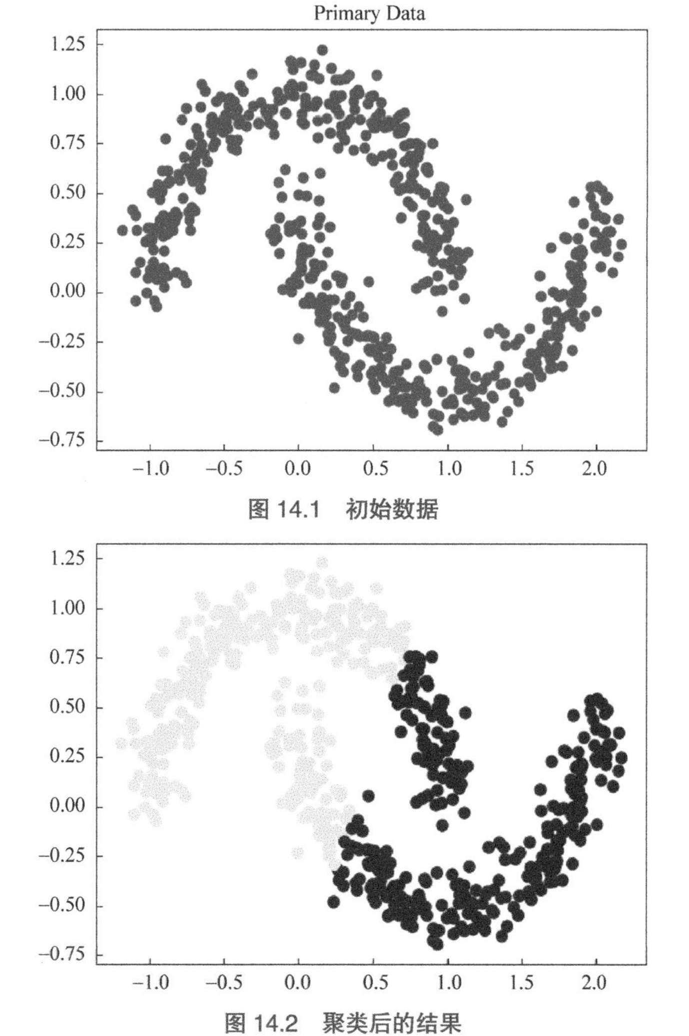

图 14.1 初始数据

图 14.2 聚类后的结果

很明显，经过K均值算法处理后的数据聚类结果不尽如人意，得到的结果不能令人信服。有什么更好的解决办法呢？小涛开始寻找起了答案。

本章要点

1. DBSCAN聚类算法的原理
2. DBSCAN聚类算法的应用
3. DBSCAN聚类算法的特点

14.1 DBSCAN算法的原理

DBSCAN（Density-Based Spatial Clustering of Applications with Noise）的中文翻译为“具有噪声的基于密度的聚类方法”。DBSCAN算法是一种基于密度的聚类算法，它根据数据样本的密度分布情况进行聚类，也就是数据样本之间在指定密度下可达（可连接），即密度大的数据样本集合会成为一个类（簇），密度小的位置会成为类（簇）的分界线。而这也是DBSCAN算法不同于K均值算法的地方，它根据数据样本密度来聚类，类的数量不需要提前指定。

下面，我们在详细讲解DBSCAN算法工作原理之前，先来了解它的一些核心概念。

14.1.1 DBSCAN算法的核心概念

1. 邻域（密度半径）ε

如图14.3所示，以样本点A为圆心、给定的ε（读音为艾普西隆）为半径的范围为该点的领域范围。

2. 邻域密度阈值

表示某一样本的距离为ε的领域中样本个数的阈值，也称为最小样本数，通常用*MinPts*表示，如图14.3所示。

3. 核心点

以样本点A为圆心、给定的ε为半径的范围内，如果样本点大于*MinPts*，则该点为核心点。图14.3中，样本点A在以ε为半径的范围内的样本点的数量为5，大于最小样本数（*MinPts*=4），则样本点A即为核心点。

4. 边界点

如图14.3所示，以样本点B为圆心、给定的ε为半径的范围内，样本数为2，小于最小样本数（*MinPts*=4），且样本点B在核心点A的领域内，则样本点B为边界点。

5. 噪声点

如图14.3所示，以样本点C为圆心、给定的ε为半径的范围内，样本数为1，小于最小样本数（*MinPts*=4），且不在其他核心点领域内，则样本点C为噪声点。

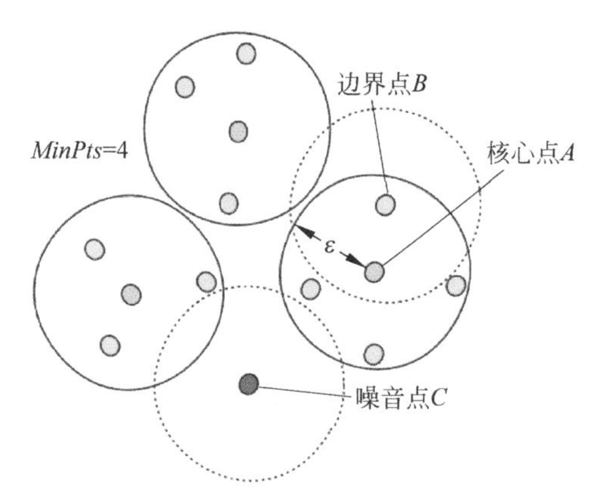

图 14.3 DBSCAN 数据样本分布图

由上我们已经了解了 DBSCAN 算法的几个核心概念，这里我们可将密度半径 ε 和最小样本数 $MinPts$ 组成一个对象，即邻域参数（ε，$MinPts$），作为 DBSCAN 算法的参数进行聚类。即有样本集合 $D=\{x_1,x_2,x_3,\cdots,x_n\}$ 以给定的（ε，$MinPts$）进行聚类。在聚类后的簇中有如下特点，如图 14.4 所示。

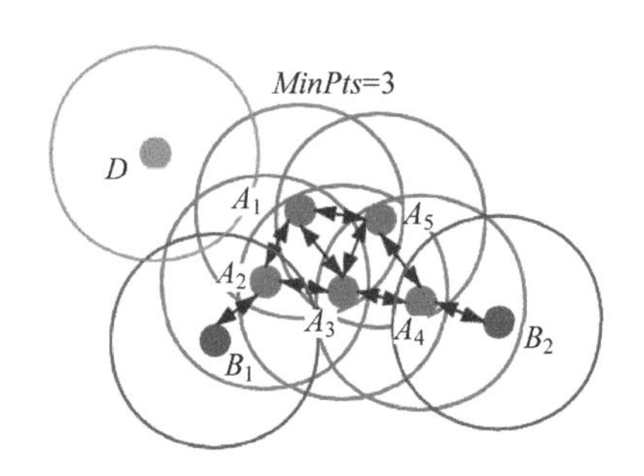

图 14.4 DBSCAN 聚类示意图

（1）在核心点 A_1 的密度半径 ε 内，所有的样本点 $\{A_2,A_3,A_5\}$ 与该核心点 A_1 密度直达。

（2）在样本集合 $\{A_1,A_2,A_3,A_4,A_5,B_1,B_2,D\}$ 中可找到 A_1 和 A_2 密度直达，A_2 和 B_1 密度直达，则我们可以得到关系：A_1 和 B_1 密度可达。

（3）如图 14.4 所示，在样本集合 $\{A_1,A_2,A_3,A_4,A_5,B_1,B_2,D\}$ 中可找到 A_1 和 B_1 密度可达，A_1 和 B_2 密度可达，则我们可以得到关系：B_1 和 B_2 密度相连。

如何选择 DBSCAN 的邻域参数（ε,$MinPts$），来得到理想的结果？

14.1.2 DBSCAN 算法的基本过程

上面我们已经学习了与 DBSCAN 相关的基本概念，下面我们使用图形化的方式来展示其聚类过程。

（1）假设原始数据如图 14.5 所示。

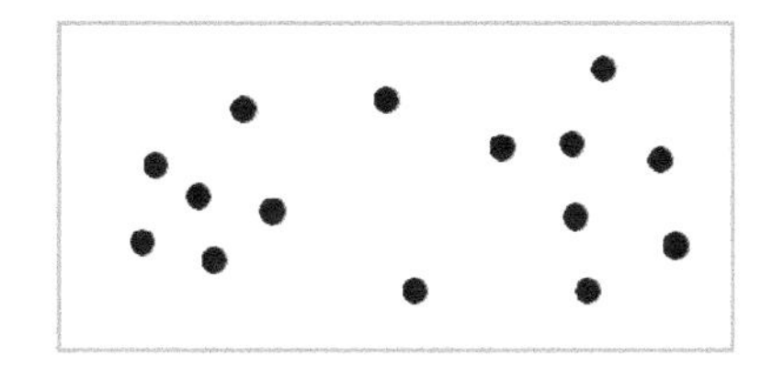

图 14.5　原始数据图

（2）根据设定的邻域参数（ε=3,*MinPts*=3），即邻域半径为 3，最小样本数为 3，接着随机选取一个样本点，获取该点在邻域参数（ε=3,*MinPts*=3）内的样本数，如果样本数不小于 3，则将该样本标记为核心点（红色），如图 14.6 所示。

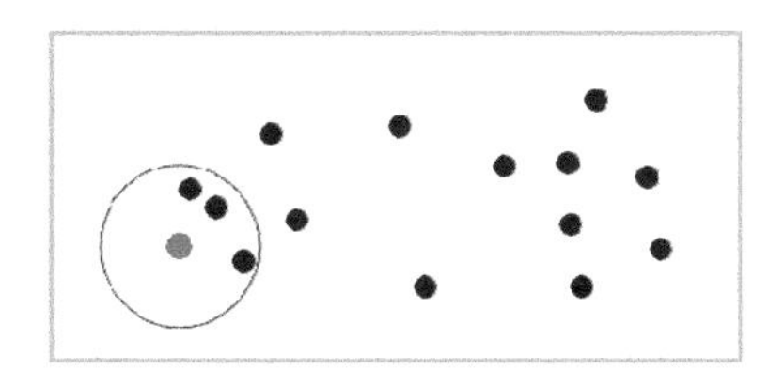

图 14.6　获取核心点 1

继续选取其他样本点，按照上面的方法标记核心点（红色），如图 14.7 所示。

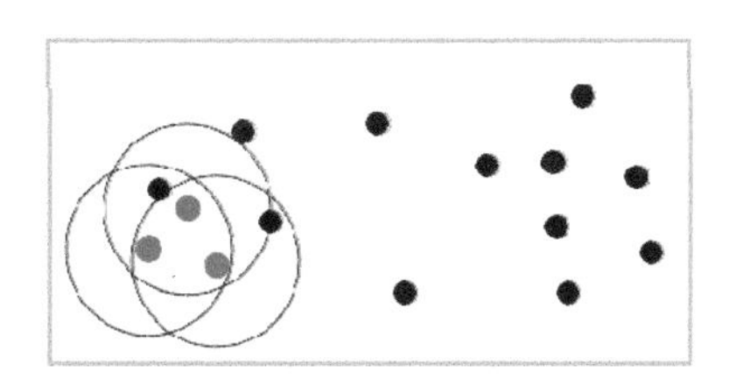

图 14.7　获取核心点 2

重复遍历所有样本点，最终找出所有的核心点（红色），如图 14.8 所示。

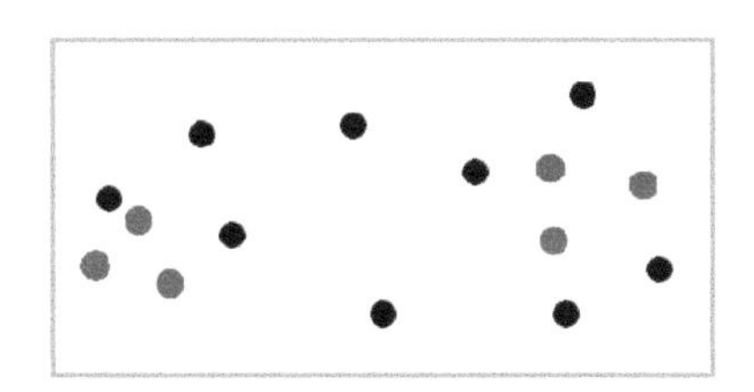

图 14.8　获取核心点 3

（3）获取边界点集合。在遍历所有非核心点时，如果该样本点在邻域参数（ε=3,*MinPts*=3）内的样本数小于 3，且在其他核心点邻域内，则该点为边界点（蓝色），如图 14.9 所示。

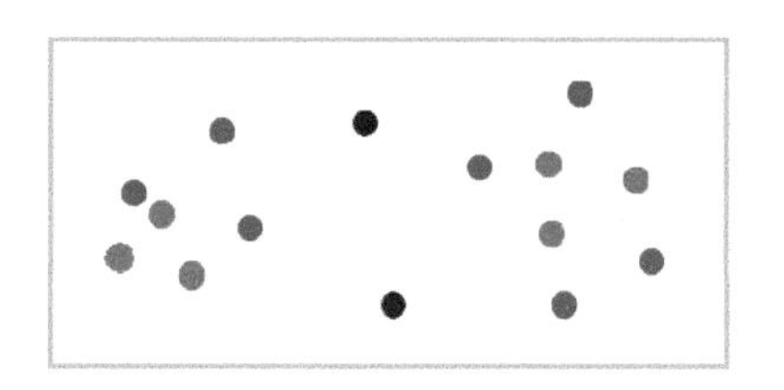

图 14.9 获取边界点

（4）获取噪声点集合。在遍历所有非核心点时，如果该样本点在邻域参数（ε=3, $MinPts$=3）内的样本数小于 3，但不在其他核心点邻域内，则该点为噪声点（黄色），如图 14.10 所示。

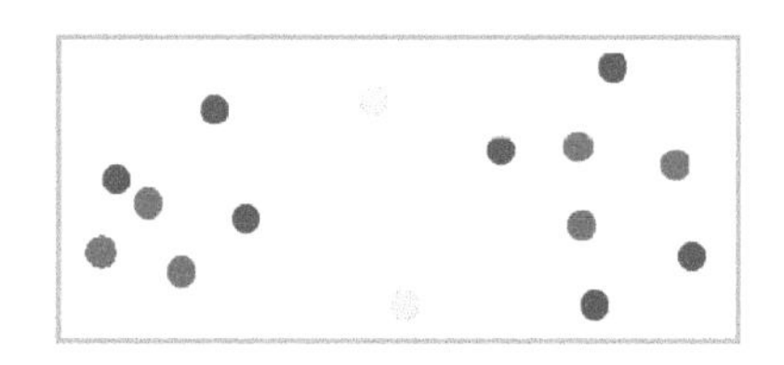

图 14.10 获取噪声点

遍历核心点，将核心点间密度可达的点归成一个簇，同时把离它们最近的边界点加入该簇中，就完成了聚类的操作。其中，棕色点集合表示簇 1，黄色点集合表示噪声点集合，绿色点集合表示簇 2，如图 14.11 所示。

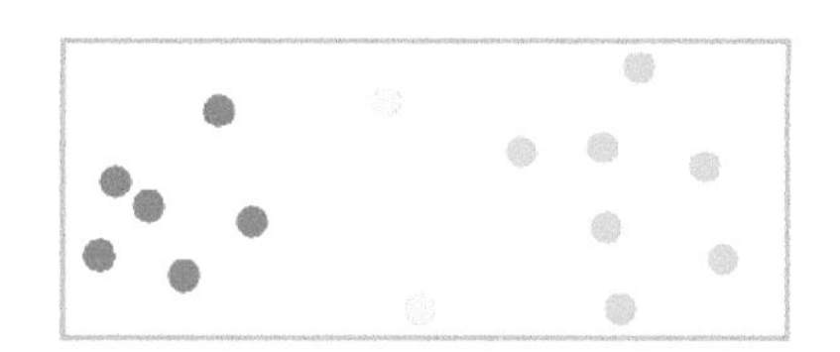

图 14.11 聚类结果图

14.2 DBSCAN 算法的应用

经过上面的学习，我们已经对 DBSCAN 算法原理已经有了比较详细的了解，那么如何使用它呢？我们就以最开头的问题开始吧。

14.2.1 DBSCAN 类的常用参数

scikit-learn 中通过 DBSCAN 类来实现 DBSCAN 聚类算法，其常用参数及功能如表 14.1 所示。

表 14.1 DBSCAN 类的常用参数及功能

参数名	功　能	描　述
eps	ε- 邻域的距离阈值	默认值为 0.5，距离小于该值的为该点的样本点

续表

参数名	功　能	描　述
min_samples	距离为 ε 的领域中样本个数的阈值	不小于该阈值的点则为核心点
metric	距离度量方式	默认为欧式距离，或者 metric='precomputed'（计算稀疏的半径临近图）
algorithm	聚类方法	方法有：ball_tree、kd_tree、brute 和 auto（自动选择）

14.2.2　应用案例一：小涛的问题

小涛使用系统自动生成了一组数据样本集合，该数据集在二维坐标系中的分布情况如图 14.12 所示。他已经知道无法用 K 均值算法对其进行准确的聚类，为了获得更好的聚类效果，他使用了刚学的 DBSCAN 算法对其进行处理，具体的程序代码如下。

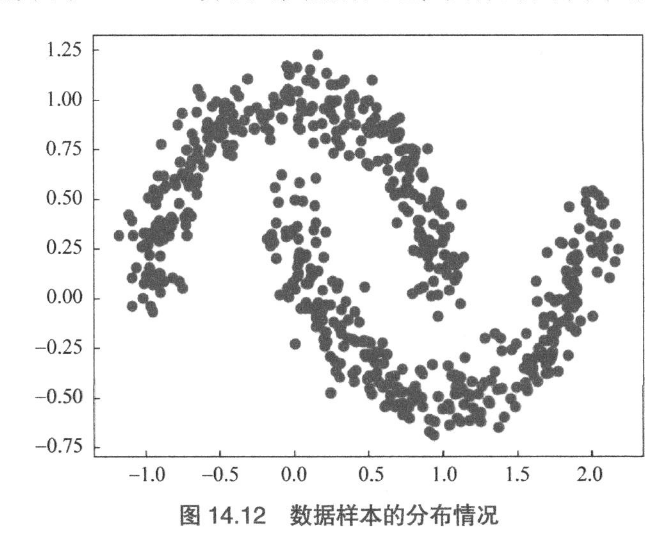

图 14.12　数据样本的分布情况

源码屋

1. 程序源码

```
from sklearn.datasets import make_moons
import matplotlib.pyplot as plt
from sklearn.cluster import DBSCAN
# 生成测试数据
x1, y1 = make_moons(n_samples=600, noise=0.1, random_state=0)
print(x1, y1)
# 输出原始数据的分布形态
plt.title('Primary Data')
plt.scatter(x1[:, 0], x1[:, 1], marker='o', c='b')
plt.show()
labels = DBSCAN(eps=0.15, min_samples=2).fit_predict(x1)
# 进行绘图，显示结果
```

```
plt.scatter(x1[:, 0], x1[:, 1], c=labels, s=50, cmap='viridis')
plt.show()
```

2. 运行结果（见图 14.13）

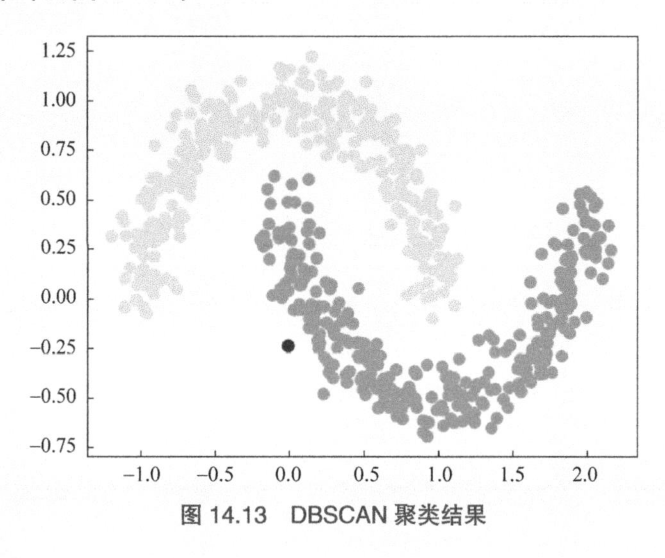

图 14.13　DBSCAN 聚类结果

3. 结果解读

从图 14.13 中可以看出，数据样本聚合成了两类（黄色区域和青色区域），还有一个噪声点（紫色点）。我们可以看到在本案例中，使用 DBSCAN 处理此类数据的效果明显要优于 K 均值算法。

14.2.3　应用案例二：甜西瓜的由来（二）

第 13 章中，小涛为了弄清西瓜密度和含糖率之间的关系，使用 K 均值算法并得到了相应的结果，如图 14.14 所示。但我们从图中可以看出，部分数据样本的分布都比较离散。可能是有噪声点对聚类结果的准确性有一定的影响。

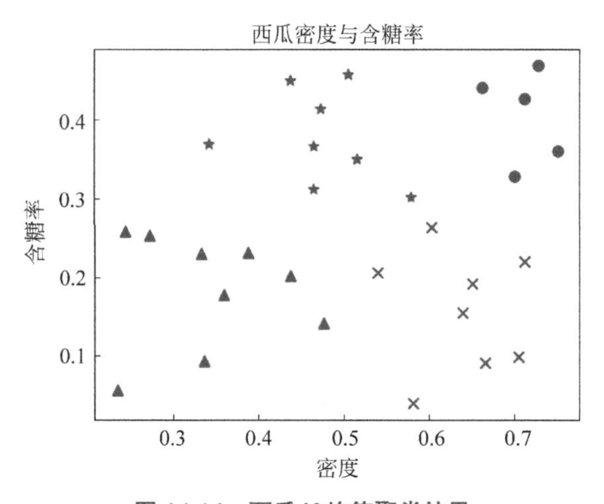

图 14.14　西瓜 K 均值聚类结果

本应用案例中，小涛想起了刚学习的 DBSCAN 算法能较好地处理噪声点数据，是否能得到更准确的结果呢？下面我们就和小涛一起来实验吧。

源码屋

1. 程序源码

```
import matplotlib.pyplot as plt
import numpy as np
from sklearn.cluster import DBSCAN
dataSet = []
# 获取数据，并对数据进行处理
f = open('data.txt')
for v in f:
    dataSet.append([float(v.split(',')[0]),
    float(v.split(',')[1])])
dataSet = np.array(dataSet)
plt.rcParams['font.sans-serif'] = ['KaiTi']# 设置字体，防止乱码
plt.title(' 西瓜密度与含糖率 ')
plt.xlabel(" 密度 ")  # 添加 X 轴名称
plt.ylabel(" 含糖率 ")  # 添加 Y 轴名称
# 调用 sklearn 中的 DBSCAN 算法，进行数据处理
labels = DBSCAN(eps=0.095, min_samples=4).fit_predict(dataSet)
# 进行绘图，显示结果
plt.scatter(dataSet[:, 0], dataSet[:, 1], c=labels, s=50, cmap='vir-
idis')
plt.show()
```

2. 运行结果（见图 14.15）

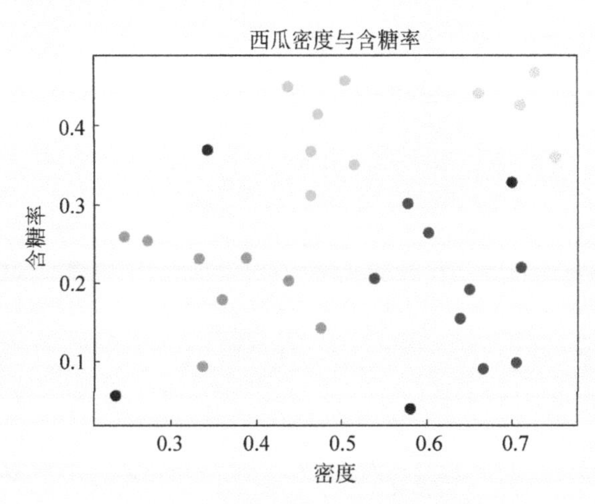

图 14.15　西瓜 DBSCAN 聚类结果

3. 结果解读

从图 14.15 中可以看到，含糖率较高的是图中绿色和黄色品种的西瓜。通过聚类

的结果，我们就可以有针对性地改进种植方法，从而提升西瓜质量。同时也可以看出，使用 DBSCAN 算法得到的结果相比 K 均值算法得到的聚类结果更加准确，它排除了一些噪声点（紫色点）。但这里需要注意的是要根据实际情况设置（ε,*MinPts*）。

14.3 DBSCAN 算法的特点

DBSCAN 算法的主要优点如下。

（1）DBSCAN 算法不同于 K 均值算法，它不需要事先指定聚类的数量。

（2）DBSCAN 算法也能处理凸型的数据集，可以适用于各种形状的数据集，对噪声数据不敏感，并且能发现数据集中的噪声数据。

DBSCAN 算法的主要缺点如下。

（1）对于密度不均的数据，如果用 DBSCAN 算法进行聚类，则聚类质量较差。

（2）如果数据样本较大，使用该算法进行聚类，收敛时间会比较长。

（3）相对于 K 均值之类的聚类算法来讲，该算法中调整超参数会较为复杂。譬如，需要根据实际情况进行对距离阈值 ε 和邻域样本数阈值 *MinPts* 调整，不同的超参数组合对最后的聚类效果有不同的影响。

本章小结

在本章中，我们一起学习了 DBSCAN 算法的原理及运行过程，利用 DBSCAN 算法完成了特殊数据的区分，并优化了西瓜的聚类。结合 K 均值聚类和 DBSCAN 聚类的优缺点，我们可以根据实际情况选择合适的聚类方法解决实际问题。在接下来的学习中，我们会利用聚类的思想，学习一种根据数据样本内在联系进行“聚类”的算法——关联分析。

第五部分

关联分析

购物是我们每个人都会做的一件事，当家里需要添置生活用品时，我们就会在超市里选购自己想要的商品。在生活节奏很快的今天，快速找到自己想要的商品对购物者来说是非常必要的。那么，如何能让每个购物者都能快速地找到自己想要的商品，并且挖掘购物者潜在的购物意愿呢？这是非常值得研究和解决的问题。

你可能听过这样一个故事，某个超市管理人员发现了一个令人费解的购物现象：很多订单中出现了两件毫无关系的商品，“啤酒”与“尿布”。同时，还发现这些订单大多来自年轻的父亲。

原来，在有婴儿的家庭，一般是母亲照顾婴儿，购买尿布的事情主要是由年轻的父亲承担，而父亲在购买尿布时顺便也会为自己购买几瓶啤酒。根据这一特定关联，超市管理者将啤酒和尿布摆放在同一区域，从而使啤酒和尿布的销量都有了不少的提升。这就是著名的商业故事——啤酒与尿布。

由此可见，如果我们能找到顾客购物清单中商品之间的某种关联关系（见下图），并能根据这种关系获取购物者的购买特点来指导商品放置区域，那么超市的营收将会有很大的提高。对于这种寻找数据内部关联关系的方法，我们通常称为关联分析或者关联规则算法。

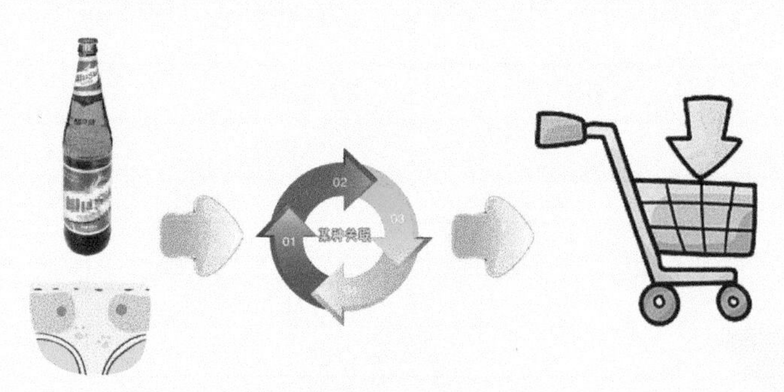

关联分析示意图

第 15 章　Apriori 算法

经典案例“啤酒和尿布”告诉我们，两个看上去没有关系的商品，摆放在一起进行销售却获得了很好的销售收益，这说明两种商品之间隐藏着某种关联。找出这些商品之间的联系，并挖掘出一些看似毫不相干的商品其内在的联系，将能有效地提高相关商品的销量。那么如何找出这种关系呢？本章就让我们一起走进关联分析算法—— Apriori 算法。

本章要点

1. Apriori 算法原理
2. Apriori 算法应用
3. Apriori 算法特点

15.1　Apriori 算法的原理

Apriori 算法作为关联分析算法的代表之一，被广泛应用于数据挖掘中。该算法常用来挖掘数据属性与结果之间的相关程度。在我们深度理解 Apriori 算法之前，需要先对关联分析中经常出现的几个概念进行初步了解和认识。

15.1.1　关联分析中的相关概念

本节我们以一个购物单的例子（见图 15.1）来讲解这些概念。

订单编号	商品名称
1	牛奶、苹果
2	尿布、苹果、红牛、西红柿
3	尿布、红牛、火龙果
4	苹果、尿布、红牛、牛奶
5	苹果、牛奶、尿布

图 15.1　购物单

（1）项。在购物事务中，每个商品就是一个项，例如：{ 红牛 }、{ 尿布 } 和 { 苹果 }。

（2）项集。包含零个或者多个项的集合称为项集。在购物事务中，一次购买行为包含了多个项，把其中的项组合起来就构成了项集，例如：{ 红牛、尿布、火龙果 }。

（3）频繁项集。频繁项集是指经常出现在一起的数据或者属性的集合。从图 15.1 中我们可以看出，“尿布、红牛”这个组合出现最多，说明这个组合就是频繁项集。

（4）关联规则。关联规则指的是数据或者属性之间存在的内在关系。从图 15.1 中我们可以发现，买了红牛的人很可能也会买尿布。这说明“红牛→尿布”具有一定的关联规则。这里有小伙伴可能会有疑问：为什么不是“尿布→红牛”？注意看订单 5，订单 5 中出现了尿布，但是没有出现红牛，说明“尿布→红牛”的关联性小于“红牛→尿布”的关联性。

关联分析算法主要是通过在数据集合中寻找“频繁项集”和“关联规则”，从而找到数据之间的关系。那么如何来寻找频繁项集以及如何度量事物之间的关联规则呢？这里我们要引入两个概念：支持度和可信度。

（1）支持度。支持度是指一项或者项集在所有项集中所占的比例或出现的频率，具体公式如下：

$$Support(x,y)=\frac{\sigma(x,y)}{\sigma(z)}$$

其中，$\sigma(x,y)$ 表示订单中同时有商品 x 和 y 的数量，$\sigma(z)$ 表示所有订单的数量。

例如，图 15.1 中 { 牛奶 } 项的支持度为 3/5，即 { 牛奶 } 在 5 个订单中出现了 3 次。{ 牛奶、尿布 } 项集的支持度为 2/5，即 { 牛奶、尿布 } 在 5 个订单中出现 2 次。在这里，我们可以人为地约定一个最小支持度，若大于这个预先约定的支持度的项集，就是频繁项集。

（2）可信度。可信度也称为置信度，是指在数据 1 出现的情况下，根据关联规则“数据 1 →数据 2”，得出数据 2 出现的概率。换句话说，就是当你购买了商品 x，会有多大的概率购买商品 y，具体公式如下：

$$\text{Confidence}(x\rightarrow y)=P(y/x)=\frac{\sigma(x,y)}{\sigma(x)}$$

其中，$\sigma(x)$ 表示购买商品 x 的订单数，$\sigma(x,y)$ 表示在购买商品 x 的订单中有商品 y 的订单数。例如，我们依据图 15.1 的内容，定义一个关联规则“红牛→尿布”，其可信度计算过程为：“红牛→尿布”的支持度 / 红牛的支持度，即（3/5）/（3/5）=1。也就是购买红牛的顾客有 100% 的概率会购买尿布。通过计算所有订单中商品组合的支持度和可信度，就可以找到这组数据的“频繁项集”和“关联规则”，从而指导对现实情况的处理。下面我们仍以购物为例，来详细介绍 Apriori 算法的原理。

15.1.2 Apriori 算法的原理

有一家超市出售四种商品，分别为苹果（1）、火腿肠（2）、果粒橙（3）和酸奶（4）。

如果我们想通过挖掘购物者购买商品的关系，来优化这四种商品之间的组合进行促销，或者是调整商品的摆放区域，这就需要找到这些商品的频繁项集和关联规则。为找到频繁项集，我们首先列出商品所有可能的组合，如下所示。

购买一种商品有以下 4 种组合：

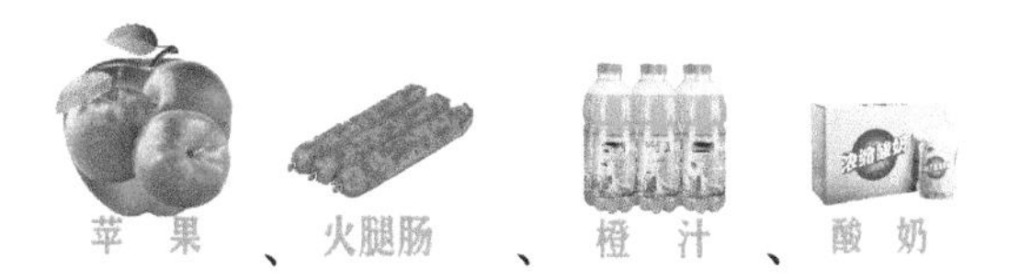

购买两种商品有以下 6 种组合：

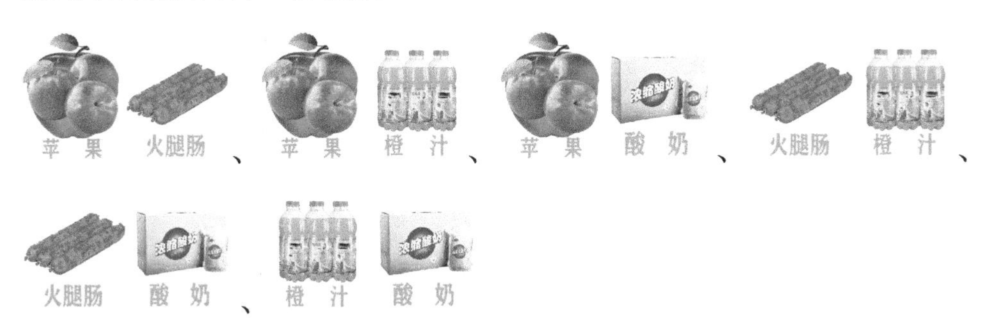

购买三种商品有以下 4 种组合：

购买四种商品有以下 1 种组合：

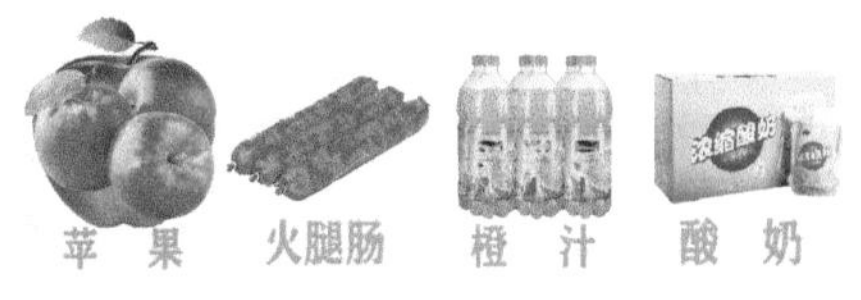

通过列出所有商品可能的组合，我们可以找到规律：购买两种商品的项集是购买一种商品项集的两两组合。以此类推，可得到以下商品组合关系，如图 15.2 所示。

在得到所有商品可能的组合后，我们就可以根据购物者订单中的商品集合来查找频繁项集，也就是经常出现在订单中的商品集合。按照前文所述，我们可用支持度来确定商品的频繁项集。

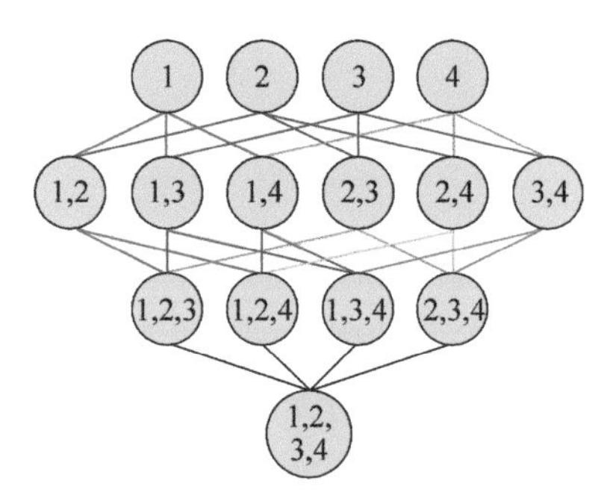

图 15.2　商品组合关系

为得到频繁项集，我们需要统计所有商品可能出现的各种组合项（项集）的数量，再计算每个项集的支持度。从图 15.2 中可以看到，4 种商品共产生了 15 个项集，可以推导出：*n* 种商品需要计算 $2n-1$ 次，产生了 $2n-1$ 个项集。不难看出，这种计算方法的时间复杂度很高，不利于非常大量的数据处理。幸运的是，我们在实际操作过程中发现了几条 Apriori 核心定律，它能帮我们快速地得到频繁项集，内容如下。

定律一：如果某个项集是频繁项集，那么它对应的子集也应当是频繁项集。如图 15.3 所示，如果商品集合 {1,3} 是频繁项集，那么它们的子集 {1}、{3} 也应当是频繁项集。

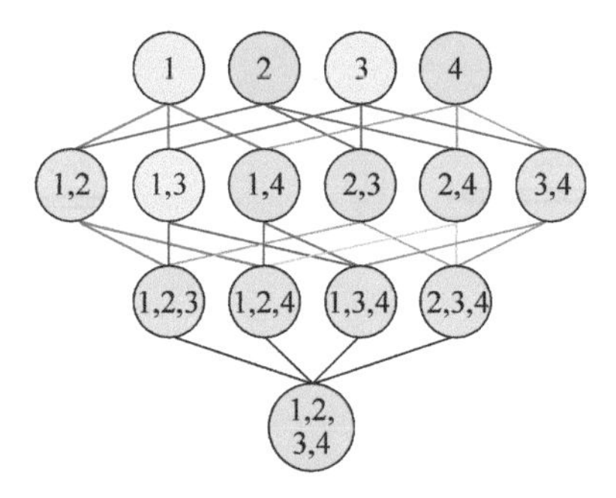

图 15.3　频繁项集关系图

定律二：如果某个项集是非频繁项集，那么它的超集（父项集）也应当是非频繁项集。例如图 15.4 中，如果商品 1（项集 1）是非频繁项集，那么它们的超集 {1,2}、{1,3}、{1,4}、{1,2,3}、{1,2,4}、{1,2,3,4} 也应当是非频繁项集。

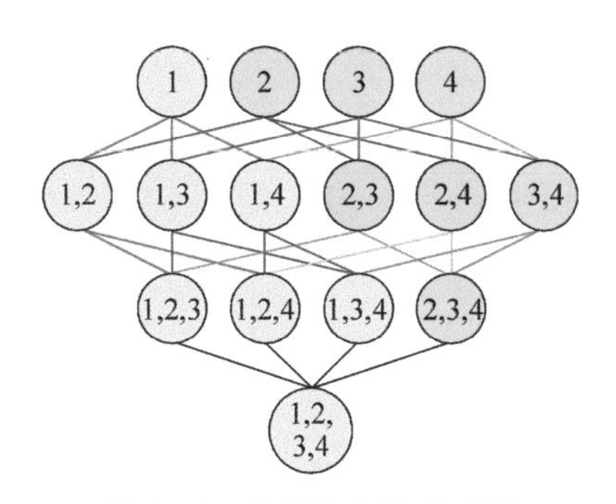

图 15.4　非频繁项集关系图

根据上述两条定律，我们可以极大地减少算法的时间复杂度，即一个项集是非频繁项集，那么可以直接将它的超集都定义为非频繁项集，不用再去计算了。具体获取商品频繁项集的过程如下。

第一步，获取订单中所有不重复的商品（假设个数为 N）。

第二步，计算出所有单个商品的支持度，例如，计算 {3} 商品的支持度。

（1）遍历所有购物订单记录，计算出包含 {3} 商品的订单数。

（2）再用包含 {3} 商品的订单数除以总订单数，就得到 {3} 商品的支持度。

第三步，设定一个最小支持度阈值，并将所有小于最小支持度阈值的商品除去，剩下的就是单个商品的频繁项集。

第四步，将这单个商品的集合两两组合，再按照上述步骤找到满足最小支持度的两个商品的频繁项集。

第五步，以此类推，直到找出所有可能的商品组合的频繁项集。

下面我们通过一个实例，来更加形象具体地描述上述过程。

假设目前货架上有 5 件商品，分别是：1，2，3，4，5。现在共有 4 笔订单：a:{2,3,5}，b:{1,3,4},c:{1,2,3,4},d:{1,4}。我们将 sup=2 设定为最小支持度。具体计算过程如图 15.5 所示。

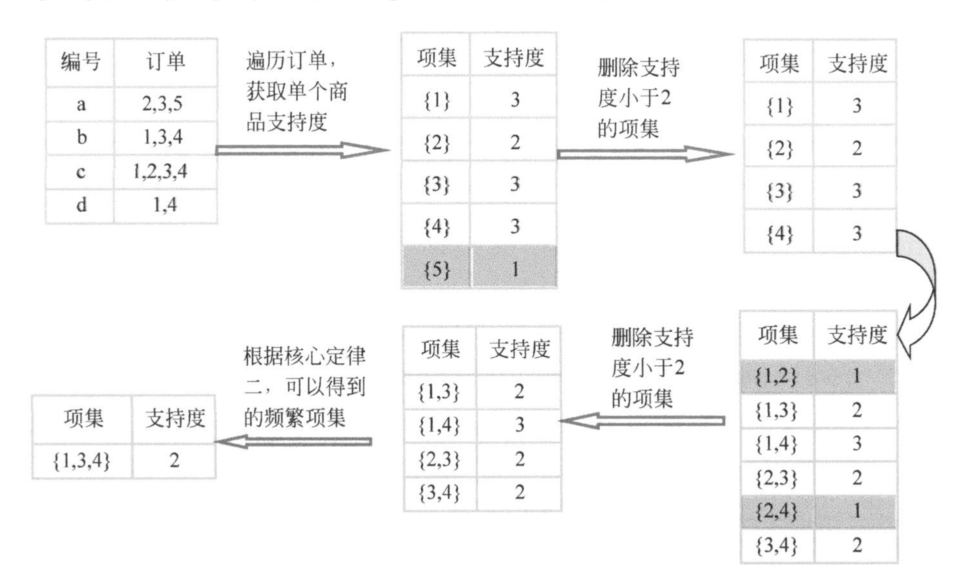

图 15.5　寻找频繁项集的流程

根据上述计算过程，我们最后筛选出的频繁项集为：{1,3,4}。在得到所有频繁项集后，我们按照可信度的定义就可找到其对应的关联规则，具体操作如下。

（1）计算出所有频繁项集的可信度。例如 {2,3} 的可信度为：{2,3} 支持度除以 {2} 的支持度，即 Confidence（2 → 3）=Support（2,3）/Support（2）

（2）定义一个最小可信度，并将所有小于定义最小可信度的商品组合除去，剩下的就是我们计算（挖掘）出的关联规则，也是我们可用于实际操作的规则。

知识窗

关联规则

可以表示为一个蕴含式 $R：X \Longrightarrow Y$，其中 X 与 Y 的交集为空集，即 $X \cap Y=\varnothing$。关联规则的含义是，如果 X 发生，那么 Y 很可能也会发生。

频繁项集

经常一起出现的物品的集合。如果某个项集的支持度超过我们设定的一个最小阈值，那么这个项集就是频繁项集，而且它的所有子集都是频繁的；如果某个项集不是频繁的，那么它的所有超集都不是频繁的。这一点是避免项集数量过多的重要基础，使得快速计算频繁项集成为可能。

强关联规则

同时满足最小支持度和最小可信度的关联规则。

15.2 Apriori 算法的应用

通过 15.1 节的介绍，我们已经了解了 Apriori 算法的原理，那么如何将 Apriori 应用到我们生活当中呢？下面通过案例来具体讲解。

15.2.1 Apriori 类的常用参数

Apriori 类是 mlxtend 库中基于 Python 的一个机器学习模块，其常用参数及功能如表 15.1 所示。

表 15.1　Apriori 类常用参数及功能

参数名	功　能	描　述
min_support	最小支持度	指定最小支持度
use_colnames	是否显示数据（商品）名称	默认为 False，显示数据编号，True 显示数据名称
max_len	最大数据（商品）组合数	默认为 None，无限制

15.2.2 应用案例一：货架调整

小涛有一位朋友是一名体育用品超市售货员，他正在苦恼如何提升自己负责区域的销售量。当他把这个问题讲给小涛后，小涛利用自己所学习的 Apriori 算法给出了解决办法。

首先小涛问他的朋友要了相关订单数据，数据如表 15.2 所示。

表 15.2　商品购物表（部分）

订单号	足球	运动鞋	羽毛球拍	羽毛球	乒乓球	乒乓球拍
1					1	1
2		1	1	1	1	

续表

订单号	足球	运动鞋	羽毛球拍	羽毛球	乒乓球	乒乓球拍
3	1	1	1			1
4		1	1		1	1
5	1		1		1	1
6		1	1	1		

表 15.2 中“1”代表购物小票中有此商品。为得到商品之间的关联关系，小涛的编程代码如下。

源码屋

1. 程序源码

```
import pandas as pd
from mlxtend.preprocessing import TransactionEncoder
from mlxtend.frequent_patterns import apriori
# 获取数据集
datafile = r'C:/data.xls'
dataset = pd.DataFrame(pd.read_excel(datafile))
row_num = dataset.shape[0]  # 获取订单中行数
column = dataset.shape[1]  # 获取订单中列数
tempdata = []
data1 = []
data2 = []
# 将订单数据存到二维数组中，便于后期处理
for i in range(row_num):
  tempdata = dataset.iloc[i].values.tolist()
  for j in range(column):
    if type(tempdata[j]) == str:
      data1.append(tempdata[j])
    data2.append(data1.copy())
    data1.clear()
te = TransactionEncoder()
# 进行 one-hot 编码
te_ary = te.fit(data2).transform(data2)
df = pd.DataFrame(te_ary, columns=te.columns_)
# 利用 Apriori 找出频繁项集
freq = apriori(df, min_support=0.66, use_colnames=True)
print(freq)
```

2. 运行结果（见图 15.6）

```
    support       itemsets
0  0.666667          (乒乓球)
1  0.666667         (乒乓球拍)
2  0.833333         (羽毛球拍)
3  0.666667          (运动鞋)
4  0.666667   (羽毛球拍, 运动鞋)
程序运行结束
```

图 15.6　运行结果

3. 结果解读

由图 15.6 可知，最小支持度 min_support=0.66 时，羽毛球拍和运动鞋组合购买的人较多。因此，在摆放商品位置时，我们可以将这两个商品摆放到一起，提高它们的销量。

仅参考最小支持度就可以实现优化吗？

15.2.3　应用案例二：餐厅菜品

小涛来到一家餐厅就餐，在点菜时发现总是找不到自己喜欢的饭菜。这时他想到，如果能用 Apriori 算法做智能推荐，就可以在改善顾客的体验的同时，提升餐厅的营业额。想到这里，小涛立即就把这个想法告诉了餐厅老板。而老板说只要你的方法有效，以后你来店里消费都打 8 折。于是，小涛开始了他的解决过程。首先，小涛要到了该餐厅的相关订单数据，具体如表 15.3 和表 15.4 所示。

表 15.3　餐厅菜单表

菜品 ID	A	B	C	D	E
名　称	鱼香肉丝	冬瓜排骨	素炒青菜	蘑菇汤饭	大盘鸡

表 15.4　餐厅订单表

订单号	菜品 ID	订 单 内 容
1	C,D,E	素炒青菜，蘑菇汤饭，大盘鸡
2	A,C	鱼香肉丝，素炒青菜
3	C,D	素炒青菜，蘑菇汤饭
4	A,B,C,D	鱼香肉丝，冬瓜排骨，素炒青菜，蘑菇汤饭
5	A,B	鱼香肉丝，冬瓜排骨
6	B,C	冬瓜排骨，素炒青菜
7	C,E	素炒青菜，大盘鸡
8	B,C,D	冬瓜排骨，素炒青菜，蘑菇汤饭
9	C,D,E	素炒青菜，蘑菇汤饭，大盘鸡
10	A,B,C	鱼香肉丝，冬瓜排骨，素炒青菜

源码屋

1. 程序源码

```
import numpy as np
filename = 'C:\DATA.txt'
# 读取数据
def readdata(filename):
```

```
    data = []
    with open(filename, 'r', encoding='UTF-8') as f:
          while True:
            line = f.readline()
          if not line:
            break
          data.append([str(_) for _ in line.split()])
    return data
# 计算支持度，去掉小于最小支持度的数据
def calculateSupport(Data, Ck, minSupport):
      SupportList = {}
      dataList = []
      itemCount = {}
      for s in Data:
        for item in Ck:
        if item.issubset(s):
          if item not in itemCount:
            itemCount[item] = 1
          else:
            itemCount[item] += 1
  n = float(len(Data))
  for key in itemCount.keys():
        # 计算支持度
        support = itemCount[key]/n
        # 保存大于最小支持度
        if support >= minSupport:
            dataList.append(key)
        SupportList[key] = support
  return dataList, SupportList
# 合并数据产生新的数据集
def combine(L, k):
  n = len(L)
  newList = []
  for i in range(n-1):
    for j in range(i+1, n):
      L1 = list(L[i])[:k]
      L2 = list(L[j])[:k]
      L1.sort()
      L2.sort()
      if L1 == L2:
        newList.append(L[i] | L[j])
  return newList
def Apriori(Data, minSupport):
  # 去掉数据集中重复的数据
  Data = list(map(set, Data))
  # 计算C1
  C1 = []
  for s in Data:
    for i in s:
      if [i] not in C1:
```

```
            C1.append([i])
    C1 = list(map(frozenset, C1))
    # 计算 L1
    L1, SupportList = calculateSupport(Data, C1, minSupport)
    L = [L1]
    k = 0
    # 不断合并数据，计算支持度，找出频繁项集
    print("Apriori---频繁项集")
    print('==================================================')
    while len(L[k]) > 1:
        Lm = combine(L[k], k)
        Lk, support = calculateSupport(Data, Lm, minSupport)
        L.append(Lk)
        SupportList.update(support)
        k += 1
        # 打印出频繁项集
        if(len(L[k])>0):
            for i in L[k]:
                print(i)
    print('==================================================')
    return L, SupportList
# 计算置信度
def calculateconf(L, data, SupportList, minConf):
    n = len(data)
    for i in range(n-1):
        for d in L[i]:
            if d.issubset(data):
                # 计算置信度
                conf = SupportList[data]/SupportList[data-d]
                if conf > minConf:
                    print(data-d, '——>', d)
# 关联规则
def Rules(L, SupportList, minConf):
    n = len(L)
    print("Apriori---关联规则")
    print('=================================================')
    for i in range(1, n):
        for j in L[i]:
            calculateconf(L, j, SupportList, minConf)
    print('==================================================')
if __name__ == '__main__':
# 最小支持度
minSupport = 0.4
# 最小置信度
minConfidence = 0.7
# 读取数据集
Data = readdata("C:\DATA.txt")
# 计算频繁项集
L, SupportList = Apriori(Data, minSupport)
# 计算关联规则
```

```
Rules(L, SupportList, minConfidence)
```

2. 运行结果（见图 15.7）

```
Apriori---频繁项集
==========================================================
frozenset({'素炒青菜', '蘑菇汤饭'})
frozenset({'素炒青菜', '大盘鸡'})
frozenset({'素炒青菜', '冬瓜排骨'})
==========================================================
Apriori---关联规则
==========================================================
frozenset({'蘑菇汤饭'}) —> frozenset({'素炒青菜'})
frozenset({'大盘鸡'}) —> frozenset({'素炒青菜'})
frozenset({'冬瓜排骨'}) —> frozenset({'素炒青菜'})
==========================================================
程序运行结束
```

图 15.7　运行结果

3. 结果解读

通过设置最小支持度 minSupport = 0.4 和最小可信度 minConfidence = 0.7，就得到了相应的频繁项集和关联规则。其中，我们可以看到点蘑菇汤饭、大盘鸡和冬瓜排骨的人都会点素炒青菜，这时可以将菜单和点菜方式做出相应调整，相信会有一个比较好的效果。当然，我们还可以继续调整最小支持度和最小置信度，来获得我们最佳的频繁项集和关联规则，再对菜单和点菜方式做相应调整。

15.3　Apriori 算法的特点

通过学习，我们发现 Apriori 算法能有效地挖掘出数据间的关系，这也是它在数据挖掘领域中应用最广的原因。总的来说，Apriori 算法的优点如下。

（1）算法简单，容易理解。

（2）对数据的要求较低，获取数据的途径和方法也较多。

（3）算法性能较好，设置好合适的最小支持度和置信度可以大大压缩频繁项集的数量，可以取得很好的结果。

但同时我们也不能忽视 Apriori 算法的缺点，具体如下。

（1）在特殊情况下可能产生庞大的候选数据集，使算法效率降低。

（2）在计算支持度时，会遍历所有数据，如果数据量较大，会增加系统开销。

本章小结

本章我们学习了 Apriori 算法的基本原理和算法过程、支持度的计算方法以及 Apriori 算法的两个定律。通过两个定律可以更加有效地获取频繁项集，通过案例“货架调整”和“餐厅菜品”实现了算法的具体应用，最后总结了 Apriori 算法的特点。

第六部分 数据预处理

说到人工智能，避不开的就是“数据”这个话题，数据在获取过程中几乎不可避免地会与真实值有误差或不一致的情况。因而对数据能否进行合理的预处理直接影响到人工智能算法的结果与效率。这也是程序员们经常遇到的问题:“数据不给力，再厉害的算法也不行。”而随着人工智能以及大数据的发展，我们获取和需要处理的数据呈指数级的增长。如果直接使用这些有冗余的、高维度的、不一致的或未经过任何处理的数据，会使算法消耗的资源急剧上升，同时结果也往往会不尽如人意。因此，如何对原始数据进行有效的预处理，提炼出有价值、有质量的信息，是人工智能算法学习中非常重要的一部分。

所谓数据预处理，就是指数据在被使用前，对其进行处理，即对原数据中存在的不完整的、有噪声的、不一致的、冗余的以及高维度的数据使用纠正、删减或降维等方法进行处理，以提升数据的正确性、一致性、完整性和可靠性。使用预处理后的数据导入模型进行训练，得到的结果也将更加准确，更加符合期望值。下面我们将用一个案例来进行说明。

下表是小涛从成绩统计人员那里得到的一组成绩数据，现在要求对这组成绩进行分析，获得各个学科成绩的走势和分布等。但当小涛看到数据时，就犯愁了。他发现这组数据中很多列的数据明显不一致，例如第 1 列数据明显不是成绩列，第 5 列数据除了有小数外还有一个 0 分。很明显，如果直接拿这组数据进行分析，得到的结果会不准确。因此，要获得合理的数据分析结果，必须先要对该组数据进行预处理。

成绩表

列 1	列 2	列 3	列 4	列 5	列 6
170	87	90	93	90.6	92
166	81	92	90	89.2	88
168	85	90	95	88.6	82

续表

列 1	列 2	列 3	列 4	列 5	列 6
35	85	89	85	88.4	95
106	88	79	95	88.2	93
171	82	89	89	87.6	90
24	87	92	78	87.4	92
174	83	86	89	0	90
150	82	86	90	87	88

本部分我们将介绍一些在人工智能学习中经常用到的数据预处理技术。

第 16 章　数据归一与标准化

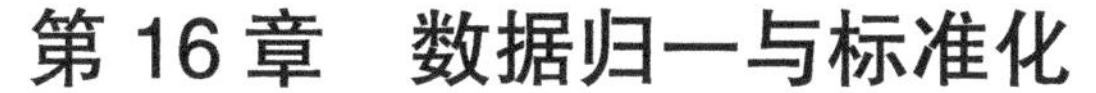

在机器学习算法的实际应用中，很多情况下我们获取的数据特征不是同一规格，或是数据特征有着不同的分布，即量纲不同，造成数据之间可比性较差。为了便于数据分析，我们需要将数据进行预处理，使之转换成同一规格或者同一分布，即同一量纲，以此消除不同量级单位带来的计算偏差，这一过程我们通常称为数据的无量纲化。

数据无量纲化可以适用在很多算法当中，可以加快算法的运行效率和精度，比如前面讲到的逻辑回归、支持向量机以及 K 均值算法等。不管是线性的还是非线性的数据都可以进行无量纲化，其中我们一般使用数据归一化和数据标准化处理进行线性数据的无量纲化。

本章要点

1. 数据归一化与标准化的必要性
2. 数据归一化
3. 数据标准化
4. 数据预处理应用

16.1　数据归一化与标准化的必要性

数据归一化与标准化是数据预处理中的重要技术，它们都属于数据无量纲化的一种，即将不同量级的数据转换到同一量级，或者将不同分布的数据转换到同一分布。在前面的章节案例中我们已经有所应用，但可能还有部分内容读者不太清楚它的必要性，下面我们就以一个例子来说明数据归一化与标准化的必要性。

我们根据人的身高（cm）和脚码这两个特征值来预测是男性还是女性，具体特征样本如表 16.1 所示。

表 16.1　身高体重脚码表

编　号	身高 /cm	脚码 / 码	性　别
A	167	36	女
B	175	41	男
C	182	43	男

续表

编　　号	身高 /cm	脚码 / 码	性　　别
D	179	42	男
E	162	35	女
F	190	44	男

假设有一组测试数据：G（身高：168cm，脚码：43），我们来预测 G 是男性还是女性。这里我们使用 K 近邻算法进行预测。

首先使用欧氏距离公式来计算测试数据到每个训练样本之间的距离。

$$AG=\sqrt{(167-168)^2+(36-43)^2}=\sqrt{50}$$

$$BG=\sqrt{(175-168)^2+(41-43)^2}=\sqrt{53}$$

$$CG=\sqrt{(182-168)^2+(43-43)^2}=\sqrt{196}$$

$$DG=\sqrt{(179-168)^2+(42-43)^2}=\sqrt{122}$$

$$EG=\sqrt{(162-168)^2+(35-43)^2}=\sqrt{100}$$

$$FG=\sqrt{(190-168)^2+(44-43)^2}=\sqrt{485}$$

这里我们选取 K=3 进行预测，由计算结果可知，测试数据 G 离样本 A（女）、B（男）和 E（女）最近。由此可知该测试数据 G 是女性的概率大于是男性的概率。但是根据我们生活常识可知，脚码 43 码为男性概率要远大于是女性的概率。而我们的算法却预测为女性，这是什么原因呢？原因是数据中身高和脚码的量纲不同，身高数值大小约为脚码大小的 5 倍，这会导致在计算距离时身高的影响要大于脚码的影响。

作为特征值，这两个特征值的量纲不同，导致了计算结果的不准确，同时也是不符合实际情况的。因此，我们要将数据样本的每个特征值转换为同一量纲，使它们对距离等相关计算结果的影响变得同等重要，这就是我们要进行数据归一化与标准化的重要原因。接下来，我们一起来了解和认识数据归一化与标准化的具体内容。

16.2 数据归一化

数据归一化（Normalization）是指把不同量纲的数据进行处理，将数据的量纲统一收敛到 [0,1] 或 [-1,1] 的范围内，目的是消除不同量纲对模型结果产生的影响，使数据之间具有较好的可比性，让计算的结果更加合理。我们一般使用离差法和均值归一化法进行数据归一化。下面我们对离差法和均值归一化法的原理进行讲解。

16.2.1 离差法过程

假设现有数据集 N，我们对其进行离差法归一化处理如下。

（1）将其中所有的数据（$x \in N$）以其最小值进行去中心化，即

$$x'=x-\min(x)$$

（2）根据数据的极差 $\max(x)-\min(x)$ 进行缩放，即

$$x'=\frac{x-\min(x)}{\max(x)-\min(x)}$$

经过上述两个步骤，原数据经过预处理，就会被收敛到 [0,1] 的范围内。这就是离差法的基本过程。不过离差法有一个缺陷是当有新的数据 α 时，如果 $\alpha>\max(x)$ 或 $\alpha<\min(x)$，需要重新计算 $\max(x)-\min(x)$ 的值。

16.2.2　均值归一化过程

假设现有数据集 N，我们对其进行均值归一化处理如下。

（1）将其中所有的数据（$x\in N$）以其平均值进行去中心化，即

$$x'=x-\text{mean}(x)$$

（2）根据数据的极差 $\max(x)-\min(x)$ 进行缩放，即

$$x'=\frac{x-\text{mean}(x)}{\max(x)-\min(x)}$$

经过上述两个步骤，原数据经过预处理，就会被收敛到 [−1,1] 的范围内。这就是均值归一化的基本过程。不过均值归一化法和离差法一样，有一个缺陷是当有新的数据 α 时，如果 $\alpha>\max(x)$ 或 $\alpha<\min(x)$，需要重新计算 $\max(x)-\min(x)$ 的值。

16.2.3　数据归一化的应用

使用离差法实现数据的归一化操作，可以直接调用 scikit-learn 提供的 MinMaxScaler 类，该类的常用参数及功能如表 16.2 所示。

表 16.2　MinMaxScaler 类的常用参数及功能

参数名	功　能	描　述
feature_range	缩放范围	数据类型为元组类型，默认值为 [0，1]
copy	是否复制原数据	默认为 True：对原数据复制，这样缩放后原数据不变；False：缩放操作后，原数组也跟着变化

表 16.3 是某地区 2012—2022 年 GDP 信息表，从表中我们可以看出，人均 GDP 增速和 GDP 不在一个量纲上，为了便于数据处理和分析，必然需要将该数据进行归一化预处理。接下来，我们通过调用 MinMaxScaler 类对该数据进行归一化处理。

表 16.3　某地 2012—2022 年 GDP 信息表

序　号	人均 GDP 增速 / %	GDP/ 亿元
1	10.74	11350.19
2	12.14	13019.76
3	8.88	14120.36

续表

序　号	人均 GDP 增速 / %	GDP/ 亿元
4	13.85	16407.03
5	7.06	17352.83
6	6.21	18808.27
7	4.41	20573.48
8	5.36	23502.94
9	3.34	23910.88
10	3.16	25668.39
11	2.24	25496.13

源码屋

1. 程序源码一

```
import pandas as pd
import numpy as np
dataSource = 'data.xls'  # 导入 GDP 数据
dataArray = pd.read_excel(dataSource, header=None)  # 读取 GDP 数据
print('原数据：')
print(dataArray)
print('离差法归一化后的数据：')
print((dataArray - dataArray.min()) /
(dataArray.max() - dataArray.min()))  # 离差法归一化
```

注意：上面的源程序只是展示了如何对原数据进行归一化，并没有保存归一化后的数据，小伙伴们可以参考下面的程序进行数据归一化处理。

2. 程序源码二

```
import pandas as pd
import numpy as np
from sklearn.preprocessing import MinMaxScaler  # 从 sklearn 中导入相应的归
一化方法
dataSource = 'data.xls'  # 导入 GDP 数据
dataArray = pd.read_excel(dataSource, header=None)  # 读取 GDP 数据
scaler = MinMaxScaler()  # 实例化极差法归一化方法
scaler = scaler.fit(dataArray)  # 将 GDP 数据导入
result = scaler.transform(dataArray)  # 将生成结果进行转换和导出
print('原数据：')
print(dataArray)
print('离差法归一化后的数据：')
print(result)
```

3. 运行结果（见图 16.1）

```
原数据：
              0              1
0     10.741857   11350.186629
1     12.138648   13019.764072
2      8.884731   14120.357902
3     13.849986   16407.028960
4      7.056486   17352.828740
5      6.208411   18808.272600
6      4.411545   20573.477600
7      5.357023   23502.942950
8      3.341163   23910.880100
9      3.162254   25668.387360
10     2.244471   25496.129540
离差法归一化后的数据：
[[0.7321852  0.        ]
 [0.85254096 0.11660525]
 [0.5721642  0.19347202]
 [1.         0.35317582]
 [0.41463176 0.41923159]
 [0.34155658 0.52088151]
 [0.18672793 0.6441655 ]
 [0.2681959  0.84876281]
 [0.0944975  0.87725362]
 [0.07908164 1.        ]
 [0.         0.98796931]]
程序运行结束
```

图 16.1　运行结果

4. 源码解读

通过图 16.1 的程序运行结果我们可以看到，数据已经被较好地进行归一化了，数据都被缩放至 [0,1] 的范围内，这也利于我们后续对数据进行分析和处理。

如果样本中噪声数据过多，还适合用归一化处理吗？

16.3　数据标准化

上面讲到，使用归一化后对数据的处理和分析更加有效。由于其归一化的结果受极值的影响较大，如果数据中异常值和噪音值过多，就会影响到归一化的效果。那么我们就需要用到另一种处理数据的方法，来达到我们想要的效果——数据标准化。

数据标准化（Standardization）是将数据映射到满足标准正态分布的范围内，具体是指将数据集 N 中样本的平均值变为 0，即将所有数据 x（$x \in N$）的值都减去该数据的平均值 μ，在除以其标准差 σ。得到的结果$x' = \dfrac{x-\mu}{\sigma}$ 为服从均值为 0、方差为 1 的标准正态分布。

16.3.1 数据标准化过程

假设现有数据集 N，我们对其进行标准化处理，其基本过程如下。

首先，将其中所有的数据（$x \in N$）以其平均值进行去中心化，即经 $x'=x-\text{mean}(x)$。

其次，根据数据的标准差进行缩放，即$x' = \dfrac{x - \text{mean}(x)}{\text{std}(x)}$。

数据标准化如同数据归一化，同样可以消除不同特征的量纲。很多时候，我们常常将数据标准化和数据归一化进行统称，即不太区分两者的区别。但作为学习者，本着学习的态度，我们还是需要理解两者的区别，这样我们在以后使用的过程中就会更加有效地进行数据预处理。

两者的区别是：归一化是将数据集中的所有数据转换到统一的量纲下，比如 [0,1]，结果由数据集的极值 max（x）和 min（x）决定。如果数据集中噪声点过多，则可能会影响到极值的选择，这样对归一化的结果影响较大。而标准化是根据数据的特征矩阵的列处理数据，将其转换到服从均值为 0，方差为 1 的标准正态分布，和所有数据的分布有关，每个数据都能对数据的标准化产生影响。因此，如果数据集中噪声点过多，选择标准化预处理数据的效果会更好。

16.3.2 数据标准化的应用

实现数据的标准化操作，可以直接调用 scikit-learn 提供的 StandardScaler 类，该类的常用参数及功能如表 16.4 所示。

表 16.4　StandardScaler 类常用参数及功能

参数名	功　能	描　述
with_mean	是否去中心化	默认取值为 True，表示缩放前将数据进行中心化处理；取值为 False 表示不进行中心化处理
with_std	是否换成标准差	默认取值为 True，表示将数据转换成单位方差；取值为 False 表示不进行转换
copy	是否复制原数据	默认取值为 True，表示对原数据进行复制，这样缩放后原数据不变。取值 False 表示缩放操作后，原数组也跟着变化

我们还是以 16.2 节的 GDP 数据为例，来进行数据标准化的实现。从表 16.4 中，我们可以看出人均 GDP 增速和 GDP 不在一个量纲上，为了便于数据处理和分析，我们可以通过数据标准化操作来对该数据进行预处理。

源 码 屋

1. 程序源码一

```
import pandas as pd
import numpy as np
dataSource = 'data.xls'  # 导入 GDP 数据
dataArray = pd.read_excel(dataSource, header=None)  # 读取 GDP 数据
print('原数据：')
```

```
print(dataArray)
print('标准化后的数据：')
print((dataArray - dataArray.mean())/dataArray.std())  #标准化
```

注意：上面源程序只是展示了如何对原数据进行标准化，并没有将标准化后的数据保存，读者可以参考下面的程序进行数据标准化处理。

2. 程序源码二

```
import pandas as pd
import numpy as np
from sklearn.preprocessing import StandardScaler  #从 sklearn 中导入相应的
标准化方法
dataSource = 'data.xls'  #导入 GDP 数据
dataArray = pd.read_excel(dataSource, header=None)  #读取 GDP 数据
scaler = StandardScaler()  #实例化标准化方法
scaler = scaler.fit(dataArray)  #将 GDP 数据导入
result = scaler.transform(dataArray)  #将生成结果进行转换和导出
print('原数据：')
print(dataArray)
print('标准化后的数据：')
print(result)
```

3. 运行结果（见图 16.2）

```
原数据：
             0             1
0   10.741857  11350.186629
1   12.138648  13019.764072
2    8.884731  14120.357902
3   13.849986  16407.028960
4    7.056486  17352.828740
5    6.208411  18808.272600
6    4.411545  20573.477600
7    5.357023  23502.942950
8    3.341163  23910.880100
9    3.162254  25668.387360
10   2.244471  25496.129540
标准化后的数据：
[[ 0.99813766 -1.59313823]
 [ 1.37435531 -1.25036456]
 [ 0.49793124 -1.02440644]
 [ 1.83529457 -0.55493998]
 [ 0.00550374 -0.36076195]
 [-0.22292052 -0.06195112]
 [-0.70689628  0.30045542]
 [-0.45223719  0.90189117]
 [-0.99519753  0.98564297]
 [-1.04338565  1.34646912]
 [-1.29058537  1.31110362]]
程序运行结束
```

图 16.2　运行结果

4. 源码解读

通过图 16.2 的程序运行结果我们可以看到，数据已经被较好地进行标准化了，这也利于我们后续对数据进行分析和处理。

16.4 数据预处理实例

前面我们已经了解了数据归一化和标准化的原理，它们本质上都是一种线性变换，因而在归一化或标准化后，数据不但不会丢失原有价值，还能提高数据处理的效率。下面我们以数据归一化为例，分析应用归一化前后的结果对比。

表 16.5 为某地职工年龄与工资年收入表。我们要根据此表的数据调查和研究该地区职工工资的收入情况。为分析具体情况，我们使用 DBSCAN 聚类算法对其进行处理。

表 16.5 某地职工年龄与工资年收入表

序 号	年 龄	收入 / 元	序 号	年 龄	收入 / 元
1	35	72795	21	37	188019
2	42	90532	22	34	196875
3	46	77988	23	40	130236
4	46	61688	24	20	17835
5	45	152193	25	36	69333
6	50	166261	26	20	79786
7	52	32858	27	30	108896
8	50	126274	28	53	75201
9	31	119883	29	35	44451
10	22	31829	30	24	103212
11	20	20407	31	26	111416
12	27	49367	32	28	177682
13	28	188147	33	42	176227
14	42	135080	34	51	60671
15	25	11363	35	41	45068
16	27	22034	36	23	185859
17	21	90429	37	51	14884
18	28	127899	38	55	182676
19	21	27893	39	20	15724
20	40	76845	40	25	170256

1. 程序源码

```
import matplotlib.pyplot as plt
import numpy as np
from sklearn.cluster import DBSCAN
dataSet = []
# 获取数据，并对数据进行处理
f = open('data.txt')
for v in f:
```

```
    dataSet.append([float(v.split(',')[0]), float(v.split(',')[1])])
    dataSet = np.array(dataSet)
    # 调用 sklearn 中的 DBSCAN 算法，进行数据处理
    labels = DBSCAN(eps=10000.211, min_samples=6).fit_predict(dataSet)
    # 进行绘图，显示结果
    plt.rcParams['font.sans-serif'] = ['KaiTi']
    plt.title(' 职工工资与年龄调查 ')
    plt.xlabel(" 年龄 ")  # 添加 X 轴名称
    plt.ylabel(" 收入（元）")  # 添加 Y 轴名称
    plt.scatter(dataSet[:, 0], dataSet[:, 1], c=labels, s=50, cmap='vir-
idis')
    plt.show()
```

2. 运行结果（见图 16.3）

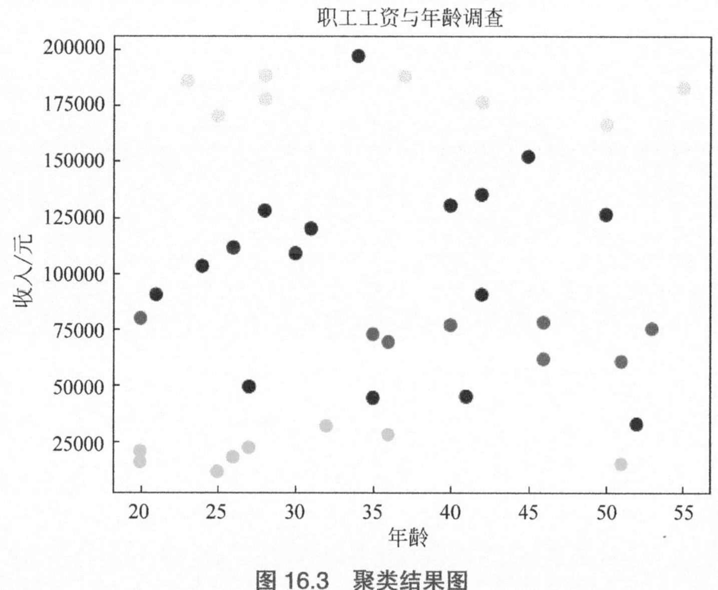

图 16.3　聚类结果图

3. 结果解读

根据聚类的结果我们发现，即使我们将邻域参数（ε，*MinPts*）调整多次，一直调整到非常大的值，也不能很好地进行聚类。这是因为年龄的变化范围是（20,55），而工资的变化范围是（10000,200000），两者变化量差别巨大且不在一个量纲上，这给聚类带来了非常大的困难。为此我们需要对其进行归一化处理，然后进行分析。

下面我们对原数据使用离差法进行归一化处理，如表 16.6 所示。

表 16.6　某地职工年龄与工资收入表（归一化）

序　号	年　龄	收入 / 元	序　号	年　龄	收入 / 元
1	0.469	0.347	4	0.813	0.285
2	0.688	0.448	5	0.781	0.797
3	0.813	0.377	6	0.938	0.876

续表

序　号	年　龄	收入 / 元	序　号	年　龄	收入 / 元
7	1.000	0.122	24	0.000	0.037
8	0.938	0.650	25	0.500	0.328
9	0.344	0.614	26	0.000	0.387
10	0.063	0.116	27	0.313	0.552
11	0.000	0.051	28	1.031	0.361
12	0.219	0.215	29	0.469	0.187
13	0.250	1.000	30	0.125	0.520
14	0.688	0.700	31	0.188	0.566
15	0.156	0.000	32	0.250	0.941
16	0.219	0.060	33	0.688	0.933
17	0.031	0.447	34	0.969	0.279
18	0.250	0.659	35	0.656	0.191
19	0.031	0.094	36	0.094	0.987
20	0.625	0.370	37	0.969	0.020
21	0.531	0.999	38	1.094	0.969
22	0.438	1.049	39	0.000	0.025
23	0.625	0.672	40	0.156	0.899

将以上数据带入程序并调整邻域参数为（0,25,6），我们得到的运行结果如图 16.4 所示。

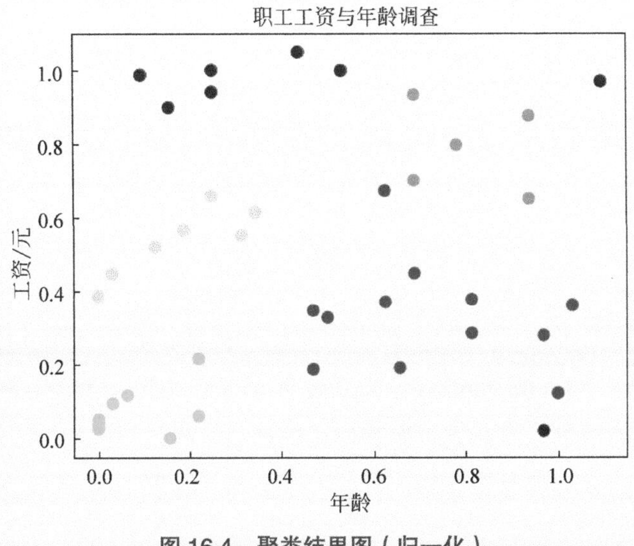

图 16.4　聚类结果图（归一化）

从图 16.4 可知，经过归一化后，工资和年龄数据都被压缩到 [0,1] 的范围内，与未归一化的数据结果相比，数据特征没有发生变化但更容易进行数据分析，聚类的效果也更加明显了。从图中可以看出，工资收入分成了四类，这对后续的分析处理将会很有帮助。

由上述结果可知，归一化后的结果与未归一化后的结果相比效果更好，可以说归一化是有效的。特别是对量纲差距大、多维的数据来说，归一化的价值就会更加凸显。

本章小结

通过本章的学习，我们掌握了数据预处理技术的基本原理和过程，并利用某地房价数据实现了数据归一化和标准化的过程，体现了数据归一化和标准化的效果。然后根据具体实例对比了归一化前后的结果，体会到数据预处理的价值所在。

我们也了解了数据归一化和标准化的区别，它们都是线性变换方式。其中，归一化的缩放只和数据的最大值和最小值有关，且对噪声数据敏感；标准化的缩放和数据的标准差有关，也就是和所有数据有关。因而，如果需要对输出结果范围进行限制，可以使用归一化；如果数据中噪声样本过多，则可以使用标准化。

通过本章的学习，我们不难看出数据预处理技术的原理比较简单，并且实现起来也不难。数据预处理作为数据处理的重要内容，在各个机器学习算法中都有所应用。在下面章节中，我们会一起学习一个比较常用的数据预处理技术——降维。

第 17 章　神奇的工具 PCA

随着人工智能以及大数据技术的发展，我们需要获取和处理的数据正呈指数级增长。如果直接使用这些繁杂的、高维度的、不经过任何处理的数据，我们的数据计算量将会非常庞大，随之引发的就是维度灾难。例如，如何区分猫和狗，如果只从颜色和大小属性来辨别，是不足以区分它们的。因而，我们需要不断地增加可辨别的属性特征，例如“纹理”“尾巴长短”等。但随着特征的增加，相应的机器学习算法的效率就会急剧下降，无法高效得出准确结果了。

因此，在算法训练之前，能否采取一种有效的方法在高维度的数据中提取和筛选出对我们有用的数据，从而在减少算法模型训练复杂度和计算量的同时，提高模型预测的效率和准确率呢？

本章我们将介绍一种对数据进行预处理的技术——降维，目的是在剔除噪声数据和减少损失的情况下降低数据的维度和处理难度。数据降维一般有两种方法：特征选择和特征提取。

特征选择：顾名思义就是在原数据集中选择若干数据，也就是原数据集的子集，其特点是没有对原数据特征值进行修改，而是选取最具有代表性的数据。

在图 17.1 中，原数据有四类数据 X_1，X_2，X_3，Y，从中根据过滤式、嵌入式或包裹式等算法筛选出需要的数据 X_1，X_3，Y，筛选后的数据特征值没有发生变化。

X_1	X_2	X_3	Y
2	19	2	3
6	2	6	7
8	7	1	8
1	3	7	2

→

X_1	X_3	Y
2	2	3
6	6	7
8	1	8
1	7	2

图 17.1　特征选择

特征提取：主要是通过属性间某些相关的联系，将不同的属性进行组合，得到新的属性，其特点是会改变原来的特征空间，如图 17.2 所示。

在图 17.2 中，原数据特征为 $Y=X_1+2X_2+3X_3$，我们令 $Z_1=X_1+X_2+2X_3$，$Z_2=X_2+X_3$，那么 $Y=Z_1+Z_2$ 成立。

X_1	X_2	X_3	Y
1	2	3	14
6	1	6	26
3	5	1	16
5	3	7	32

→

Z_1	Z_2	Y
9	5	14
19	7	26
10	6	16
22	10	32

图 17.2 特征提取

特征提取常用的算法有主成分分析（Principal Component Analysi，PCA）、线性判别分析（LDA）和核心主成分分析（KPCA）。其中，主成分分析是一种行之有效的数据降维方法之一，也是我们本章节的重点内容，其在数据压缩、消除冗余及数据噪声点消除等领域都有广泛的应用。下面我们就一起来学习——PCA 算法。

本章要点

1. PCA 算法的基本原理
2. PCA 算法的应用
3. PCA 算法的特点

17.1 PCA 算法的基本原理

17.1.1 PCA 的简单理解

PCA 是一种使用最广泛的数据降维算法，目的是从原数据中提取出有价值的数据，即在原数据中寻找最大方差方向，将其投影到维数小于或等于原数据维度的新的特征空间。

如图 17.3 所示，原数据样本在一个二维空间中（X–Y），我们的目标是要找到一个新的坐标系，使得这些数据样本在新的坐标系（X'–Y'）中的方差值最大（方差值越大，数据样本之间越离散，则越能表示其真实信息）。我们期望在将原数据的维度从 n 为降到 n' 的同时，尽可能保留原数据中有价值的数据。既然要降维，那可能就会有损失。如何让原数据样本降到 n' 维后尽可能保留原有价值呢？答案就是，在降维之后要使各个数据样本之间的方差尽可能得大，分散程度尽可能大，这样能尽可能地保留原数据的价值。

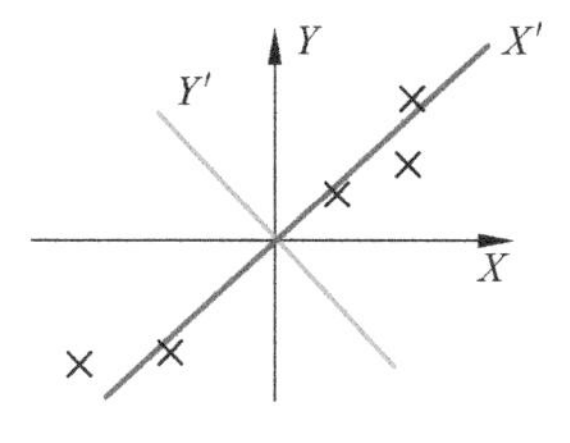

图 17.3 PCA 投影

知识窗

方差

方差是在概率论和统计学中衡量随机变量或一组数据离散程度的度量。概率论中方差用来度量随机变量和其数学期望（即均值）之间的偏离程度。统计中的方差（样本方差）是每个样本值与全体样本值的平均数之差的平方值的平均数。在许多实际问题中，研究方差即偏离程度有着重要意义，方差计算公式如下：

$$\mathrm{Var}(x)=\frac{1}{m}\sum_{i=1}^{m}(x_i-\bar{x})^2$$

其中 x_i 为变量，$\bar{x}$ 为总体平均值，m 为总体样本数。

17.1.2 向量投影与内积

根据上节所学内容，我们知道降维的实质就是将数据从原有的特征空间转换到另一个特征空间中去，而这种转换离不开向量投影和内积。

如图 17.4 所示，基于一组基向量 ***X***（1,0）和 ***Y***（0,1）建立的坐标系中有向量 ***A*** 和向量 ***B***。

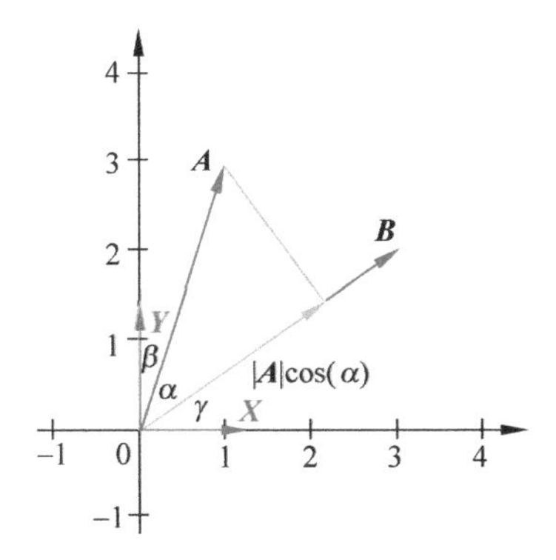

图 17.4 向量投影

如何知道这两个向量的坐标值呢？根据我们在中学所学的数学知识可以知道：若向量 ***A*** 在基向量 ***X*** 方向上的投影长度为 $|\boldsymbol{A}|\cos(\alpha+\gamma)=1$，在基向量 ***Y*** 方向上的投影长度为 $|\boldsymbol{A}|\cos\beta=3$，那么 ***A*** 向量的坐标值为（1,3）。同理，若向量 ***B*** 在基向量 ***X*** 方向上的投影长度为 $|\boldsymbol{B}|\cos\gamma=3$，在基向量 ***Y*** 方向上的投影长度为 $|\boldsymbol{B}|\cos(\alpha+\beta)=2$，那么 ***B*** 向量的坐标值为（3,2）。向量 ***A*** 与向量 ***B*** 内积为：

$$\boldsymbol{A}\cdot\boldsymbol{B}=|\boldsymbol{A}||\boldsymbol{B}|\cos\alpha$$

假设向量 ***B*** 为单位向量 ***B′*** 时，即向量 ***B′*** 的模（$|\boldsymbol{B}'|$）=1，可以得到以下结果：

$$\boldsymbol{A}\cdot\boldsymbol{B}=|\boldsymbol{A}||\boldsymbol{B}|\cos\alpha=|\boldsymbol{A}|\cos\alpha$$

也就是向量 ***A*** 和单位向量 ***B′*** 的内积为 $|\boldsymbol{A}|\cos\alpha$，实际上就是向量 ***A*** 在向量 ***B*** 方向上的投影长度。向量 ***A*** 和向量 ***B*** 的坐标值就是在基向量上作内积得到的坐标值。

在二维空间中，我们通常选择向量（1,0）和（0,1）作为基向量。其实在二维空间中可以有无数个基向量。如图 17.5 所示的向量基变换，向量 ***B*** 在原来的基向量（1,0）和（0,1）

中表示为（3,2），那么在新的基向量 $\left(\frac{\sqrt{3}}{2},\frac{\sqrt{3}}{2}\right)$ 和 $\left(-\frac{\sqrt{3}}{2},\frac{\sqrt{3}}{2}\right)$ 中，又是怎么表示的呢？

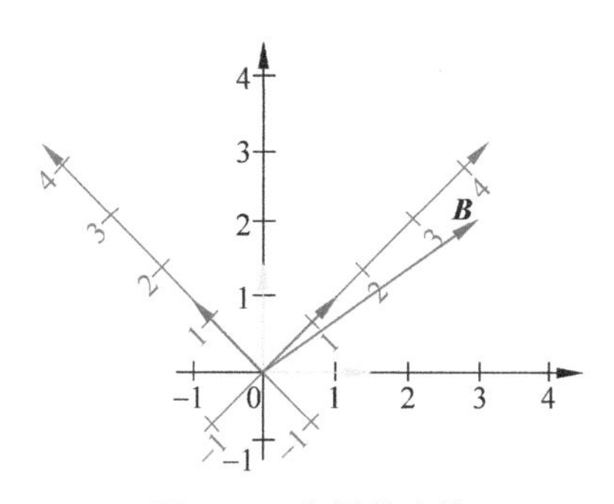

图 17.5　向量基变换

上面我们讲到，向量坐标值就是在基向量上作内积得到的坐标值。那么在新的基向量中，向量 ***B*** 就可表示为

$$x' = \begin{pmatrix}\frac{\sqrt{3}}{2}\\ \frac{\sqrt{3}}{2}\end{pmatrix}(3,2) = \frac{5\sqrt{3}}{2},\quad y' = \begin{pmatrix}-\frac{\sqrt{3}}{2}\\ \frac{\sqrt{3}}{2}\end{pmatrix}(3,2) = -\frac{\sqrt{3}}{2}$$

即向量 ***B*** 在新的基向量的坐标值为 $\left(\frac{5\sqrt{3}}{2},-\frac{\sqrt{3}}{2}\right)$

在基变换中，我们通常用如下方式进行表示，原向量 ***B***（3,2）变换到新基向量中的坐标表示为

$$\begin{pmatrix}\frac{\sqrt{3}}{2} & \frac{\sqrt{3}}{2}\\ -\frac{\sqrt{3}}{2} & \frac{\sqrt{3}}{2}\end{pmatrix}\begin{pmatrix}3\\2\end{pmatrix} = \begin{pmatrix}\frac{5\sqrt{3}}{2}\\ -\frac{\sqrt{3}}{2}\end{pmatrix}$$

通过上述变换，向量就可转换（映射）到一个新的基向量当中去了。

知识窗

基向量

长度为一个单位长度的向量叫作基向量，也叫作单位向量。它们是相互垂直的，并且是线性无关的，是描述向量的基本工具。基向量确定后，空间内任意向量都可以用这组向量表示。

例如，向量空间中任意向量 (***a***,***b***)，这里的 ***a*** 和 ***b*** 都是实数。

假设其基向量是 ***e***1=(1,0) 和 ***e***2=(0,1)，那么向量 (***a***,***b***)=***a***(1,0)+***b***(0,1)；基向量是 ***e***2=(1,1) 和 ***e***4=(−1,2)，那么向量 (***a***,***b***)=***a***(1,1)+***b***(−1,2)。

内积

内积也称为点积，对两个向量执行点乘运算，就是对这两个向量对应位一一相乘之后求和的操作。例如，对于向量 $\boldsymbol{a}$ 和向量 $\boldsymbol{b}$，其中 $\boldsymbol{a}=[a_1,a_2,\cdots,a_n]$，$\boldsymbol{b}=[b_1,b_2,\cdots,b_n]$，则它们的点积为

$$\boldsymbol{a}\cdot\boldsymbol{b}=a_1b_1+a_2b_2+\cdots+a_nb_n$$

两个向量 $\boldsymbol{a}$ 与 $\boldsymbol{b}$ 的内积为

$$\boldsymbol{a}\cdot\boldsymbol{b}=|\boldsymbol{a}||\boldsymbol{b}|\cos\angle(\boldsymbol{a},\boldsymbol{b})$$

基变换

原基向量 $(\boldsymbol{a},\boldsymbol{b})$ 和 $(\boldsymbol{c},\boldsymbol{d})$ 中的向量 $\boldsymbol{A}(x,y)$ 和新的基向量 $(\boldsymbol{a}',\boldsymbol{b}')$ 和 $(\boldsymbol{c}',\boldsymbol{d}')$ 作内积运算，即可得到在新的基向量中的坐标值，用矩阵相乘的形式可以表示为

$$(x,y)=\begin{pmatrix}a'b'\\c'd'\end{pmatrix}\begin{pmatrix}x\\y\end{pmatrix}=\begin{pmatrix}xa'+yb'\\xc'+yd'\end{pmatrix}$$

推而广之，如果向量（$a_1,a_2,\cdots,a_m$）变换到新的空间中去，该怎样计算呢？

$$\begin{pmatrix}p_1\\p_2\\\vdots\\p_r\end{pmatrix}(a_1\ a_2\cdots a_m)=\begin{pmatrix}p_1a_1 & p_1a_2 & \cdots & p_1a_m\\p_2a_1 & p_2a_2 & \cdots & p_2a_m\\\vdots & \vdots & \ddots & \vdots\\p_ra_1 & p_ra_2 & \cdots & p_ra_m\end{pmatrix}$$

其中 p_r 是一个行向量（转置前），每行有 n 个元素，表示第 r 个基；a_m 是列向量，每列有 n 个元素，表示第 m 个原始数据。通过运算结果可以知道，r 决定了变换后数据的维数。因而我们可以建立一个 r 小于 n 的 r 个 n 维空间，以达到降维的目的。

17.1.3 PCA——选择最优的基

通过上面的学习，我们已经知道如何将一个向量投影（变换）到一个新的基中去，新基的数量少于原维度，就可以达到降维的效果。那么如何找到一个最优的新基呢？或者如何保证投影后的数据样本尽可能保留原数据的信息？这就需要使投影后的数据尽可能地离散，如果投影之后的数据没有明显的离散，特征与特征之间的差异就会缩小，极端的情况是某些特征数据直接重合，那么这些特征数据就没有进行分类或者回归的意义了，也就失去了处理的价值。因而我们要找到一个一维基，使得所有数据样本投影到这个基上后，其方差值最大。一般我们通过以下方法来找到这个一维基，具体内容如下。

为了便于计算，我们一般先对数据进行去中心化处理。数据去中心化也就是均值归 0，将原数据样本的中心（x,y）和坐标原点（0,0）重合，即所有数据样本都减去数据样本的平均值 $\bar{x}$，如图 17.6 所示。

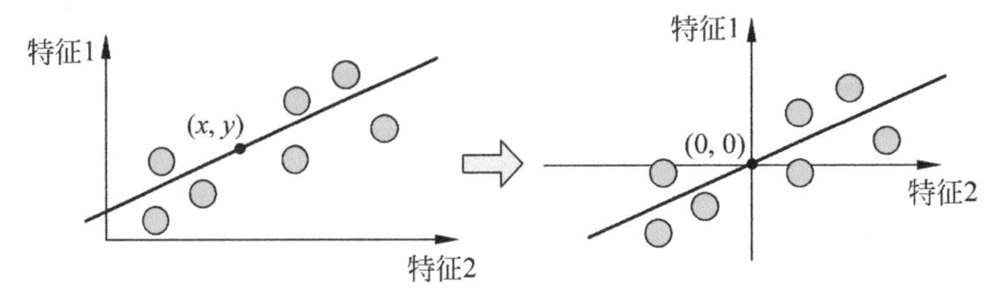

图 17.6 数据去中心化

数据样本去中心化后，其方差变为

$$\mathrm{Var}(a)=\frac{1}{m}\sum_{i=1}^{m}(a_i-\bar{a})^2 \Rightarrow \mathrm{Var}(a)=\frac{1}{m}\sum_{i=1}^{m}(a_i)^2$$

在数据样本去中心化后，对于从二维降到一维的问题来讲，找到那个使得方差最大的方向就可以了。但对于更高维度的问题，例如将数据样本从三维降到二维空间中，按照方差最大化来获得两个新的基，则新基的两个维度很可能高度重合，这样选择的基就很差了。所以，除了得到数据样本间的方差值外，还需要找到维度间的相关性的差异，差异越大，则新基越优。因为维度之间相关性越差，越能表示原数据样本信息。最理想的就是维度之间相互垂直，那么怎么找到这个维度呢？这里还要用到协方差公式。

$$\mathrm{Cov}(x,y)=\frac{1}{m}\sum_{i=1}^{m}x_i y_i$$

通过协方差公式，我们可以知道，当协方差结果为 0 时，x 和 y 为非线性关系。这种在非线性关系中选择基所组成的维度就是正交的。这样，我们就找到了将数据样本从 n 维降到 k 维的途径，即将一组 n 维向量降为 k 维（k 大于 0，小于 n），其目标是选择 k 个单位正交基（模为 1），使得原始数据变换到这组基上后，各特征（维度）之间两两间协方差为 0，而数据样本在每个维度上的方差尽可能大（在正交的约束下，取最大的 k 个方差）。那么如何找到两两相互正交的数据呢？这里我们就要构建协方差矩阵，具体如下。

如果我们有一组数据包含 m 个样本（a_m,b_m,c_m），将它按行写成矩阵的形式，即

$$x=\begin{pmatrix} a_1 & a_2 & \cdots & a_m \\ b_1 & b_2 & \cdots & b_m \\ c_1 & c_2 & \cdots & c_m \end{pmatrix}$$

我们用它构建协方差矩阵。x 乘以它自身的转置 $\boldsymbol{x}^{\mathrm{T}}$，再乘以系数 $1/m$，得到如下结果

$$\frac{1}{m}\boldsymbol{x}\boldsymbol{x}^{\mathrm{T}}=\begin{pmatrix} \frac{1}{m}\sum_{i=1}^{m}a_i^2 & \frac{1}{m}\sum_{i=1}^{m}a_ib_i & \frac{1}{m}\sum_{i=1}^{m}a_ic_i \\ \frac{1}{m}\sum_{i=1}^{m}a_ib_i & \frac{1}{m}\sum_{i=1}^{m}b_i^2 & \frac{1}{m}\sum_{i=1}^{m}b_ic_i \\ \frac{1}{m}\sum_{i=1}^{m}a_ic_i & \frac{1}{m}\sum_{i=1}^{m}b_ic_i & \frac{1}{m}\sum_{i=1}^{m}c_i^2 \end{pmatrix}=\begin{pmatrix} \frac{1}{m}\sum_{i=1}^{m}a_i^2 & \mathrm{Cov}(a,b) & \mathrm{Cov}(a,c) \\ \mathrm{Cov}(a,b) & \frac{1}{m}\sum_{i=1}^{m}b_i^2 & \mathrm{Cov}(b,c) \\ \mathrm{Cov}(a,c) & \mathrm{Cov}(b,c) & \frac{1}{m}\sum_{i=1}^{m}c_i^2 \end{pmatrix}$$

通过上述结果我们可以发现，左上角到右下角对角线位置的结果$\left(\frac{1}{m}\sum_{i=1}^{m}a_i^2,\ \frac{1}{m}\sum_{i=1}^{m}b_i^2,\ \frac{1}{m}\sum_{i=1}^{m}c_i^2\right)$为数据样本在各个维度的方差，而该对角线两侧相邻的数据为所对应数据的协方差。推而广之，如果有 m 个 n 维数据，我们按照此方法就可以得到一个 $n\times m$ 的矩阵。这个矩阵的特点如下。

（1）矩阵为对称矩阵，其对角线为各个数据的方差。

（2）对角线两侧相对应的数据相同，也就是其 i 行 j 列和 j 行 i 列的值相同，表示 i 和

j 两个数据的协方差。

根据上文要找到最优基的要求：数据间协方差为 0，方差最大。根据这个要求，可以推导出数据的协方差矩阵除对角线外的数据都要为 0，并且对角线上每个数据的结果从上到下按照从大到小的顺序排列。这样我们就找到了获取最优基的方法：使数据的协方差矩阵对角化。那么如何找到这个最优基和协方差矩阵的关系呢?

假设原数据样本的矩阵表示为 $\boldsymbol{M}$，其对应的协方差矩阵为 $\boldsymbol{C}$。设 $\boldsymbol{B}$ 为一组新基矩阵，则有 $\boldsymbol{S}=\boldsymbol{M}\times\boldsymbol{B}$，其中 $\boldsymbol{S}$ 为基变换后的数据样本矩阵。设 $\boldsymbol{S}$ 的协方差矩阵为 $\boldsymbol{C}'$，则 $\boldsymbol{C}$ 和 $\boldsymbol{C}'$ 可以推导出如下关系：

$$\boldsymbol{C}'=\frac{1}{m}\boldsymbol{SS}^{\mathrm{T}}=\frac{1}{m}\boldsymbol{MB}(\boldsymbol{MB})^{\mathrm{T}}=\frac{1}{m}\boldsymbol{BMM}^{\mathrm{T}}\boldsymbol{B}^{\mathrm{T}}=\boldsymbol{B}\left(\frac{1}{m}\boldsymbol{MM}^{\mathrm{T}}\right)\boldsymbol{B}^{\mathrm{T}}=\boldsymbol{BCB}^{\mathrm{T}}$$

通过推导，我们的目标就是找到一个矩阵，$\boldsymbol{B}$ 使 $\boldsymbol{BCB}^{\mathrm{T}}$ 的结果为对角矩阵，矩阵 $\boldsymbol{B}$ 就是我们要找的最优基。

由上我们知道协方差矩阵 $\boldsymbol{C}$ 是一个是对称矩阵，其中元素都为实数的对称矩阵（实对称矩阵）有如下性质。

（1）实对称矩阵 $\boldsymbol{C}$ 的不同特征值所对应的特征向量相互正交。设有一个 n 维实对称矩阵 $\boldsymbol{C}$，其有两个不相等的特征值 a,b，x,y 表示特征值 a,b 所对应的特征向量，根据对称矩阵特性有

$$\boldsymbol{C}=\boldsymbol{C}^{\mathrm{T}},\quad \boldsymbol{C}x=ax,\quad \boldsymbol{C}y=by\ (a\neq b)$$

对 $\boldsymbol{C}x=ax$ 两边进行转置并乘以 y，可得

$$x^{\mathrm{T}}\boldsymbol{C}y=ax^{\mathrm{T}}y \tag{17.1}$$

对 $\boldsymbol{C}y=by$ 两边乘以 x^{T}，可得

$$x^{\mathrm{T}}\boldsymbol{C}y=bx^{\mathrm{T}}y \tag{17.2}$$

用式（17.1）减去式（17.2）可得

$$\begin{aligned}0&=ax^{\mathrm{T}}y-bx^{\mathrm{T}}y\\&=(a-b)x^{\mathrm{T}}y\end{aligned}$$

由前可知 $a\neq b$，因而有 $x^{\mathrm{T}}y=0$，即有 x 和 y 相互正交。

（2）设实对称矩阵 $\boldsymbol{C}$ 的特征向量为 λ_m，其重数为 k（有 k 个相同的特征值），则必然存在 k 个线性无关的特征向量对应于 λ_m。因此，可以将这 k 个特征向量单位正交化。

由上述性质可以得到，对于一个 m 行 m 列的实对称矩阵，一定可以找到 m 个单位正交特征向量，设这 m 个单位特征向量为 $e_1,e_2,\cdots,e_m$，将其按列组成矩阵：

$$\boldsymbol{E}=(e_1\ \ e_2\cdots\ \ e_m)$$

$\boldsymbol{E}$ 为单位矩阵，则和原数据协方差矩阵 C 有如下关系：

$$\boldsymbol{E}^{\mathrm{T}}\boldsymbol{CE}=\begin{pmatrix}\lambda_1 & & & \\ & \lambda_2 & & \\ & & \cdots & \\ & & & \lambda_m\end{pmatrix}$$

由上我们可知，要寻找的矩阵 $\boldsymbol{B}$ 就为 $\boldsymbol{E}^{\mathrm{T}}$，即 $\boldsymbol{B}=\boldsymbol{E}^{\mathrm{T}}$。

知识窗

协方差

协方差（Covariance）在概率论和统计学中用于衡量两个变量的总体误差。如果两个数据间线性相关度高，则结果就大，否则结果就小。而方差是协方差的一种特殊情况，即当两个变量是相同的情况。

对角矩阵与对角化

对角矩阵是指只有主对角线上含有非零元素的矩阵。已知一个 $n\times n$ 矩阵 $\boldsymbol{M}$，如果对于 $i\neq j, M_{ij}=0$，则该矩阵为对角矩阵。

如果存在一个矩阵 $\boldsymbol{A}$，使得 $\boldsymbol{A}^{-1}\boldsymbol{M}\boldsymbol{A}$ 结果为对角矩阵，则称矩阵 $\boldsymbol{A}$ 将矩阵 $\boldsymbol{M}$ 对角化。对于一个矩阵来说，不一定存在将其对角化的矩阵，但是任意一个 $n\times n$ 矩阵如果存在 n 个线性不相关的特征向量，则该矩阵可被对角化。

特征值与特征向量

设 $\boldsymbol{A}$ 为 n 阶矩阵，如果有 λ 和 n 维非零列向量 $\boldsymbol{x}$ 使关系式 $\boldsymbol{Ax}=\lambda\boldsymbol{x}$ 或写成（$\boldsymbol{A}-\lambda\boldsymbol{E}$）$\boldsymbol{x}=0$（$\boldsymbol{E}$ 为单位矩阵，作用类似乘法中的 1，与任何矩阵相乘都等于矩阵本身）成立，则我们称 λ 为矩阵 $\boldsymbol{A}$ 的特征值，非零列向量 $\boldsymbol{x}$ 为 $\boldsymbol{A}$ 对应特征值 λ 的特征向量。

17.1.4　PCA 的基本过程

通过 17.1.3 小节内容的学习，我们知道了 PCA 降维的基本原理，下面我们就利用一组数据样本讲解 PCA 的基本过程。

（1）有一组已经去中心化数据样本，将其从二维降成一维，具体如下：

$$\boldsymbol{A}=\begin{pmatrix}-2 & 1 & 0 & 0 & 1\\ 2 & -1 & 0 & -1 & 0\end{pmatrix}$$

（2）由于其均值为 0，不需要对其去中心化，可以直接计算它的协方差矩阵 $\boldsymbol{C}$：

$$\boldsymbol{C}=\frac{1}{5}\boldsymbol{A}\boldsymbol{A}^{\mathrm{T}}=\frac{1}{5}\begin{pmatrix}-2 & 1 & 0 & 0 & 1\\ 2 & -1 & 0 & -1 & 0\end{pmatrix}\begin{pmatrix}-2 & 2\\ 1 & -1\\ 0 & 0\\ 0 & -1\\ 1 & 0\end{pmatrix}=\begin{pmatrix}\frac{6}{5} & -1\\ -1 & \frac{6}{5}\end{pmatrix}$$

（3）根据特征值与特征向量的计算公式（$\boldsymbol{A}-\lambda\boldsymbol{E}$）$\boldsymbol{x}=0$，可知该协方差矩阵的特征值和特征向量为：

$$|C-\lambda E| = \begin{pmatrix} \frac{6}{5}-\lambda & -1 \\ -1 & \frac{6}{5}-\lambda \end{pmatrix} = \left(\frac{6}{5}-\lambda\right)^2 - (-1)^2 = \frac{11}{25} - \frac{12}{5}\lambda + \lambda^2$$

$$= \left(\frac{1}{5}-\lambda\right)\left(\frac{11}{5}-\lambda\right)$$

可知协方差矩阵 C 的特征值为 $\frac{1}{5}$ 和$\frac{11}{5}$，当 $\lambda = \frac{1}{5}$，根据计算公式（$A-\lambda E$）$x=0$，对应特征向量满足：

$$\left(C - \frac{1}{5}E\right)\begin{pmatrix} x_1 \\ x_2 \end{pmatrix} = \begin{pmatrix} 0 \\ 0 \end{pmatrix}$$

经计算有如下结果：

$$\begin{pmatrix} \frac{6}{5}-\frac{1}{5} & -1 \\ -1 & \frac{6}{5}-\frac{1}{5} \end{pmatrix}\begin{pmatrix} x_1 \\ x_2 \end{pmatrix} = \begin{pmatrix} 1 & -1 \\ -1 & 1 \end{pmatrix}\begin{pmatrix} x_1 \\ x_2 \end{pmatrix} = \begin{pmatrix} 0 \\ 0 \end{pmatrix}$$

解得 $x_1=x_2$，则对应的特征向量可以取

$$p_1 = \begin{pmatrix} 1 \\ 1 \end{pmatrix}$$

同理，当 $\lambda = \frac{11}{5}$时，对应的特征向量可以取

$$p_2 = \begin{pmatrix} -1 \\ 1 \end{pmatrix}$$

（4）根据新的特征向量，我们进行单位化就得到新的基向量。

$$p = \begin{pmatrix} \frac{1}{\sqrt{2}} & \frac{1}{\sqrt{2}} \\ -\frac{1}{\sqrt{2}} & \frac{1}{\sqrt{2}} \end{pmatrix}$$

（5）我们利用获得的新基对原数据进行对角化，来验证新的基向量是否合适。

$$pCp^{\mathrm{T}} = \begin{pmatrix} \frac{1}{\sqrt{2}} & \frac{1}{\sqrt{2}} \\ -\frac{1}{\sqrt{2}} & \frac{1}{\sqrt{2}} \end{pmatrix}\begin{pmatrix} \frac{6}{5} & -1 \\ -1 & \frac{6}{5} \end{pmatrix}\begin{pmatrix} \frac{1}{\sqrt{2}} & -\frac{1}{\sqrt{2}} \\ -\frac{1}{\sqrt{2}} & \frac{1}{\sqrt{2}} \end{pmatrix} = \begin{pmatrix} \frac{11}{5} & 0 \\ 0 & \frac{1}{5} \end{pmatrix}$$

原数据被对角化，说明我们找到了合适的基向量。

（6）利用得到的新基向量对数据进行降维。

$$A' = \begin{pmatrix} \frac{1}{\sqrt{2}} & \frac{1}{\sqrt{2}} \end{pmatrix}\begin{pmatrix} -2 & 1 & 0 & 0 & 1 \\ 2 & -1 & 0 & -1 & 0 \end{pmatrix}$$

$$= \begin{pmatrix} -\frac{4}{\sqrt{2}} & 0 & 0 & -\frac{1}{\sqrt{2}} & -\frac{1}{\sqrt{2}} \end{pmatrix}$$

综上，我们就得到了降维后的向量值，也就是降维后的数据。

17.2　PCA 算法的应用

前面的章节我们已经了解过利用相应的聚类算法对鸢尾花进行聚类，但是在聚类算法中，我们仅使用了鸢尾花的花萼长度和花萼宽度进行聚类，用以辨别不同的鸢尾花种类。很明显，若只使用花萼长度和花萼宽度者两个维度的特征，则并不能完全体现出鸢尾花的全部特征，导致聚类效果大打折扣。因而，还需要增加花瓣长度和花瓣宽度，一共四个维度的特征，才能更好地用数据描述出不同种类鸢尾花的外貌。但是，需要处理的数据样本从二维上升到了四维，这对我们最终进行聚类效果可视化是非常有难度的。因此，需要将这个四维的鸢尾花数据样本进行降维，使之能更好地进行数据分析。下面，我们就用本章节所学的知识对鸢尾花进行降维处理。鸢尾花数据如表 17.1 所示。

表 17.1　鸢尾花数据集

萼片长度 /cm	萼片宽度 /cm	花瓣长度 /cm	花瓣宽度 /cm
5.1	3.5	1.4	0.2
4.9	3.0	1.4	0.2
4.7	3.2	1.3	0.2
4.6	3.1	1.5	0.2
5.0	3.6	1.4	0.2
5.4	3.9	7.7	0.4
4.6	3.4	1.4	0.3
5.0	3.4	1.5	0.2
4.4	2.9	1.4	0.2
4.9	3.1	1.5	0.1
5.4	3.7	1.5	0.2
4.8	3.4	1.6	0.2
4.8	3.0	1.4	0.1
4.3	3.0	7.1	0.1
5.8	4.0	1.2	0.2

17.2.1　PCA 类的常用参数

PCA 算法是 scikit-learn 中基于 Python 的一个机器学习模块，其常用参数如表 17.2 所示。

表 17.2　PCA 类常用参数

参 数 名	功　　能	描　　述
n_components	降维后的特征维度数目	此参数可指定 PCA 降维后的特征维度数目，值可以是 int 类型，也可以是阈值百分比，例如 95%
whiten	是否白化数据	bool 类型，对降维后数据的每个特征进行归一化，使方差为 1，也称为白化
copy	是否复制数据	bool 类型，在运行算法时，将原数据复制一份。如果为 True，则原始数据的值不会有任何改变

17.2.2　应用案例一：对鸢尾花进行 PCA 降维

从表 17.1 可知鸢尾花有四个特征值，也就是有四个维度。我们下面利用 PCA 对其进行降维，使其在二维平面上可视化。

1. 程序源码

```
# 加载 matplotlib 库，对数据进行可视化处理
import matplotlib.pyplot as plt
# 加载 PCA 算法库
from sklearn.decomposition import PCA
# 加载鸢尾花数据集
from sklearn.datasets import load_iris
data = load_iris()  # 加载鸢尾花数据集
y = data.target
X = data.data
pca = PCA(n_components=2)  # 加载 PCA 算法，降维维度为 2
reduced_X = pca.fit_transform(X)  # 对数据进行降维
# 对降维后的数据进行分 3 类保存
red_x, red_y = [], []
blue_x, blue_y = [], []
green_x, green_y = [], []
for i in range(len(reduced_X)):
    if y[i] == 0:
        red_x.append(reduced_X[i][0])
        red_y.append(reduced_X[i][1])
    elif y[i] == 1:
        blue_x.append(reduced_X[i][0])
        blue_y.append(reduced_X[i][1])
    else:
        green_x.append(reduced_X[i][0])
        green_y.append(reduced_X[i][1])
# 对数据进行可视化处理
plt.scatter(red_x, red_y, c='r', marker='x')
plt.scatter(blue_x, blue_y, c='b', marker='D')
plt.scatter(green_x, green_y, c='g', marker='.')
plt.show()
```

2. 运行结果（见图 17.7）

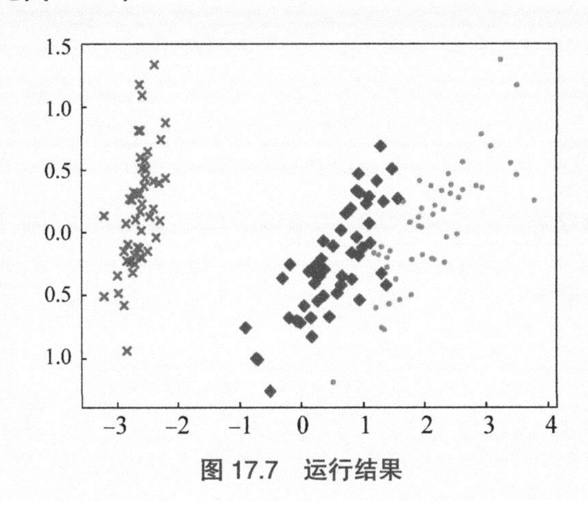

图 17.7 运行结果

3. 结果解读

从结果可以看出，四维的鸢尾花数据样本已经被降维成二维数据。其可读性和可视性都有了很大的提升，这也有利于我们后续对鸢尾花数据样本进行识别和处理。

17.3　PCA 算法的特点

PCA 降维要解决的主要问题如下。

（1）在多维数据样本中使用 PCA 进行降维可以提升算法的效率。

（2）使用 PCA 进行降维，在保证算法效率的同时能保留原数据尽可能多的价值。

（3）通过对高维度数据进行 PCA 降维，可以使很难理解的数据通过可视化的方法显示出来，使其更容易理解。

PCA 降维的主要优点有以下几点。

（1）一般不需要调整参数，使用简便。

（2）可降低数据维度，降低算法开销。

（3）可使降维后的数据更易理解。

PCA 降维的主要缺点有以下几点。

（1）对于各维度特征方差差别不大的数据样本，使用 PCA 降维的效果不佳。

（2）在对原数据样本完全不了解的情况下，使用 PCA 降维可能会丢失原数据样本的一些信息。

本章小结

本章我们介绍了 PCA 降维的相关概念及原理等知识，并应用 PCA 算法对鸢尾花数据样本进行了降维。通过对数据样本进行降维处理，使得原来不易处理和不易理解的数据样本变得更加容易识别和处理。

第七部分 人工神经网络

自人类出现以来，为了帮助人类或代替人类做一些超出人类能力范围之外的事情，各种机器如雨后春笋般不断地被人类发明出来，比如说大型机械装置、批量数据处理系统、复杂的多运算等。可以说机器在这些方面已经远远超越了人类。但到目前为止，人类发明的这些机器也仅仅局限于模拟或模仿人的具体行为和功能。

随着社会的发展和科技的进步，这种仅仅只能机械地执行人类命令的机器已经无法满足人类的需求了。因而“类人机器”或者叫作“类人脑”的技术被提出并在近些年有了飞速的发展，也就是人工神经网络（Artificial Neural Network，ANN）。人工神经网络，顾名思义就是使机器模拟人脑的运行机制来进行工作。

要了解什么是人工神经网络，我们首先要知道人脑的运行机制和信息传递方法。通过生物学研究成果我们可以知道，人的大脑皮层中有超过100亿个神经元，它们按照一定的方式彼此相连，形成了一个复杂而庞大的网络系统也就是神经网络。因此在这个神经网络中信息传递的基本单元就是神经元，神经元结构图如图所示。

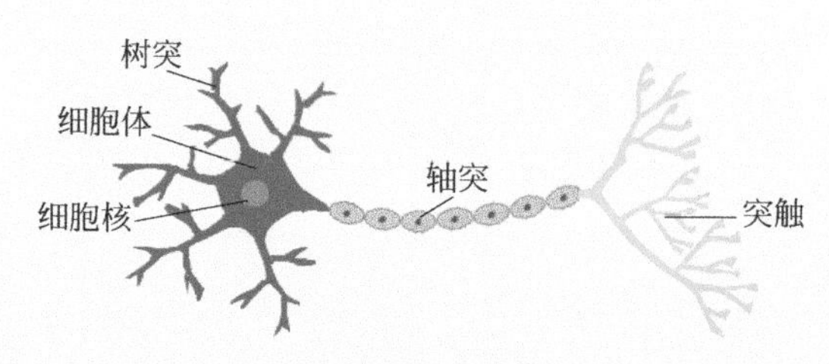

神经元结构图

从图中可以看出，神经元主要由细胞体、轴突和树突构成。信息传递主要是从树突到细胞体再到轴突，最后通过突触传递给其他神经元，多个神经元相互连接在一起从而形成了神经网络。根据神经元信息传递的特征，很多科学家受到启发提出了各种人工神经网络的数学模型。那么什么是人工神经网络？人工神经网络又能干什么呢？下面我们一起开始人工神经网络学习之旅吧！

第 18 章　自主学习——MLP 算法

目前，在人工智能领域中，以神经网络算法为代表的深度学习占据了主导地位，特别是在图像识别、语音识别、自然语言处理等方面都有比较成熟的应用和广泛的前景。我们知道人工智能的核心是神经网络算法，而神经网络算法的难点在于模拟脑神经的信息传递、识别、处理和决策过程。可以说，要学好人工智能，重点和难点在于学习好神经网络算法。

通过前面的了解，我们知道人工神经网络就是对脑神经元信息传递过程的模拟，具体如图 18.1 所示。通过示意图我们可以看到信息有输入和输出，信息处理的单元是人工神经元。这个“人工神经元”就是我们要学习的主要部分。

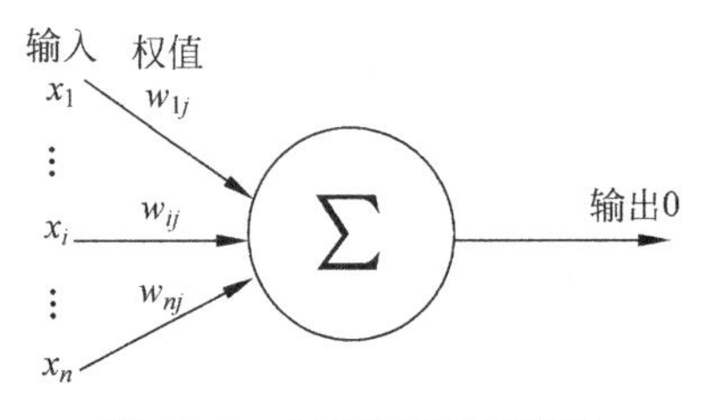

图 18.1　人工神经元示意图

下面我们就一起来进入人工神经网络算法的大门——MLP 算法，又称为多层感知器。

本章要点

1. 单层感知机的原理
2. MLP 的原理
3. MLP 算法的应用
4. MLP 算法的特点

18.1　人工神经网络的发展简史

人工神经网络的研究可追溯至 19 世纪 40 年代，其中比较有代表性的是 1943 年心理学家 W.McCulloch 和数学家 W.Pitts（见图 18.2）通过分析神经元的基本特性后，提出的 M-P 模型（见图 18.3，以他们的姓名首字母取名）。此模型一直沿用到现在，可以说一直影响着后续人工神经网络的研究。

图 18.2 W.McCulloch(左) 和 W.Pitts(右)

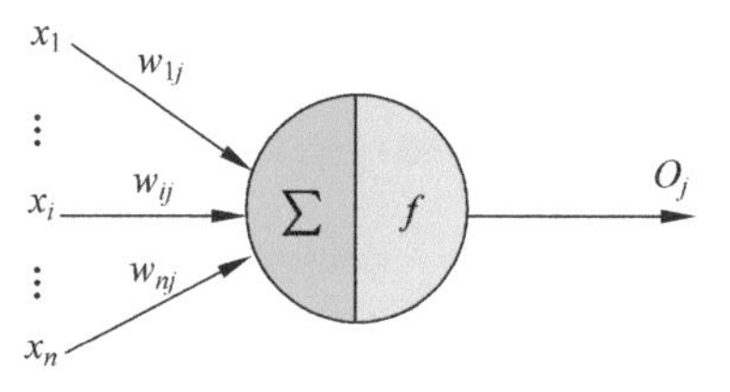

图 18.3 M-P 神经元模型

由图 18.3 我们可以看出，它和我们的神经元有很多相似的地方，左侧 $x_1 \cdots x_n$ 代表信号的输入，右侧 O_j 代表该神经元的信号输出，中间部分则是其处理的过程。

知识窗

信号：$x_1 \cdots x_n$

表示多个信号的输入，对于一个神经元在接收信号时，可能接受的不止一个信号。在 M-P 模型中我们用 $x_1 \cdots x_n$ 表示在一个神经元中多个信号的输入。

权值：$w_{1j} \cdots w_{nj}$

w_{nj} 表示对应输入信号 x_n 输入的权值，类似于人类神经元的树突强度值，用来表示相应输入信号的强弱和大小。

求和：Σ

表示输入信号 x_n 权值 w_{nj} 的加权求和，记作 $\sum^{n} w_{ij} x_i$。

阈值：θ

Σ 和 f 之间的 | 表示阈值 θ，当信息强度超过阈值 θ 就会产生一个信号输出。

激活函数：f

f 表示阈值 θ 和输入信号之间关系的激活函数，其作用是将加权处理后的信号经过处理和阈值 θ 进行比较，来决定该神经元是激活还是抑制。

信号输出：O_j

O_j 表示当前神经元的信号输出，其表达式为 $O_j = f(\sum_{i=1}^{n} w_{ij} x_i(t)) - \theta$。

我们可以看到，M-P 模型很好地将人类大脑的神经网络模拟了出来，使计算机模拟人脑成为可能。

后来，在 1957 年罗森勃拉特(Rosenblatt)基于 M-P 模型，研究出了感知机(Perceptron)模型。感知机模型具有现代神经网络的特性，并且该模型的结构更加符合生理学上的神经网络结构，是一个真正意义上的神经网络算法，并由此掀起了第一次神经网络研究的高潮。

1969 年，人工智能的创始人之一明斯基（Minsky）在他发表的《感知机（Perceptrons）》一书中认为简单的线性感知器的功能是有限的，它无法解决线性不可分的两类样本的分类问题。这种观点被很多该领域的研究学者所接受，从而导致神经网络研究陷入长达 10 年的低谷期。

在 1986 年，儒默哈特（D.E.Ru melhart）等在多层神经网络模型的基础上提出了多层神经网络权值修正的反向传播学习算法——BP 算法（Error Back-Propagation），解决了多层前向神经网络的学习问题，并得到了广泛的应用。BP 算法的出现使得人工智能的研究逐渐走出低谷，经过大量学者多年的研究，已有百余种神经网络模型被提出，再一次掀起了神经网络研究的新高潮。

18.2 单层感知机

自 1943 年提出 M-P 模型后，1957 年罗森勃拉特（Rosenblatt）根据 M-P 模型提出了单层感知机（Perceptron）模型和相关的算法，如图 18.4 所示 。这是人类历史上第一个可实现的神经网络学习算法，也由此引发了人工神经网络研究的第一次高潮。

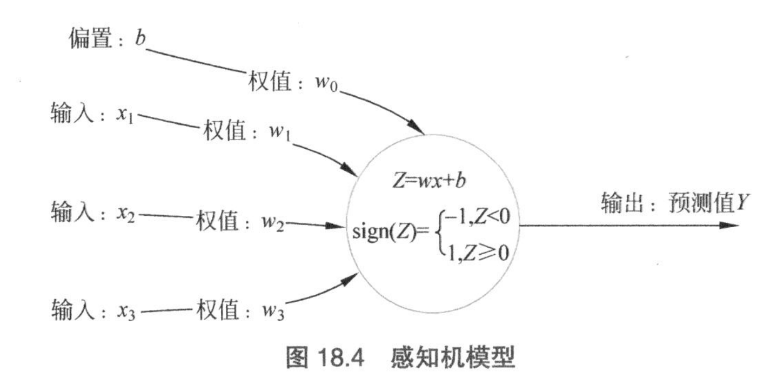

图 18.4 感知机模型

单层感知机模型是第一个可学习的人工神经网络，也是学习人工神经网络的一个重要知识点。它的组成如下。

（1）输入（$x_1,x_2,x_3,\cdots,x_n$）：模型的信号输入和输出（Y）。

（2）权值（$w_1,w_2,w_3,\cdots,w_n$）：对相应信号的加权，表示信号的重要程度。

（3）偏置（b）：$z=x_1w_1+x_2w_3+x_3w_2+,\cdots,x_nw_n+b$ 的位移量，也是感知机的阈值。

（4）输出（Y）：感知机模型的输出有 1 和 −1。

由图 18.5 可知，单层感知机可以接收多个信号（x_1,x_2,x_3），对这些信号进行强弱（加权）的处理（$wx=x_1w_1+x_2w_2+x_3w_3$）后。然后根据决策算法 $z=x_1w_1+x_2w_2+x_3w_3+b$ 来计算出输入向量的结果（其中 b 一般解释为偏移量或者阈值，用来度量该感知机产生输出的难易程度，即 $z>0$），再由激活函数 $sign(z)$判断是否做出预测结果，也就是输出一个预测值(Y)。可以说激活函数 $sign(z)$ 决定预测的结果，也是单层感知机模拟神经元工作的关键。

单层感知机其实是一个二分类线性模型，即可用一条直线或一个超平面（$z=wx+b$）进行分类。例如，根据人的体重和身高就可以知道人的胖瘦，如图 18.5 所示。

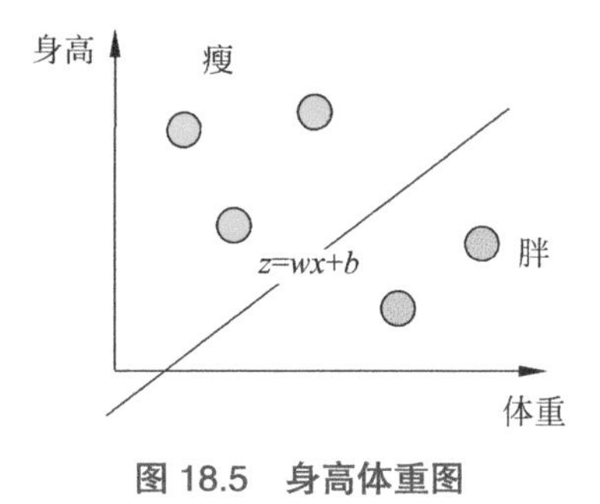

图 18.5　身高体重图

从图 18.5 可以看出，所有人的体重和身高都可以体现在该坐标系中。区分胖瘦的就是图中的直线 $z=wx+b$，只要我们将直线中的 w 和 b 确定下来，一个用来判断人胖瘦的感知机就完成了。因此，只要我们根据已有数据对单层感知机进行训练，找到合适的权值 w 和阈值 b，就能够使用它解决分类问题。但是，我们要注意单层感知机的局限性在于只适合处理线性可分的数据。

不难看出，单层感知机实质上是权衡数据样本各个特征因素然后做出决定的模型。我们再举个例子，例如当你收到了同学生日的邀请，你在犹豫去还是不去。做出决定前，你可能会考虑以下因素。

（1）同学家与自己家的距离。

（2）和这个同学关系的好坏。

（3）交通是否便利。

下面我们用感知机的原理预测你去还是不去。

输入信号：信号输入有 3 个（见表 18.1）。

表 18.1　输入信号

信号名称	参数名称	定义的输入值
距离远近	a_1	$a_1=1$ 表示地点近，$a_1=0$ 表示地点远
同学关系	a_2	$a_2=1$ 表示关系好，$a_2=0$ 表示关系不好
交通状况	a_3	$a_3=1$ 表示交通便利，$a_3=0$ 表示交通不便利

权重值：已经训练好的或者定义好的权值（见表 18.2）。

表 18.2　权重值

权重值名称	参数名称	定义的权值（权值越大，重要性越高）
距离远近重要性	w_1	3
同学关系重要性	w_2	8
交通状况重要性	w_3	2

输出层线性关系：

$$z=a_1w_1+a_2w_2+a_3w_3+b=3a_1+8a_2+2a_3+b$$

$$sign(z) = \begin{cases} +1, & z > 0 \\ -1, & z \leqslant 0 \end{cases}$$

可以看到上述直线就是三维输入样本空间上的一条分界线，b 用来确定这条分界线的位置，也就是阈值。如果 a_1=1，a_2=1，a_3=0，则 z=11+b。这里我们使用 Sigmoid 函数作为激活函数，将 z 代入激活函数中，具体如下。

$$sign(z) = \frac{1}{1+\mathrm{e}^{-(11+b)}}$$

我们再根据实际情况，也就是偏置 b 的大小和激活函数 $sign(z)$ 的结果，就可以预测出要不要去的结果。

从上面的结果我们可以看出，影响最终结果的关键参数是权值 w 和偏置 b。因此，一个好的感知机模型的关键就在于获得合适权值 w 和偏置 b。

归纳起来，单层感知机有以下三个要点。

（1）单层感知机每个输入的特征都会有一个权值 w。由于每个输入的属性都不尽相同，为表现其有效性和重要性，需要一个权值 w 来进行处理。

（2）单层感知机的线性关系 z 由输入 x 和权值 w 共同决定，这个线性关系的结果就是我们的决策边界。

（3）单层感知机需要结合激活函数 $sign(z)$ 进行结果预测，所以每个感知机都有一个激活函数。

如何获取合适的权值 w 和偏置 b？

知识窗

激活函数

激活函数，顾名思义，激活了就有输出，没激活就没有输出。所以，激活函数的主要作用是格式化输出的结果，即把大于 0 的结果作为 1 输出，小于 0 的结果作为 0 输出。引入激活函数后，神经元的线性输出 $z=wx+b$ 的值会转换成非线性函数，这样做的好处就是神经网络算法可以用到更多的非线性模型当中。常见的激活函数有 Sigmoid 函数、Tanh 函数和 ReLU 函数等。

Sigmoid 函数（见图 18.6）

$Sigmoid(z) = \dfrac{1}{1+\mathrm{e}^{-z}}$，该函数能够将输入的值变换为（0,1）之间的值，而 0 对应的是神经元的“抑制状态”，1 对应的是“兴奋状态”，通过结果的判断，就可以输出相应的神经元状态。不过当神经网络层数变多或者连续的输入值较大时，使用 Sigmoid 作为激活函数就需要注意梯度消失的问题。

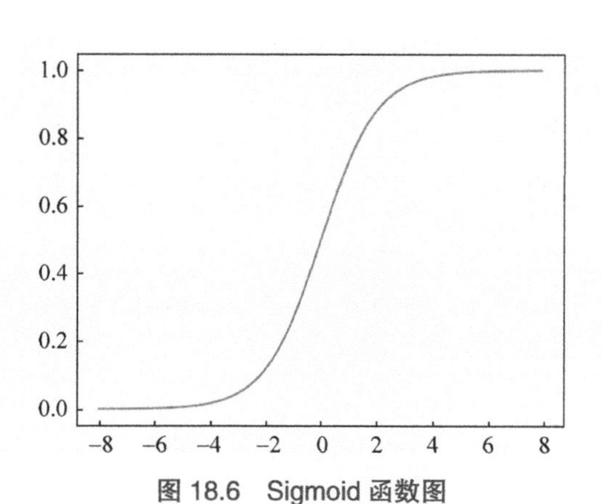

图 18.6 Sigmoid 函数图

Tanh 函数（见图 18.7）

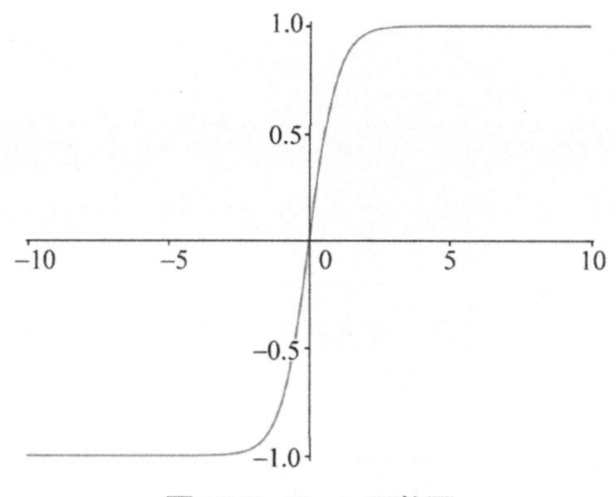

图 18.7 Tanh 函数图

$Tanh(z)=\frac{e^{z}-e^{-z}}{e^{z}+e^{-z}}$，该函数我们称为双曲正切函数，它输出的结果范围为 [−1,1]。以 0 为中心有助于更新权重值，这点较 Sigmoid 函数较好。但当遇到极值时，和 Sigmoid 函数一样，也存在梯度消失的问题。

ReLU 函数（见图 18.8）

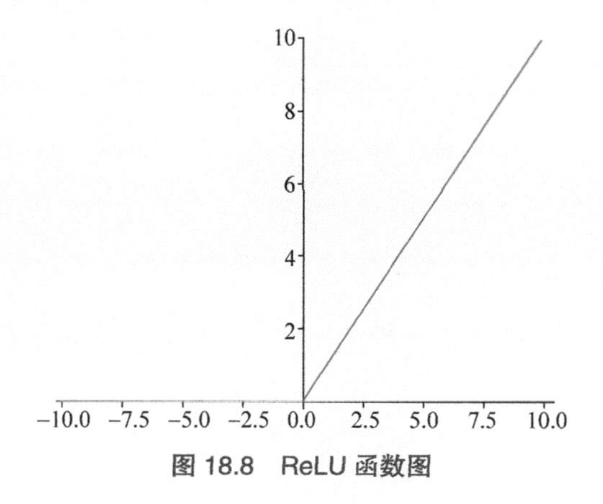

图 18.8 ReLU 函数图

ReLU(*z*)=*max*(0,2)，相比于 Sigmoid 和 Tanh 函数，当输入为正时，不会有梯度消失的问题。同时，ReLU 函数是线性关系，计算速度要快于另外两个函数。但当输入为负数时，结果为 0，使用 ReLU 函数的神经元是不会被激活的。所以，当输入为负时，我们要注意激活函数的结果。

18.3 多层感知机

经过 18.2 节内容的学习，我们已经了解了单层感知机的原理，单层感知机也称为单层人工神经网络。我们知道单层感知机是一个二分类线性模型，无法处理线性不可分的数据，为了克服这个困难，使神经网络算法可以用到更多的非线性模型当中，多层感知机（Multilayer Perceptron，MLP）被提了出来。

18.3.1 MLP 的基本原理

MLP 也称为多层人工神经网络，它其实是由多个单层感知机相互连接组成，相对应的每个单层感知机都有激活函数 f 和权值 w。因此，MLP 的核心就是获取每个感知机的激活函数 f 和相应的权值 w。

如图 18.9 所示，通常一个简单的 MLP 一般包括三层，具体如下。

（1）输入层：左侧的蓝色圆圈表示神经网络的输入，我们称为输入层（x_1, x_2）。

（2）隐藏层：中间黄色圆圈为隐藏层（z_{11}, z_{12}, z_{13}），一个神经网络至少有一层隐藏层。该层与其他层没有直接的关系，其主要功能是对输入层的数据进行计算，并将结果输出到输出层。

（3）输出层：右侧绿色圆圈表示神经网络的输出，我们称为输出层（y_1,y_2）。

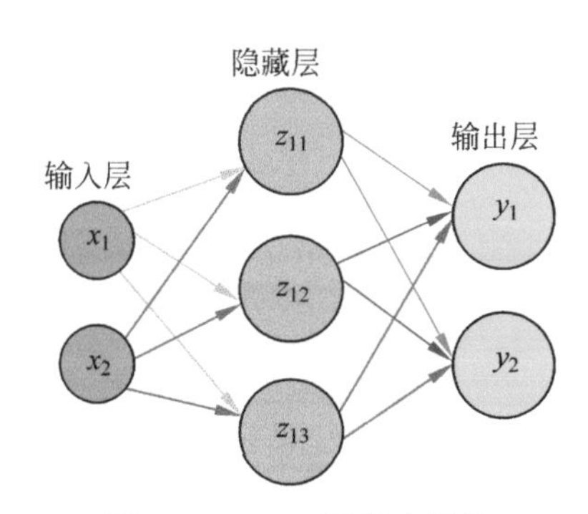

图 18.9 MLP 的基本结构

从图中我们可以看到，在该人工神经网络中，有 2 个“输入单元”、3 个“隐藏单元”和 2 个“输出单元”。其中，激活函数存在于隐藏层中，层数越多，激活函数也就越多。在运行一次神经网络后，激活函数被激活的次数可能也会越多。

知识窗

人工神经网络中的三层

输入层：主要是将来自外界的信息传递进神经网络中，比如图片信息、文本信息等，这些神经元不需要执行任何计算，只是作为传递信息或数据进入隐藏层。

隐藏层：前接输入层，后接输出层，数据的处理基本都在隐藏层中完成。该层中每个神经元都有一个激活函数，通过学习，不断优化神经元的权值、阈值等。图 18.6 中只是有 1 个隐藏层，但实际上，隐藏层的数量可以有很多。隐藏层的神经元会执行计算，将数据进行逐层传递，上层神经元将处理后的数据传递给下层神经元，最后输出到输出层。

输出层：输出神经元就是将来自隐藏层的信息输出到外界中，也就是输出最终的结果，如分类结果等。

综上，我们了解了 MLP 的基本结构，但在实际应用中，一个复杂的 MLP 除了输入层和输出层，中间可能有多个隐藏层，也就是有多层的感知机。MLP 的层与层之间是全连接的，即上一层的任何一个神经元与下一层的所有神经元都有连接。MLP 最底层是输入层，中间是隐藏层，最后是输出层。MLP 是如何学习、如何进行数据处理得到我们想要的结果呢？下面，我们就一起深入了解 MLP 的内部原理。

根据前面的学习，我们知道，每个神经元由两部分组成。

（1）输入值 x 和权重 w 乘积的和加上一个偏置：$z=wx+b$。

（2）激活函数 $sign(z)$，我们常用 Sigmoid 函数、Tanh 函数或者 ReLU 函数作为激活函数。

因此，MLP 的工作过程就是输入信号经过第一层神经元的运算（乘上权值 w，加上偏置，再通过激活函数 $sign(z)$ 运算），得到一个输出信号 y。然后第一层的输出 y 作为第二层的输入，一层层地向后运算，直到得到最后的输出层运算的结果，如图 18.10 所示。这就是 MLP 算法的基本思想。

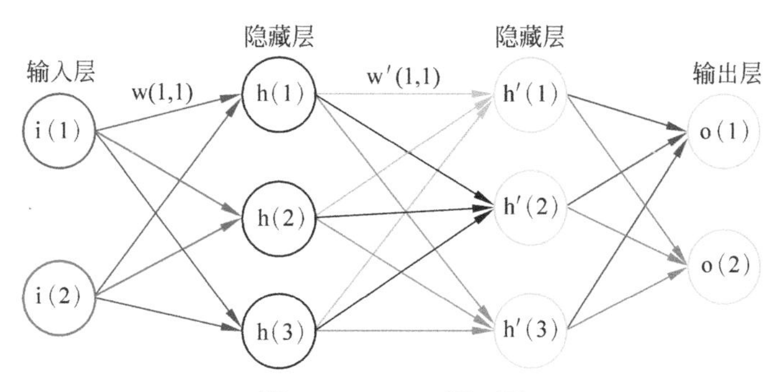

图 18.10 MLP 原理图

18.3.2 MLP 前向传播

前面我们已经了解了 MLP 的基本原理和工作过程，我们知道在一个 MLP 中，数据从输入层开始，各个神经元接受前一层神经元的输出，处理后将输出继续传给下一层神经元直到输出层，并且没有反馈。像这样的单向神经网络，我们称为前向神经网络，即 MLP 前向传播。那么，前向神经网络是如何工作的呢？下面我们以一个实例来进行讲解。

从图 18.11 中，我们可以很清楚地知道哪只是狗，哪只是猫。那么如何让机器也能区分猫和狗呢？首先，我们要知道人类自己是如何区分猫和狗的。当我们看到该图片时，我们一般会根据耳朵形状、鼻子大小、颜色和腿的数量等特征来进行区分。那么，我们就可以将这些特征提供给机器，让机器也根据这些特征来区分猫和狗。不过，前提是这些特征都具有典型意义，即具有更高的价值和区分度。例如，猫和狗都有四条腿，我们就不能利用“腿的数量”这一特征来进行区分。

图 18.11 狗和猫

为了便于分析，我们提取以下两个特征，来作为我们识别的猫和狗的特征。

（1）鼻子的大小，越大的越偏向于狗。

（2）耳朵的形状，越尖的越偏向于猫，越圆的越偏向于狗。

根据以上两个特征，我们使用前向神经网络来进行处理。首先，我们建立一个 MLP，如图 18.12 所示。然后，输入鼻子大小和耳朵形状两个特征，最后输出为猫和狗的概率。

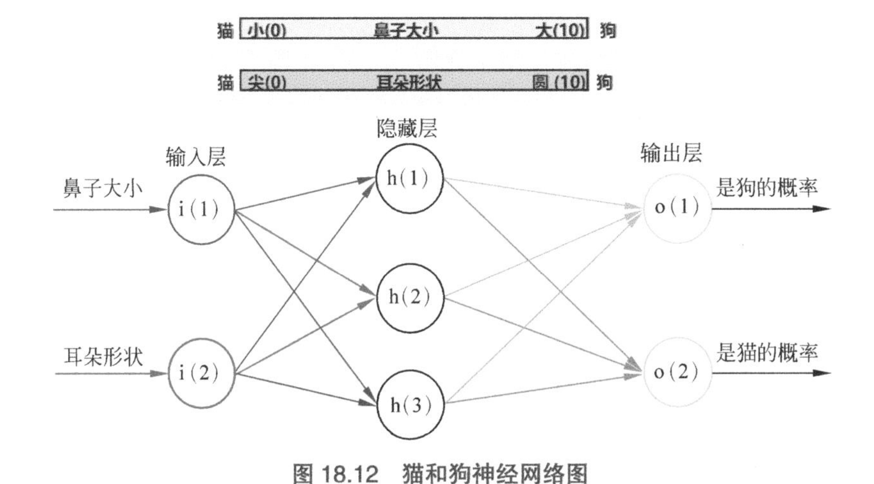

图 18.12 猫和狗神经网络图

图 18.12 中 MLP 里的输入层有两个节点：i(1)，i(2)，隐藏层有三个节点：h(1)，h(2)，h(3)，输出层有两个节点：o(1)，o(2)。

根据 MLP 的特点，我们可以知道图中每个隐藏层的输入是上一层神经元的输出和权值的乘积。假设输入：鼻子大小为 7，耳朵形状为 8（假设该组数据为某条狗的真实数据，则是狗的概率为 0.99，是猫的概率为 0.01）。我们可以得出该 MLP 中隐藏层三个神经元的输入，如图 18.13 所示。

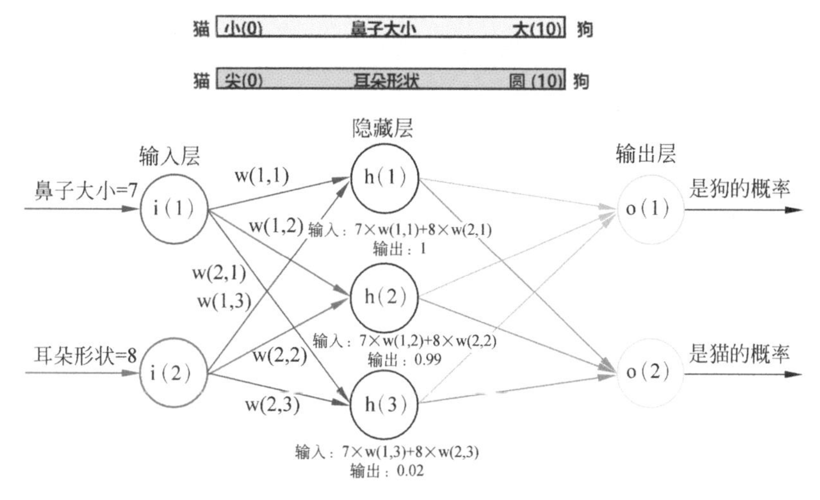

图 18.13　隐藏层输入

由上图可知，隐藏层每个神经元的输入为

$$h(1)=7\times w(1,1)+8\times w(2,1)$$
$$h(2)=7\times w(1,2)+8\times w(2,2)$$
$$h(3)=7\times w(1,3)+8\times w(2,3)$$

根据结果特点和规律我们可以看出，该计算结果与我们矩阵点乘的结果一致，即

$$\begin{bmatrix} w(1,1)w(2,1) \\ w(1,2)w(2,2) \\ w(1,3)w(2,3) \end{bmatrix}\times\begin{bmatrix} i(1) \\ i(2) \end{bmatrix}=\begin{bmatrix} i(1)\times w(1,1)+i(2)\times w(2,1) \\ i(1)\times w(1,2)+i(2)\times w(2,2) \\ i(1)\times w(1,3)+i(2)\times w(2,3) \end{bmatrix}$$，其中 $i(1)=7$，$i(2)=8$

通过矩阵点乘的方式，可以快速得出隐藏层每个神经元的输入。

根据上面的计算，我们已经有了隐藏层的输入，那么隐藏层的输出又是什么呢？其实就是看该层中每个神经元是否有输出，也就是看该神经元是否被激活。我们将输入数据代入激活函数 f 中，然后根据激活函数的计算结果，就可以得出隐藏层神经元的输出结果。

根据前面所学的知识，常见的激活函数有三种，在这里我们使用常用的 Sigmoid 函数作为隐藏层的激活函数，即有如下结果。

$$Sigmoid\left(\begin{bmatrix} h1 \\ h2 \\ h3 \end{bmatrix}\right)=Sigmoid\left(\begin{bmatrix} i(1)\times w(1,1)+i(2)\times w(2,1) \\ i(1)\times w(1,2)+i(2)\times w(2,2) \\ i(1)\times w(1,3)+i(2)\times w(2,3) \end{bmatrix}\right)$$，其中 $i(1)=7$，$i(2)=8$

上面的结果就是隐藏层三个神经元的输出（这里暂不考虑阈值 θ，即偏置 b=0）。现在，我们假设该 MLP 中输入层和隐藏层间的权重取值如下：

$$w(1,1)=6,\quad w(2,1)=8$$
$$w(1,2)=-5,\quad w(2,2)=5$$

$$w(1,3)=3,\quad w(2,3)=-4$$

我们就可以得出隐藏层的输出结果：

$$Sigmoid\left(\begin{bmatrix} i(1)\times w(1,1)+i(2)\times w(2,1) \\ i(1)\times w(1,2)+i(2)\times w(2,2) \\ i(1)\times w(1,3)+i(2)\times w(2,3) \end{bmatrix}\right)=Sigmoid\left(\begin{bmatrix} 7\times 6+8\times 8 \\ 7\times(-5)+8\times 5 \\ 7\times 4+8\times(-4) \end{bmatrix}\right)$$

$$=Sigmoid\left(\begin{bmatrix} 106 \\ 5 \\ -4 \end{bmatrix}\right)=\begin{bmatrix} 1 \\ 0.99 \\ 0.02 \end{bmatrix}$$

由上面的结果，我们可以得到隐藏层中三个神经元的输出，如图 18.14 所示。

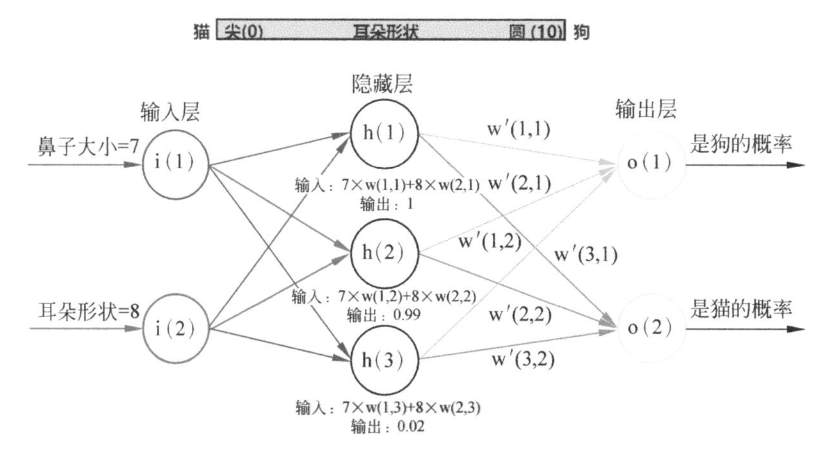

图 18.14　隐藏层输出

按照上面的计算过程，我们继续计算输出层的输入和输出。该问题为分类问题，我们使用 Sigmoid 函数作为输出层的激活函数。

假设该 MLP 中隐藏层和输出层间的权值如下：

$$w'(1,1)=-1,\quad w'(2,1)=2,\quad w'(3,1)=5$$

$$w'(1,2)=1,\quad w'(2,2)=-1,\quad w'(3,2)=-2$$

输出层神经元 $o(1)$ 的输入为

$$o(1)=1\times w'(1,1)+0.99\times w'(2,1)+0.02\times w'(3,1)=1.08,$$

输出层神经元 $o(2)$ 的输入为

$$o(2)=1\times w'(1,2)+0.99\times w'(2,2)+0.02\times w'(3,2)=-0.03,$$

输入层神经元 $o(1)$ 的输出为 $sigmoid(o(1))=sigmoid(1.08)=0.75$，

输入层神经元 $o(2)$ 的输出为 $sigmoid(o(2))=sigmoid(-0.03)=0.49$。

通过该神经元的计算结果，我们得到鼻子大小为 7，耳朵形状为 8 的动物是狗的概率为 75%，是猫的概率为 49%。很明显，这个预测结果和我们真实的结果差距较大。那出问

题的原因在哪里呢？

答案就是该 MLP 中各神经元之间的权重值都是随机生成，随机生成的权重值是不能获得准确的结果的。所以，我们使用 MLP 进行计算的前提就是需要获得较为准确的权值，如何获得较为准确的权值呢？方法就是对该 MLP 进行训练，即将已知的结果 y 代入 MLP，和预测的结果 y' 进行比较，直到两者之间的差值 $\delta=y'-y$ 为 0，或者小于某个指定值时就不再调整 MLP 中各神经元的权重值，这样 MLP 就训练好了。

18.3.3 MLP 后向传播

从上节内容我们知道，使用 MLP 算法解决问题，需要找到合适的权重值 w。为了找到每层神经元合适的权重值 w，我们需要从最后一层开始逐层向前调整权值 w，也就是根据该层的误差值 $\delta=y'-y$ 进行调整。像这样数据从后往前传播的方法我们称为 MLP 的后向传播算法，这也是找到合适权重值 w 常用的方法。我们定义了一个损失函数：

$$L=\frac{1}{2}\sum_{i=1}^{n}\left(y_i'-y_i\right)^2$$

该函数中，n 表示有 n 个数据进入该数据网络中，y_i' 表示每个数据经过神经元计算后的得到的预测值，y_i 表示期望的结果值，我们的目的就是使该误差函数最小，或者达到期望的值。注意，在第 11 章逻辑回归中，我们已经介绍过一种损失函数：$L=-\frac{1}{n}\sum_{i=1}^{n}y_i\ln(y_i')+(1-y_i)\ln(1-y_i')$。两者的目的都是一样的，即求出一组合适的权重值 w，使得损失函数的值最小。如果该 MLP 的各个神经元权重值 w 和偏置 b 都合适，那么对于新输入的数据，就可以得到一个准确的预测结果，来帮助解决实际的问题。因此，找到合适的权重值 w 和偏置 b 是训练 MLP 的关键。那么如何找到合适的权值 w 和偏置 b 呢？

MLP 可以解决各种复杂的分类问题，但由于无法直接获得隐藏层中各个神经元的理想权重值 w，它一开始的预测结果并不理想。也就是当数据经前向神经网络传输处理后，输出的结果 y'（预测结果）与真实情况的结果 y 相比较，不一定相同，会有一些误差。因此，MLP 一般要经过多次的学习，反复修改每个神经元的权重值 w，来降低这个误差。对于这个误差值，我们一般用损失函数进行计算，MLP 学习的目标就是使损失函数达到一个满意的值（尽可能小），从而得到一个比较好的神经网络模型。

知识窗

损失函数

损失函数的一般定义：$L=\frac{1}{2}\sum_{i=1}^{n}(y_i-\hat{y}_i)^2$，其中 $\hat{y}$ 为输出层的预测结果，y 为期望（真实）输出结果。

均方差损失函数 L 是神经网络学习中一种常用的损失函数。

那么如何使损失函数达到一个满意的值呢？这就需要用反向传播算法进行求解。反向传播算法（BP 算法）的核心思想是通过输出层得到的结果（预测）y' 和期望（真实）输出 y 的误差来间接更新和调整隐藏层的权值 w。其有两个基本过程。

前向传播过程：先随机给出每层神经元的权值 w，而后经过各个隐藏层处理后，最终传到输出层。这时如果输出层的结果 y' 和期望（真实）输出 y 有误差，则需要调整隐藏层中各个神经元的权值 w，需要进入反向传播过程。

反向传播过程：将误差值 $y'-y$ 从输出层开始逐个传递到隐藏层直到输入层结束，在传递过程中，根据误差值 $y'-y$ 获得各个神经元的误差值，并以此修正各神经元的权值。

经过以上两个过程的反复迭代，在达到一个满意的损失函数值时即可停止迭代。下面我们仍以上面的猫狗案例讲解 BP 算法的基本过程。

假设有只狗的特征值为：鼻子大小为 7，耳朵形状为 8。经过 MLP 计算后，输出结果为：是狗的概率为 0.75，是猫的概率为 0.49。其真实的结果为：是狗的概率为 0.99，是猫的概率为 0.01。那么它输出层的误差值如下（具体计算过程见图 18.15）。

$$\text{输出层 } o(1): e_{o(1)}=0.75-0.99=-0.24$$

$$\text{输出层 } o(2): e_{o(2)}=0.49-0.01=0.48$$

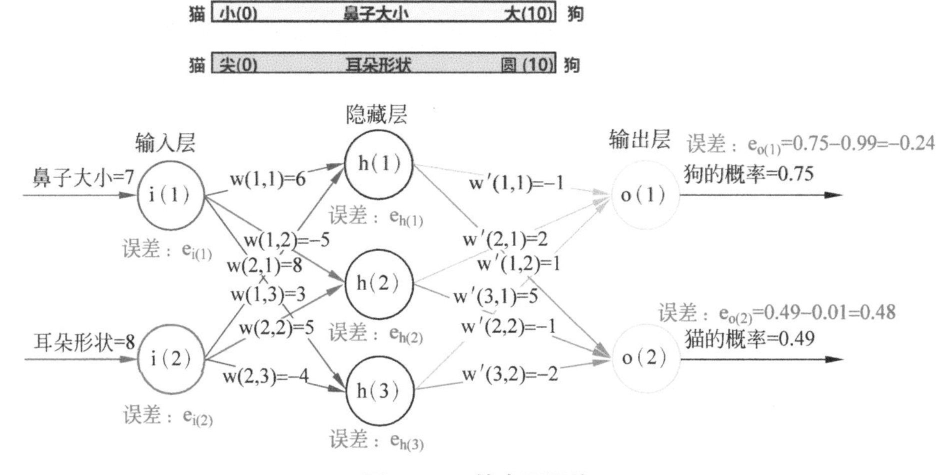

图 18.15 输出层误差

由上我们已经得出该 MLP 的误差了。我们的任务就是将该误差减小到合适值甚至是 0。

首先，我们要明确影响误差值大小的因素是什么。由前面所述，我们知道神经元 $o(1)$ 的输入为：$o(1)=h(1)\times w'(1,1)+h(2)\times w'(2,1)+h(3)\times w'(3,1)+\text{b}$。很明显，影响输出结果的因素是神经元的权重值 $w'(1,1)$, $w'(2,1)$, $w'(3,1)$、偏置 b（为便于学习和理解，我们暂不考虑偏置，即 $b=0$）和上一层的输出 $h(1)$，$h(2)$，$h(3)$。其中，权重值越大，对结果的影响越大，那么它对结果的误差影响也越大。因此，我们可以根据神经元的权重值大小按比例将误差进行拆分，传递到前一个神经元。

由上可知隐藏层的各个误差如下（具体计算过程见图 18.16）。

隐藏层 $h(1)$ 的误差为

$$e_{o(1)} \times \frac{w'(1,1)}{w'(1,1)+w'(2,1)+w'(3,1)} + e_{o(2)} \times \frac{w'(1,2)}{w'(1,2)+w'(2,2)+w'(3,2)}$$

隐藏层 $h(2)$ 的误差为

$$e_{o(1)} \times \frac{w'(2,1)}{w'(1,1)+w'(2,1)+w'(3,1)} + e_{o(2)} \times \frac{w'(2,2)}{w'(1,2)+w'(2,2)+w'(3,2)}$$

隐藏层 $h(3)$ 的误差为

$$e_{o(1)} \times \frac{w'(3,1)}{w'(1,1)+w'(2,1)+w'(3,1)} + e_{o(2)} \times \frac{w'(3,2)}{w'(1,2)+w'(2,2)+w'(3,2)}$$

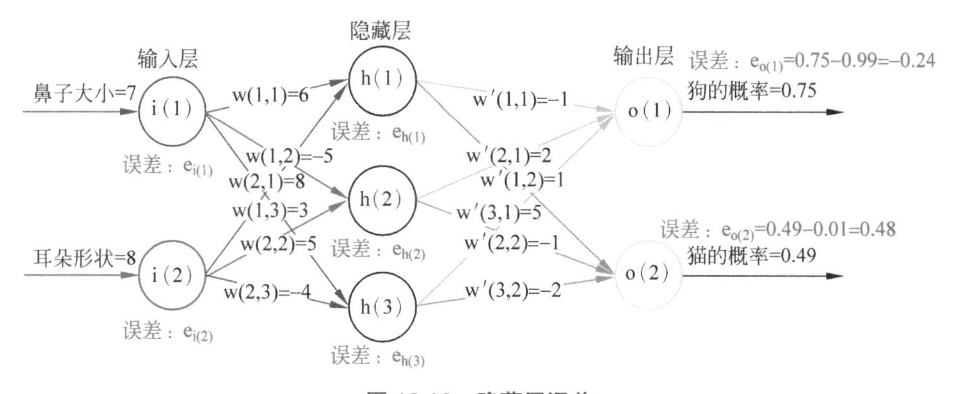

图 18.16　隐藏层误差

根据矩阵点乘的特点可以知道，隐藏层的误差可以用矩阵的点乘来表示，令 $w'_1=w'(1,1)+w'(2,1)+w'(3,1)$,$w'_2=w'(1,2)+w'(2,2)+w'(3,2)$，则有

$$e_h = \begin{pmatrix} \frac{w'(1,1)}{w'_1} & \frac{w'(1,2)}{w'_2} \\ \frac{w'(2,1)}{w'_1} & \frac{w'(2,2)}{w'_2} \\ \frac{w'(3,1)}{w'_1} & \frac{w'(3,2)}{w'_2} \end{pmatrix} \times \begin{pmatrix} e_{o(1)} \\ e_{o(2)} \end{pmatrix}$$

可以看到，用矩阵的方式来表达各层的误差是非常简便和有效的。同理，我们可以得出输入层的误差，令 $w_1=w(1,1)+w(2,1)$,$w_2=w(1,2)+w(2,2)$,$w_3=w(1,3)+w(2,3)$，则有

$$e_i = \begin{pmatrix} \frac{w(1,1)}{w_1} & \frac{w(1,2)}{w_2} & \frac{w(1,3)}{w_3} \\ \frac{w(2,1)}{w_1} & \frac{w(2,2)}{w_2} & \frac{w(2,3)}{w_3} \end{pmatrix} \times \begin{pmatrix} e_{h(1)} \\ e_{h(2)} \\ e_{h(3)} \end{pmatrix}$$

由上，我们已经知道如何计算各个神经元上的误差值。再根据期望调整的误差值大小，就可以调整 MLP 中的各个权重值。我们发现，仅仅是对于这样一个简单的三层神经网络，要调整到期望的误差值大小，可能的权重值组合就非常多，更不用说非常复杂得多层神经网络了。那么，如何快速地调整到期望的误差值，并得到合适的权重值组合呢？这里我们就要引入一个概念：梯度下降。

18.3.4 梯度下降

在前面章节的逻辑回归中，我们已经对梯度下降做了比较详细的表述。这里只做简单的讲解。根据前面所讲知识，我们的目的是使损失函数下降最快，并得到最小值。这就类似于我们站在一个山坡上，想要以最快的速度走到山脚，如图 18.17 所示。

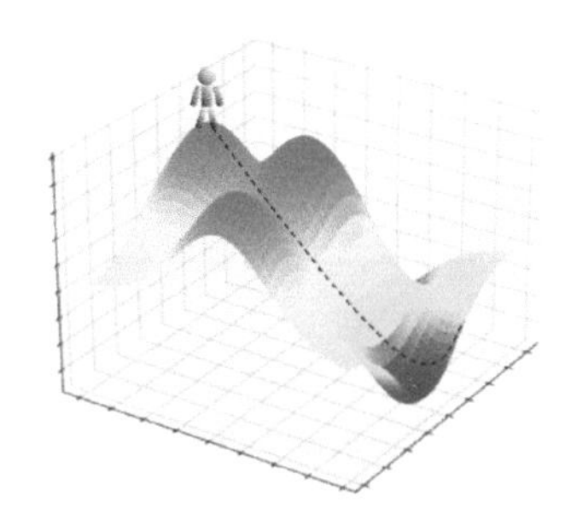

图 18.17 梯度下降示意图

如何找到一条下山最快的路径呢？这里我们以一个简单的函数为例进行讲解。图 18.18 是模拟梯度下降的过程，其中，y 表示损失函数值，x 表示神经网络中的权重值。

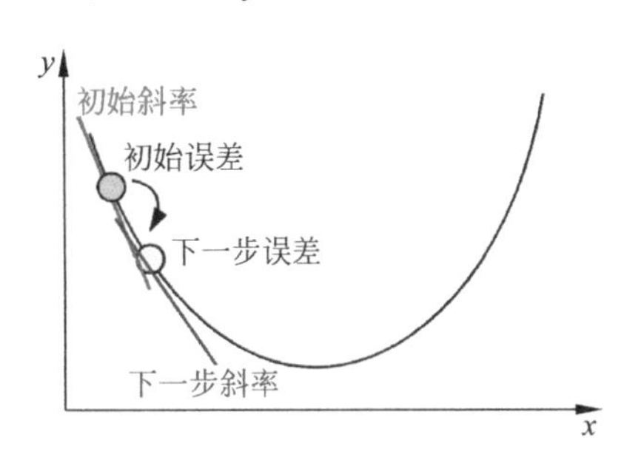

18.18 损失函数图一

图 18.18 中，绿色的点为起始点，我们可以看出，向右移动函数值（误差值）会变小。如何让计算机知道朝哪个方向移动，才能使函数值（误差值）变小呢？方法就是根据斜率来进行判断，即当初始点斜率为负的情况下，若要让函数值变小，我们就增加 x 的值，移动后的点（黄色）斜率较初始点会变大。这样进行迭代计算，就可以找到函数的最低点，也就是误差值的最小点。

同样地，如果初始点的斜率为正，如图 18.19 所示。

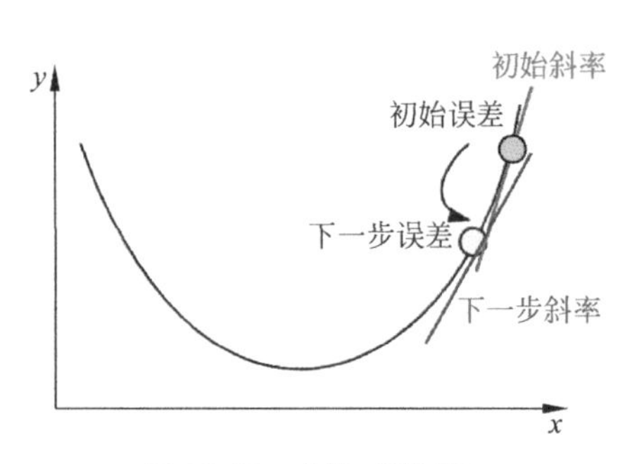

图 18.19　损失函数图二

图 18.19 中，初始点（绿色）斜率为正，若要让函数值变小，我们就减小 x 的值，移动后的点（黄色）斜率较初始点会变小。这样进行迭代计算，就可以找到函数的最低点，也就是误差值的最小点。如果 x 值变化太大，就会出现一种情况：函数就会在最小值处来回调整，达不到最佳收敛的效果。那么如何避免这种情况的发生呢？这就需要根据斜率（梯度）的变化来动态调整 x 值（见图 18.20），也就是我们常说的学习率。

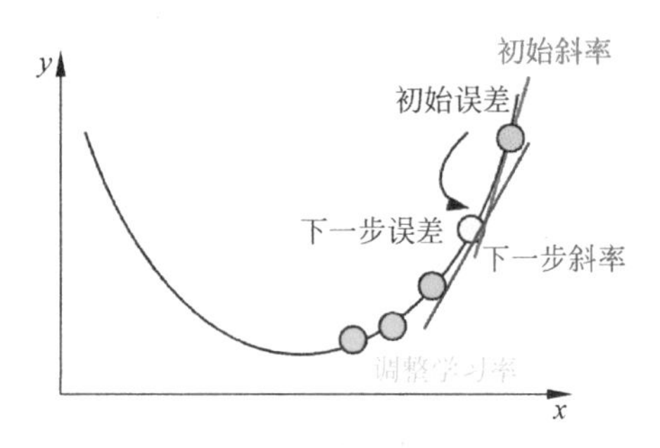

图 18.20　学习率调整

由上我们可以总结出一个规律：斜率为正，减小 x 值；斜率为负，增大 x 值（斜率即为我们所说的梯度）。但所有的损失函数都适用这个规律吗？很明显，以上规律只是一个理想状态，适合变化平滑的损失函数。对于复杂的损失函数就不适用了，如图 18.21 所示。

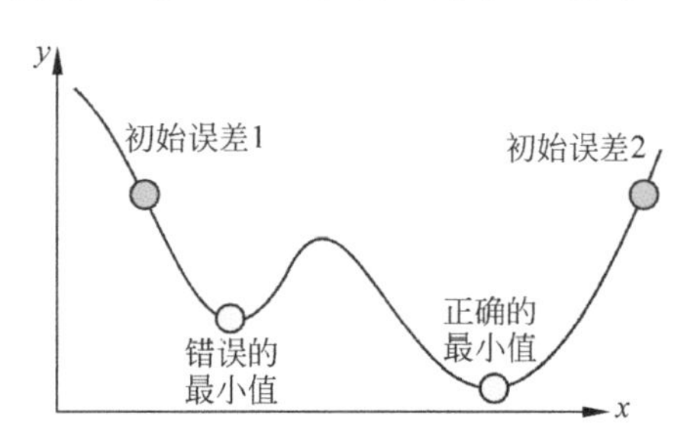

图 18.21　损失函数图三

当我们遇到图 18.21 所描述的这种情况，就不能简单地使用上述规律求解最小值了。为了解决这个问题，我们可以从不同的初始误差值开始进行计算，即根据不同的初始权值对 MLP 进行多次训练，这样就可以找到一个合适的最小值。

需要注意的是，以上内容只是讲解了一个权重值（x）对损失函数（y）的影响，但我们知道一个 MLP 中有非常多的权重值，这么多的权重值是无法用图像的形式表达出来的。那如何在有多个权重值的情况下找到最优的损失函数值呢？下面我们一起来学习。

这里我们将用数学的方式来进行解答，在高中我们学习过导数的相关知识，知道要求函数中一个点的切线斜率（变化率），即在该点进行求导，具体的求导公式如下：

$$f'(x) = \frac{\mathrm{d}y}{\mathrm{d}x}$$

一个多元函数在某一处的变化率由多个自变量决定，我们将梯度定义为该多元函数的所有偏导数构成的向量。比如一个三元函数 $f(x,y,z)$ 的偏导记为

$$\nabla f(x,y,z) = \left(\frac{\partial f}{\partial x},\frac{\partial f}{\partial y},\frac{\partial f}{\partial z}\right)$$

其中，$\nabla f(x,y,z)$为该函数的梯度。我们再次回到前面的识别猫狗案例，如图 18.22 所示。

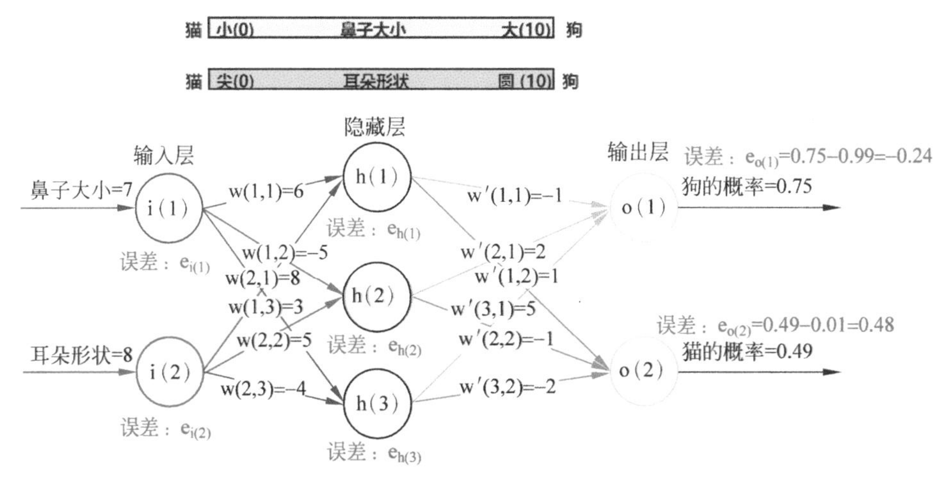

图 18.22　识别猫狗神经网络

我们以图 18.22 中的输出层神经元 $o(2)$ 为例进行讲解。根据前面所学知识，我们知道影响该输出层结果 y'_{o2} 的因素是该层神经元与上一层神经元的权值 w'、偏置 b' 和上一层的输出 h，而输出 h 又由 h 层神经元与上一层神经元 i 的权值 w 和偏置 b 决定（为方便计算，所有权值、偏置和输出我们都用一个字符代替）。以此类推，求损失函数$L=\frac{1}{2}\sum_{i=1}^{n}(y_i'-y_i)^2$的最小值的问题可以等价于求损失函数和权值以及偏置的偏导，这里我们设偏置 b 为 0，则问题就转化为求损失函数和权值的偏导。

对权值 $w'_{3,2}$ 求偏导，有如下表达式：

$$\frac{\partial L}{\partial w'_{3,2}} = \frac{\partial\left(\frac{1}{2}\sum_{i=1}^{n}(y_i'-y_i)^2\right)}{\partial w'_{3,2}}\text{，其中 } y_i' = Sigmoid\left(\sum_{j=1}^{3} w'_{ij,2}\cdot h_j\right)$$

对于该 MLP 的输出层 $o(2)$的误差函数的偏导记为 $\frac{\partial e_{o2}}{\partial w'_{3,2}}$，其中 e_{o2} 为该层的误差函数。$w'_{3,2}$ 为该层的权重值。此偏导表示为自变量 $w'_{3,2}$ 对因变量 e_{o2} 的影响，也就是梯度。根据误差函数公式有如下表达式：

$$\frac{\partial e_{o2}}{\partial w'_{3,2}} = \frac{\partial}{\partial w'_{3,2}}\left(y'_{o2} - y_{o2}\right)^2$$

其中 y'_{o2} 为预测值，y_{o2} 为真实值。根据链式法则，有如下表达式：

$$\frac{\partial e_{o2}}{\partial w'_{3,2}} = \frac{\partial e_{o2}}{\partial y'_{o2}} \cdot \frac{\partial y'_{o2}}{\partial w'_{3,2}}$$

根据偏导公式，有如下表达式：

$$\frac{\partial e_{o2}}{\partial w'_{3,2}} = 2\left(y'_{o2} - y_{o2}\right) \cdot \frac{\partial y'_{o2}}{\partial w'_{3,2}}$$

表达式中 y'_{o2} 就是前面三个隐藏层 $h(1)$，$h(2)$，$h(3)$ 的输出经过加权求和，并使用激活函数得到的结果，具体的表达式如下：

$$\frac{\partial e_{o2}}{\partial w'_{3,2}} = 2\left(y'_{o2} - y_{o2}\right) \cdot \frac{\partial}{\partial w'_{3,2}} Sigmoid\left(\sum_{i=1}^{3} w'_{i,2} \cdot h_i\right)$$

其中 h_i 为前面隐藏层神经元的输出结果，下一步就是对 Sigmoid 函数进行求导，具体的表达式如下：

$$\frac{\partial}{\partial a} Sigmoid(a) = Sigmoid(a)\left(1 - Sigmoid(a)\right)$$

我们将此表达式应用后，得到如下结果：

$$\frac{\partial e_{o2}}{\partial w'_{3,2}} = 2\left(y'_{o2} - y_{o2}\right) \cdot Sigmoid\left(\sum_{i=1}^{3} w'_{i,2} \cdot h_i\right) \cdot \left(1 - Sigmoid\left(\sum_{i=1}^{3} w'_{i,2} \cdot h_i\right)\right) \cdot \frac{\partial \sum_{i=1}^{3} w'_{i,2} \cdot h_i}{\partial w_{3,2}}$$

再次利用链式法则对该表达式求偏导，得到如下结果：

$$\frac{\partial e_{o2}}{\partial w'_{3,2}} = 2\left(y'_{o2} - y_{o2}\right) \cdot Sigmoid\left(\sum_{i=1}^{3} w'_{i,2} \cdot h_i\right) \cdot \left(1 - Sigmoid\left(\sum_{i=1}^{3} w'_{i,2} \cdot h_i\right)\right) \cdot h_3$$

可以看出上述表达式中 $Sigmoid\left(\sum_{i=1}^{3} w'_{i,2} \cdot h_i\right)$ 为输出层 $o(2)$ 的预测值 y'_{o2}，则有如下表达式：

$$\frac{\partial e_{o2}}{\partial w'_{3,2}} = 2\left(y'_{o2} - y_{o2}\right) \cdot y'_{o2} \cdot \left(1 - y'_{o2}\right) \cdot h_3$$

根据上述表达式我们就得到了权值 $w'_{3,2}$ 的变化率了。同理，我们也可以得到其他权值的变化率。我们可以根据以下表达式来调整权值：

$$w_{h,o} = w'_{h,o} - \eta \cdot \frac{\partial e}{\partial w'_{h,o}}$$

其中，$w'_{h,o}$ 为调整前权值，η 为学习率，$\frac{\partial e}{\partial w'_{h,o}}$ 为损失函数 e 对权值 $w'_{h,o}$ 的偏导，即为

该损失函数在权值 $w'_{h,o}$ 上的变化率。$w_{h,o}$ 为调整后的权值。

知识窗

导数

导数指的是一个函数在某一点的变化率，例如时间和速度的变化曲线，如图 18.23 所示。

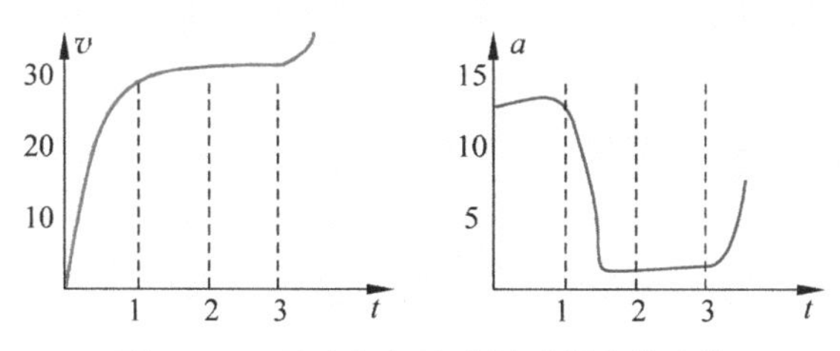

图 18.23 速度和加速度随时间变化曲线

左图为速度随时间的变化曲线，右图为加速度随时间的变化曲线。可以看到速度变化越快，对应的加速度也就越大。速度变化越慢，对应的加速度也就越小。那么图中的加速度 a 就是速度 v 对时间 t 的求导，我们一般记为$a=f'(t)=\frac{\mathrm{d}v}{\mathrm{d}t}$，即速度 v 随时间 t 在曲线上的变化率。注意，对于幂函数求导我们有如下定义：

$$y=a\times x^n+b \text{ 的导数为 } y'=\frac{\mathrm{d}y}{\mathrm{d}x}=a\times n\times x^{n-1}$$

我们也称导数为函数 $f(t)$ 的结果对于自变量（该案例为时间 t）的变化率。

偏导数

在很多时候，函数不止有一个自变量，这种函数我们一般称为多元函数。例如 $f(x,y,z)=xy^2+3xz$，就是一个三元函数。那么在这个多元函数中对于某一自变量（x，y 或 z）的变化率，我们就称为多元函数对这个自变量的偏导数（求某个自变量偏导数时，要将其他自变量当成常数）。例如：$\frac{\partial f(x,y,z)}{\partial x}=y^2+3z$，对于该三元函数的变化率是所有自变量组成的偏导向量，即 $\left(\frac{\partial f(x,y,z)}{\partial x},\frac{\partial f(x,y,z)}{\partial y},\frac{\partial f(x,y,z)}{\partial z}\right)=\left(y^2+3z,2xy,3x\right)$。

链式法则

链式法则是微积分中常用的求导法则，用于求一个复合函数的导数。复合函数一般表示为一个函数 $g(x)$ 作为另一个函数 $f(x)$ 作的自变量，则有 $u(x)$ 作 $=f(g(x))$ 为复合函数。例如，有函数 $f(x)=x^2$，$gf(x)=6x+1$，则有 $f(g(x))=(6x+1)^2$。

对复合函数 $u(x)=f(g(x))$ 求导，有 $u'(x)=f'(g(x))\cdot g'(x)$，也可以写成 $\frac{\mathrm{d}u}{\mathrm{d}x}=\frac{\mathrm{d}u}{\mathrm{d}y}\cdot\frac{\mathrm{d}y}{\mathrm{d}x}$（$y=g(x)$）。

反向传播

其实就是利用前向传播得到的预测值，然后与其真实值进行比较，得到一个损失

函数 L，求出损失函数对各个参数的梯度，再用梯度下降算法，对所有参数进行优化和更新。

学习率

在神经网络中，学习率一般指当前神经网络对数据的学习速率。学习率的取值决定每一次循环训练所产生的权值变化量，其取值大小会影响获得最优解的效率。如果学习率的取值不合适，很可能得不到最优解。

如图 18.24 所示，学习率的取值太大或太小都会影响到最终的结果。不过我们一般倾向于取较小的学习率以保证可获得最优的结果。学习率的取值范围一般在 0.01 ～ 0.8。

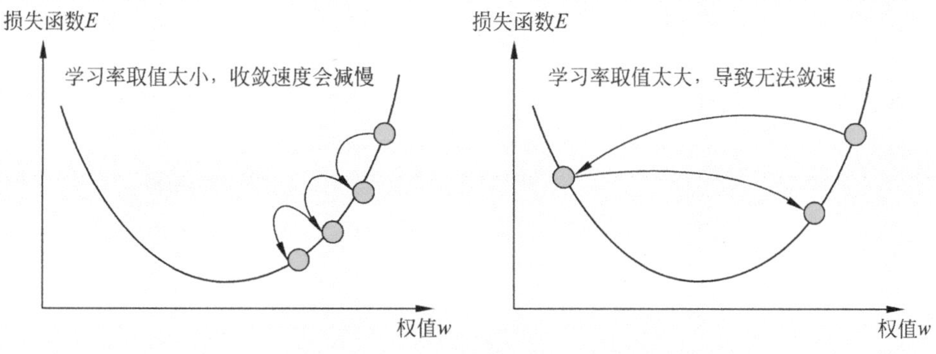

图 18.24　学习率取值对结果的影响

18.4　MLP 算法的应用

通过 18.3 节内容的介绍，我们已经详细了解了 MLP 算法的原理，那么如何实现它呢？下面我们就一起用 Python 语言来实现其算法。

18.4.1　MLPClassifier 类的常用参数

我们可以使用 scikit-learn 提供的 MLPClassifier 类来实现人工神经网络算法，其常用的参数表 18.3 所示。

表 18.3　MLPClassifier 类的常用参数

参数名	功　能	描　述
hidden_layer_sizes	隐藏层大小	例：hidden_layer_sizes=(150, 150)，表示有两层隐藏层，第一个隐藏层有 150 个神经元，第二个隐藏层也有 150 个神经元
activation	激活函数	默认：ReLU，包括：identity，logistic，tanh，ReLU
solver	优化权重	默认：adam，包括：lbfgs, sgd, adam
alpha	正则化项参数	默认 0.0001
random_state	随机数生成器的状态或种子	默认：None

18.4.2 应用案例一：一起去游乐场

有四个小伙伴，小宁、小高、小赵和小涛他们经常一起去游乐场玩，他们去游乐场的情况见表 18.4。表中 1 代表去了游乐场，0 代表没去游乐场，前四次都已经有明确结果，那么第五次，小涛去不去游乐场呢？请编写程序来预测小涛第五次到底去不去游乐场。

表 18.4 游乐场玩耍情况表

序　号	小　宁	小　高	小　赵	小　涛
1	1	0	1	0
2	0	1	0	0
3	1	0	0	1
4	0	0	1	0
5	1	0	0	?

下面，我们就可以利用已知数据建立一个神经网络模型，并对其进行训练，来预测第五次小涛去不去游乐场。具体的神经网络模型如图 18.25 所示。

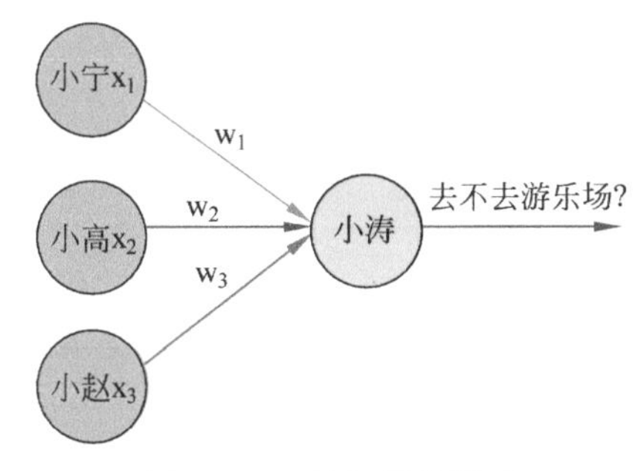

图 18.25 神经网络模型

从图 18.25 中我们可以看到，该神经网络模型为单层感知机模型，即单层神经网络模型。其预测结果可以表示为

$$z=w_1x_1+w_2x_2+w_3x_3$$

再将 z 的结果代入激活函数 $Sigmoid(z)=\dfrac{1}{1+e^{-z}}$，就能得到相应的预测结果。

源码屋

1. 程序源码

```
import numpy as np
# 定义激活函数
def Sigmoid(x):
return 1 / (1 + np.exp(-x))
# 定义前向传播函数
def fp(inputs):
  z=np.dot(inputs,w0)
  l1=Sigmoid(z)
```

```
    return l1
# 定义后向传播函数
def bp(l1,y,inputs):
    error=l1*(1-l1)*(y-l1)
    delta=eta*error*inputs
    return delta
# 初始化学习率
eta=0.05
np.random.seed(1)
# 初始化权重值
w0 = 2 * np.random.random((3, 1)) - 1
# 导入数据
x = np.array([[1,0,1],
              [0,1,0],
              [1,0,0],
              [0,0,1]])
y = np.array([[0,0,1,0]]).T
print(" 开始随机生成权重值：")
print(w0)
# 更新权重值
for iteration in range(5000):
    l1=fp(x)
    delta=bp(l1,y,x)
    a=delta.T
    b=a.sum(axis=1)
    c=b.reshape(-1,1)
    w0=w0+c  # 执行权重调整
print(" 训练结束后权重值：")
print(w0)
print(" 预测结果：",fp([[1,0,0]]))
```

2. 运行结果（见图 18.26）

```
开始随机生成权重值：
[[-0.16595599]
 [ 0.44064899]
 [-0.99977125]]
训练结束后权重值：
[[ 2.35362431]
 [-2.95171613]
 [-4.9425639 ]]
预测结果：  [[0.91322188]]
程序运行结束
```

图 18.26　运行结果

3. 源码解读

程序源码中，自定义函数 def fp(inputs) 中的语句 z=np.dot(inputs,w0) 表示为将输入的数据和权重值相乘后，再相加得到我们的预测值。然后再通过语句 l1=Sigmoid(z)，得到激活函数计算后的结果，此函数模拟了神经网络前向传播的过程。自定义函数 def bp(l1,y,inputs) 中的语句 error=l1*(1-l1)*(y-l1) 表示预测结果的误差。语句

delta=eta*error*inputs 为梯度值。

本程序通过不断循环的方式来获取合适的权重，即不断地将权重值进行更新，直到达到指定的循环次数，或者权重值变化较小为止。我们从图 18.26 可以看到，程序结束后，预测结果达到 0.91，接近于 1，因此，可以得出小涛第五次去游乐场的概率非常大。

该案例为线性数据，使用单层神经网络模型完成的数据预测，如果数据量非常大，又是非线性数据，该怎么进行数据预测呢？

18.4.3 应用案例二：图片文字识别

小涛的朋友小赵最近遇到了一个棘手的问题，公司给她了一个任务，要求在 2 天内完成。任务具体内容是：现在有 10000 张手写数字的照片，每个照片中有一个数字，要求将所有图片中的数字转换成可编辑的数字。这可把小赵急坏了，如果用传统的人工识别方法，在 2 天内根本完成不了，这该怎么办呢？这时，小涛给她出了一个主意，可以用刚学习的人工神经网络来进行图片文字的学习和识别。小赵灵机一动，便开始进行相关设计与编程。

图片文字识别是我们手写输入中常用的功能，其核心就是将写下的信息（图片）转换成可编辑的数据，下面先简述一些识别过程。

1. 导入训练 MNIST 数据集

MNIST 数据集是机器学习领域中非常经典的、由不同人手写的数字构成的一个数据集，该数据集来自美国国家标准与技术研究所（National Institute of Standards and Technology），MNIST 数据集共有 7 万张图片，其中用于训练的图片有 6 万张，用于测试的图片有 1 万张，它的主要功能是用于人工神经网络的学习。部分手写截图如图 18.27 所示。

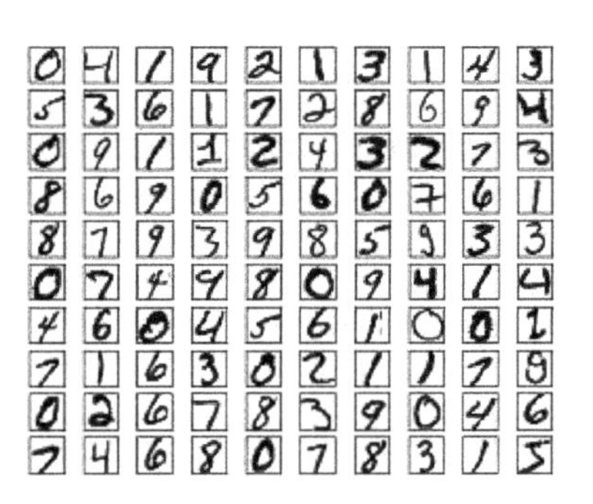

图 18.27 MNIST 数据集

2. 格式化训练数据集，方便神经网络的训练

将其中的 60000 个训练数据格式化成 28 像素 ×28 像素（784 像素）的灰度图片，将其中 10000 个测试数据格式化成 28 像素 ×28 像素（784 像素）的灰度图片。

3. 建立 MLP 模型

MLP 模型中暂时只设置两个隐藏层，每个隐藏层有 100 个神经元。这里需要说明的是，隐藏层的数量及每层的神经元个数可以自行调整。

4. 利用格式化后的训练数据集来训练模型

将 60000 个格式化后的训练数据导入建立好的 MLP 模型，来对该模型进行训练，使其能正确识别，并输出根据测试数据得到模型的准确率。

5. 导入识别图像并对其进行处理，使模型能识别

我们将写好的数字拍照形成数字图片，导入训练好的神经网络进行识别。手写的数字图片如图 18.28 所示。

图 18.28　导入图片

6. 识别图像并输出结果

源码屋

1. 程序源码

```
# 导入 numpy
import numpy as np
# 导入绘图工具
import matplotlib.pyplot as plt
# 导入 MLP 神经网络
from sklearn.neural_network import MLPClassifier
# 导入数据集拆分工具
from sklearn.model_selection import train_test_split
# 导入图像处理工具
from PIL import Image
# 加载训练集
path = "C:\\Users\\YangTao\\scikit_learn_data\\mnist.npz"
f = np.load(path)
x_train, y_train = f["x_train"], f["y_train"]
x_test, y_test = f["x_test"], f["y_test"]
f.close()
```

```
    # 格式化训练数据，60000 个训练数据格式化成 28 像素 ×28 像素（784 像素）的灰度图片
    x_train = x_train.reshape(60000, 28*28)
    # 格式化训练数据，10000 个测试数据格式化成 28 像素 ×28 像素（784 像素）的灰度图片
    x_test = x_test.reshape(10000, 28*28)
    x_train = x_train.astype('float32')
    x_test = x_test.astype('float32')
    x_train /= 255
    x_test /= 255
    # 建立神经网络模型，模型中含义两个隐藏层，每个隐藏层有 100 个神经元
    mlp_model = MLPClassifier(solver='lbfgs', hidden_layer_sizes=[100, 100],
activation='ReLU', alpha=1e-5, random_state=62)
    # 使用格式化后的数据训练神经网络模型
    mlp_model.fit(x_train, y_train)
    # 计算神经网络模型得分（准确率）
    print(' 测试数据集得分 :{:.3f}%  '.format(mlp_model.score(x_test, y_test)*
100))
    print('\n=====================================')
    # 导入待识别的图像
    # 打开图像
    image1 = Image.open("C:\\Users\\YangTao\\scikit_learn_data\\5.png").
convert('F')
    # 调整图像的大小
    image1 = image1.resize((28, 28))
    arry1 = []
    # 进行图像处理，获取图像的数字特征
    for i in range(28):
      for j in range(28):
        pixel = 1.0 - float(image1.getpixel((j, i)))/255.
        arry1.append(pixel)
    # 对处理后的数据进行矩阵处理
    arry1 = np.array(arry1).reshape(1, -1)
    # 进行图像识别
    print(' 识别的数字为 :{:.0f}'.format(mlp_model.predict(arry1)[0]))
```

2. 运行结果（见图 18.29）

```
测试数据集得分:97.720%

==================================
识别的数字为:5
```

图 18.29　运行结果

3. 源码解读

本案例是基于 MNIST 公共训练数据集来进行训练和建模的，其中训练数据量高达 70000 个，在程序中将 60000 个数据设置模型训练数据，其余 10000 个设置模型测试数据。为使程序执行效率更高，我们已将数据集下载到本地。通过图 18.28 我们可以看到，该人工神经网络模型准确率高达 97.63%，并能准确识别我们提供的手写数字。

18.5　MLP 算法的特点

结合 MLP 算法的相关概念和原理，我们可以归纳出神经网络算法的优点和缺点。

优点：MLP 算法适合非线性关系的数据集，并且学习过程简单，能自主学习，计算机容易实现。

缺点：算法效率还须进一步提高，对初始的权重值敏感。

本章小结

本章我们一起了解了人工神经网络的发展，在学习单层感知机的基础上，讲解了多层感知机的原理、MLP 前向传播以及 MLP 后向传播算法，然后继续学习梯度下降的内容。我们以两个贴近生活实际的案例讲解神经网络算法的应用。通过学习与实践，我们总结了 MLP 算法的优点与不足。

希望读者朋友可以自己动手利用 MLP 算法进行实践，看 MLP 算法还能应用到哪些方面，并调整源码中的学习率等参数，以观察参数的变化对结果的影响。